国家示范性高职院校建设规划教材

数控原理与
数控机床 第二版

蒙 斌 主编

化学工业出版社

·北京·

内 容 简 介

《数控原理与数控机床》是国家示范性高职高专学校建设规划教材，以专业教学标准为依据，结合国内数控技术及数控机床的应用情况，针对普通高等职业院校机电类、数控类、自动控制类专业学生的特点，突出数控技术的原理性和数控机床的实用性，力求做到理论与实践的最佳结合。全书共分8章。第1章介绍数控机床的基本知识，第2章介绍数控机床的程序编制，第3章介绍数控机床的控制装置（CNC装置），第4章介绍数控机床的位置检测装置，第5章介绍数控机床进给运动的控制，第6章介绍数控机床主轴运动的控制，第7章介绍数控机床的机械结构，第8章介绍数控机床的使用与维修。为方便教学，配套电子课件。

本书可作为职业院校、应用型本科院校、成人高校机电类、数控类、自动控制类专业学生的教材和参考书，也可作为各种数控职业培训的培训教材和从事数控技术科研和工程技术人员的参考用书。

图书在版编目（CIP）数据

数控原理与数控机床/蒙斌主编. —2版. —北京：
化学工业出版社，2021.1
国家示范性高职院校建设规划教材
ISBN 978-7-122-37921-4

Ⅰ.①数…　Ⅱ.①蒙…　Ⅲ.①数控机床-高等职业
教育-教材　Ⅳ.①TG659

中国版本图书馆CIP数据核字（2020）第198833号

责任编辑：韩庆利　　　　　　　　　　　　文字编辑：宋　旋　陈小滔
责任校对：赵懿桐　　　　　　　　　　　　装帧设计：张　辉

出版发行：化学工业出版社（北京市东城区青年湖南街13号　邮政编码100011）
印　　装：三河市延风印装有限公司
787mm×1092mm　1/16　印张17½　字数436千字　2021年6月北京第2版第1次印刷

购书咨询：010-64518888　　　　　　　　售后服务：010-64518899
网　　址：http://www.cip.com.cn
凡购买本书，如有缺损质量问题，本社销售中心负责调换。

定　　价：49.80元

前言

本书是国家示范性高职院校建设规划教材，是《数控原理与数控机床》第一版的修订本。教材修订工作是在总结多年来编者及本书使用者经验及反馈意见的基础上进行的。

本书在第一版的基础上主要做了如下修订。

（1）对第1章的内容进行整体修改，对部分图表进行更换，增加1.1.4基于数控技术的先进自动化生产系统、1.3.4按同时控制（联动）轴数分类、1.3.5按数控系统功能水平分类等内容，对1.5的内容进行整体更换。

（2）对第2章的内容进行整体修改，对部分图表进行更换，对2.3和2.5的内容按零件加工内容进行分类编写，使该部分内容条理更加清楚，层次更加明晰，便于学生掌握。增加2.7加工中心编程内容。

（3）对第3~8章的内容进行部分修改，力求使得修订后的教材内容通顺、图表清晰、层次分明、结构严谨。

修订后的教材有如下特点：

（1）数控编程部分主要以FANUC系统为例来介绍，同时考虑到目前学校使用更多的是华中（HNC）系统，所以也介绍了华中系统编程，可以满足不同学习者学习的需要；

（2）为了让学习者理解和掌握编程指令，每个数控编程的知识点均安排有例题；

（3）在容易出问题和须重点掌握的地方均有提示，可以引起学习者的注意；

（4）较为抽象和难理解的内容均用图表加以诠释，便于初学者理解和掌握。

本书由蒙斌主编并负责统稿和定稿，胡宗政副主编，参加编写工作的还有巨江澜、李腾忠、李祥。第1、2、3章及7.1由兰州石化职业技术学院蒙斌编写，第4章由兰州职业技术学院李祥编写，第5章由兰州职业技术学院胡宗政编写，第6、8章由甘肃畜牧工程职业技术学院巨江澜编写，第7章的7.2、7.3由昆明冶金高等专科学校李腾忠编写。

本书在编写过程中查阅了大量资料，并结合编写者的实践经验编写，但由于时间仓促和编者水平有限，书中疏漏在所难免，恳请读者不吝指教，以便进一步修改和完善。

编　者

第一版前言

在传统机械行业的基础上，伴随着微电子技术、计算机技术、自动控制技术、信息处理技术、检测技术等相关科学技术的迅猛发展及相互渗透，便自然而然地产生了机械与电子紧密结合的技术——机械电子工程技术，也称为机电一体化技术。而这一技术在机械加工领域的典型应用便是数控技术。

数控技术已经不再是新生事物，它已成为现代制造技术的重要基础技术之一，广泛应用到了产品制造领域，显示了其在国家基础工业现代化中的战略性作用，并已成为传统机械制造工业提升改造和实现自动化、柔性化、集成化生产的重要手段和标志。数控技术及数控机床的广泛应用，给机械制造业的产业结构、产品种类和档次以及生产方式带来了革命性的变化。掌握现代数控技术知识是现代机电类、数控类、自动控制类专业学生必不可少的，而掌握数控机床的原理及应用知识显得尤为重要。

职业教育犹如一股强劲的东风，已经吹遍我国大江南北，高等职业教育作为我国高等教育战线上的一道奇葩，已经越来越彰显出其魅力和不可忽略的作用，也越来越受到社会的重视和认可。近年来，国家对职业教育越来越重视，提出了建设百所国家示范性高职高专院校的计划，而在这些示范性院校重点建设的示范性专业中，数控技术及应用专业可谓独树一帜，而数控原理与数控机床（有些院校的专业教学计划中叫数控技术及应用）作为专业主干课程或核心课程，就要能适应示范性建设的需要，能满足示范性建设对人才培养的要求。本书正是在这样的背景下编写而成的。

本书根据示范性院校人才培养目标及规格的要求编写，结合国内外数控技术及数控机床的应用情况，针对普通高等职业院校机电类、数控类、自动控制类专业学生的特点，突出数控技术原理性和数控机床的实用性，力求做到理论与实践的最佳结合。

本书由蒙斌主编并负责统稿和定稿，胡宗政副主编，参加编写工作的有巨江澜、李腾忠、李祥。第1、2、3章及7.1由兰州石化职业技术学院蒙斌编写，第4章由兰州职业技术学院李祥编写，第5章由兰州职业技术学院胡宗政编写，第6、8章由甘肃畜牧工程职业技术学院巨江澜编写，第7章的7.2、7.3由昆明冶金高等专科学校李腾忠编写。

本书在编写过程中，得到赵忠宪、胡相斌、汪红的大力支持和帮助，在此表示衷心感谢。

由于时间仓促和编者水平有限，书中疏漏在所难免，恳请读者不吝指教，以便进一步修改。

编　者

2009 年 5 月

目录

第1章
数控机床的基本知识

【知识提要】 本章主要介绍数控技术及数控机床的产生与发展、数控技术及数控机床的概念；数控机床的组成与工作原理；数控机床的分类；数控机床的特点及应用范围；数控技术及数控机床的发展趋势等内容。

【学习目标】 通过本章内容的学习，学习者应对数控技术及数控机床的基本概念有全面掌握，对数控机床的基本结构有初步认识，对工作原理有初步掌握，对数控技术及数控机床的发展有基本了解。

1.1 数控机床的产生与发展

1.1.1 数控机床的产生

随着科学技术和社会生产的不断发展，机械产品日趋精密、复杂，改型也日益频繁，对机械产品的质量和生产率提出了越来越高的要求，从而对机床的性能、精度及自动化程度提出了越来越高的要求。机械加工工艺过程的自动化是实现上述要求的最重要措施之一，不仅能提高产品质量和生产率，降低生产成本，还能改善工人的劳动条件。为此，许多生产企业（如汽车、拖拉机、家用电器等行业）都采用了自动机床、组合机床和自动生产线。但是，采用这种自动、高效的设备，需要很大的初始投资以及较长的生产准备周期，只有在大批量的生产条件下，才会有显著的效益。而机械制造业中单件与小批生产的零件（批量在 10～100 件）约占机械加工总量的 80%。科学技术的进步和机械产品市场竞争的日趋激烈，使机械产品不断改型和更新换代，批量相对减少，质量要求越来越高。而采用专用的自动加工设备的投资大、时间长、转型难，显然很难满足竞争日趋激烈的市场需要。因此，为了解决上述问题，满足多品种、小批量，尤其是复杂型面零件的自动化生产，迫切需要一种灵活的、通用的、能够适应产品频繁变化的自动化机床。

数字控制机床就是在这样的背景下诞生与发展起来的。它极其有效地解决了上述一系列矛盾，为单件、小批生产的精密复杂零件提供了自动化加工手段。随着科学技术的发展，1952 年，由美国帕森斯（Parsons）公司和麻省理工学院（MIT）共同研制成功了世界上第一台以电子计算机为控制基础的数字控制机床，其名称为三坐标直线插补连续控制的立式数控铣床，主要用来加工直升机叶片轮廓检查用样板。从此，机械制造业进入了一个新的发展阶段。

1.1.2 数字控制的概念

数字控制（Numerical Control）是近代发展起来的一种自动控制技术，国家标准定义为

"用数值数据的控制装置，在运行过程中，不断引入数值数据，从而对某一生产过程实现自动控制"，简称数控（NC）。

数控技术（Numerical Control Technology）是指用数字量及字符发出指令并实现自动控制的技术，它已成为制造业实现自动化、柔性化、集成化生产的基础技术。计算机辅助设计与制造（CAD/CAM）、计算机集成制造系统（CIMS）、柔性制造系统（FMS）和智能制造（IM）等先进制造技术都是建立在数控技术之上。数控技术广泛应用于金属切削机床和其他机械设备，如数控铣床、数控车床、机器人、坐标测量机和剪裁机等。

数控机床（Numerical Control Machine Tools）是指采用数字控制技术对机床的加工过程进行自动控制的一类机床。国际信息处理联盟（International Federation of Information Processing）第五技术委员会对数控机床下的定义是："数控机床是一个装有程序控制系统的机床，该系统能够逻辑地处理具有使用代码或其他符号编码指令规定的程序。"它是集现代机械制造技术、自动控制技术及计算机信息技术于一体，采用数控装置或计算机，来全部或部分地取代一般通用机床在加工零件时对机床的各种动作（如启动、加工顺序、改变切削用量、主轴变速、选择刀具、冷却液开停以及停车等）的人工控制，是高效率、高精度、高柔性和高自动化的光、机、电一体化的数控设备。

数控加工技术（Numerical Control Machining Technology）是指高效、优质地实现产品零件，特别是复杂形状零件的加工技术，是自动化、柔性化、敏捷化和数字化制造加工的基础与关键技术。数控加工过程包括由给定的零件加工要求（零件图纸、CAD 数据或实物模型）进行加工的全过程，其主要内容涉及数控机床加工工艺和数控编程技术两大方面。

1.1.3 数控技术的发展

(1) 世界领域的发展

从第一台数控机床问世至今，随着微电子技术及相关技术的不断发展，数控系统也在不断地更新换代，先后经历了电子管（1952 年）、晶体管（1959 年）、小规模集成电路（1965 年）、大规模集成电路及小型计算机（1970 年）和微型计算机（1974 年）等五代数控系统。

前三代数控系统采用专用控制计算机的硬接线数控系统，一般称为普通数控系统，简称 NC，其控制功能主要由硬件逻辑电路实现。20 世纪 70 年代初，随着计算机技术的发展，小型计算机的价格急剧下降，采用小型计算机代替专用控制计算机的第四代数控系统应运而生，不仅降低了经济成本，而且许多控制功能可编写专用程序，将专用程序存储在小型计算机的存储器中，构成了系统控制软件，提高了系统的可靠性和灵活性，也增强了系统的控制功能。这种数控系统也称为软接线数控系统，即计算机数控系统，简称为 CNC。1974 年又研制成以微处理机为核心的第五代数控系统，简称 MNC。

在近些年内，生产中实际使用的数控系统大多为第五代数控系统，其性能和可靠性随着技术的发展得到了根本性的提高。从 20 世纪 90 年代开始，微电子技术和计算机技术的发展突飞猛进，个人计算机（PC）的发展尤为突出，无论是其软、硬件还是外围器件，都得到了迅速的发展。计算机采用的芯片集成化程度越来越高，功能越来越强，而成本却越来越低，原来在大、中型机上才能实现的功能现在微型机上就可以实现。美国首先推出了基于个人计算机的数控系统，即 PCNC 装置，它被划入所谓的第六代数控系统。

目前，世界主要工业发达国家的数控机床已进入批量生产阶段，如美国、日本、德国、法国等，其中日本发展最快。

在数控技术研究应用领域主要有两大阵营：一个是以发那科（FANUC）、西门子（SI-EMENS）为代表的专业数控系统厂商；另一个是以山崎马扎克（MAZAK）、德玛吉（DMG）为代表，自主开发数控系统的大型机床制造商。

（2）我国的发展

我国数控机床的研制始于 1958 年。20 世纪 50 年代末 60 年代初，研制成功了一些晶体管式的数控系统，并用于生产，主要有数控线切割机、数控铣床等。但是数控机床的品种及数量都很少，数控系统的稳定性及可靠性都不够，没能在生产中广泛应用。这一阶段是我国数控机床发展的初期阶段。

自 20 世纪 80 年代开始，我国先后引进了日本、德国、美国等国外著名数控系统和伺服系统制造商的技术，陆续发展了一批具有世界 20 世纪 70 年代末 80 年代初水平的数控系统，这些系统性能完善，稳定性和可靠性高，结束了我国数控机床发展停滞不前的局面，推动了我国数控机床的稳定发展，使我国数控机床在质量及性能水平上有了一个质的飞跃。

近年来，国产中高档数控机床技术取得了显著的进展。受益于我国汽车、航空航天、船舶、电力设备、工程机械等行业的快速发展，对机床市场尤其是数控机床产生了巨大需求，数控机床行业成长迅猛。在国外数控技术向高速、精密、多轴、复合发展的总趋势下，我国高速加工技术、精密加工技术、五轴联动及复合加工技术取得了突破，打破了国外长期垄断和封锁。自主创新开发了一大批新产品，进入国民经济中的重要领域和国外市场。近年来华中数控、航天数控、北京机电院、北京精雕等单位在多轴联动控制、功能复合化、网络化、智能化和开放性等领域取得了一定成绩。

总体而言，国内产品与国外产品在结构上的差别并不大，采用的新技术也相差无几，但在先进技术应用和制造工艺水平上与世界先进国家还有一定差距。国内数控机床生产企业自主创新能力、新产品开发能力和制造周期还满足不了国内用户需要，零部件制造精度和整机精度保持性、可靠性尚需很大提高，尤其是在与大型机床配套的数控系统、功能部件，如刀库、机械手和两坐标铣头等部件，还需要国外厂家配套满足。

1.1.4　基于数控技术的先进自动化生产系统

（1）分布式数字控制系统

分布式数字控制（Distributed Numerical Control，简称 DNC）系统是用一台计算机直接控制和管理一群数控机床进行零件加工或装配的系统。它将一群数控机床与存储有零件加工程序和机床控制程序的公共存储器相连接，根据加工要求向机床分配数据和指令，具有编程与控制相结合及零件程序存储容量大等特点。在 DNC 系统中，基本保留原来各数控机床的计算机数控（CNC）系统，中央计算机并不取代各数控装置的常规工作，CNC 装置与DNC 系统的中央计算机组成计算机网络，实现分级管理。它具有计算机集中处理和分时控制、现场自动编程、对零件程序进行编辑和修改，以及生产管理、作业调度、工况显示监控、刀具寿命管理等功能。

（2）柔性制造单元及柔性制造系统

① 柔性制造单元（Flexible Manufacturing Cell，简称 FMC）。FMC 既可作为独立运行的生产设备进行自动加工，也可作为柔性制造系统的加工模块，具有占地面积小、便于扩充、成本低、功能完善和加工适应范围广等特点，非常适用于中小企业。它由加工中心（MC）与自动交换工件（AWC，APC）装置组成，同时数控系统还增加了自动检测与工况

自动监控等功能。其结构形式根据不同的加工对象、CNC 机床的类型与数量以及工件更换与存储的方式不同，可以有多种形式。FMC 结构如图 1.1 所示。

②　柔性制造系统（Flexible Manufacturing System，简称 FMS）。FMS 是 20 世纪 70 年代末发展起来的先进的机械加工系统，它具有多台制造设备，大多在 10 台以下，一般以 4～6 台为最多，这些设备包括切削加工、电加工、激光加工、热处理、冲压剪切、装配、检验等设备。一个典型的 FMS 由计算机辅助设计、生产系统、数控机床、智能机器人、自动上下料装置、全自动化输送系统和自动仓库等组成。其全部生产过程由一台中央计算机进行生产调度，若干台控制计算机进行工位控制，组成一个各种制造单元相对独立而又便于灵活调节、适应性很强的制造系统。FMS 系统由一个物料运输系统将所有设备连接起来，可以进行没有固定加工顺序和无节拍的随机自动制造。它具有高度的柔性，是一种计算机直接控制的自动化可变加工系统。它由计算机进行高度自动的多级控制与管理，对一定范围内的多品种、中小批量的零部件进行制造。FMS 结构如图 1.2 所示。

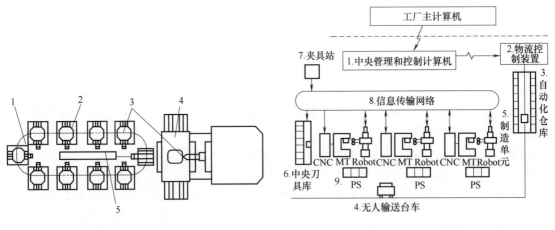

图 1.1　FMC 结构
1—环形交换工作台；2—托盘座；3—托盘；
4—加工中心；5—托盘交换装置

图 1.2　FMS 结构

(3) 计算机集成制造系统

计算机集成制造系统（Computer Integrated Manufacturing System，简称 CIMS）是一种先进的生产模式，它是将企业的全部生产、经营活动所需的各种分布的自动化子系统，通过新的生产管理模式、工艺理论和计算机网络有机地集成起来，以获得适应于多品种、中小批量生产的高效益、高柔性和高质量的智能制造系统。它是在柔性制造技术、计算机技术、信息技术、自动化技术和现代管理科学的基础上发展产生的，其最基本的内涵是用集成的观点组织生产经营，即用全局的、系统的观点处理企业的经营和生产。"集成"包括信息的集成、功能的集成、技术的集成以及人、技术、管理的集成。集成的发展大体可划分为信息集成、过程集成和企业集成 3 个阶段。目前，CIMS 的集成已经从原先的企业内部的信息集成和功能集成，发展到当前的以并行工程为代表的过程集成，并正在向以敏捷制造为代表的企业集成发展。

一个典型的 CIMS 系统由信息管理、工程设计自动化、制造自动化、质量保证、计算机网络和数据库等 6 个子系统组成，其相互关系如图 1.3 所示。企业能否获得最大的效益，很大程度上取决于这些子系统各种功能的协调程度。

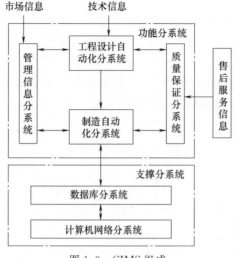

图 1.3　CIMS 组成

1.2　数控机床的工作原理及组成

1.2.1　数控机床的工作原理

用数控机床加工零件时，首先应将加工零件的几何信息和工艺信息编制成加工程序，由输入部分送入数控装置，经过数控装置的处理、运算，按各坐标轴的分量送到各轴的驱动电路，经过转换、放大去驱动伺服电动机，带动各轴运动，并进行反馈控制，使刀具与工件及其他辅助装置严格地按照加工程序规定的顺序、轨迹和参数有条不紊地工作，从而加工出零件的全部轮廓。其工作流程如下：

① 数控加工程序的编制。在零件加工前，首先根据被加工零件图样所规定的零件形状、尺寸、材料及技术要求等，确定零件的工艺过程、工艺参数、几何参数以及切削用量等，然后根据数控机床编程手册规定的代码和程序格式编写零件加工程序单。对于较简单的零件，通常采用手工编程；对于形状复杂的零件，则在编程机上进行自动编程，或者在计算机上用CAD/CAM 软件自动生成零件加工程序。

② 输入。输入的任务是把零件程序、控制参数和补偿数据输入到数控装置中去。输入的方法有纸带阅读机输入、键盘输入、磁带和磁盘输入以及通信方式输入等。输入工作方式通常有两种：

a. 边输入边加工，即在前一个程序段加工时，输入后一个程序段的内容；

b. 一次性地将整个零件加工程序输入到数控装置的内部存储器中，加工时再把一个个程序段从存储器中调出来进行处理。

③ 译码。数控装置接受的程序是由程序段组成的，程序段中包含零件轮廓信息、加工进给速度等加工工艺信息和其他辅助信息。计算机不能直接识别它们，译码程序就像一个翻译，按照一定的语法规则将上述信息解释成计算机能够识别的数据形式，并按一定的数据格

式存放在指定的内存专用区域。在译码过程中对程序段还要进行语法检查，有错则立即报警。

④ 刀具补偿。零件加工程序通常是按零件轮廓轨迹编制的。刀具补偿的作用是把零件轮廓轨迹转换成刀具中心轨迹运动，而加工出所需要的零件轮廓。刀具补偿包括刀具半径补偿和刀具长度补偿。

⑤ 插补。插补的目的是控制加工运动，使刀具相对于工件做出符合零件轮廓轨迹的相对运动。具体地说，插补就是数控装置根据输入的零件轮廓数据，通过计算把零件轮廓描述出来，边计算边根据计算结果向各坐标轴发出运动指令，使机床在相应的坐标方向上移动，将工件加工成所需的轮廓形状。插补只有在辅助功能（换刀、换挡、冷却液等）完成之后才能进行。

⑥ 位置控制和机床加工。插补的结果是产生一个周期内的位置增量。位置控制的任务是在每个采样周期内，将插补计算出的指令位置与实际反馈位置相比较，用其差值去控制伺服电动机，电动机使机床的运动部件带动刀具按规定的轨迹和速度进行加工。在位置控制中通常还应完成位置回路的增量调整、各坐标方向的螺距误差补偿和方向间隙补偿，以提高机床的定位精度。

1.2.2　数控机床的组成

数控机床一般由控制介质、输入装置、数控装置、伺服系统、辅助控制装置、检测装置（仅闭环和半闭环系统有）和机床本体所组成。如图 1.4 所示，各部分简述如下。

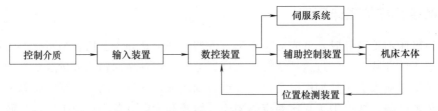

图 1.4　数控机床组成

（1）控制介质与输入装置

数控机床工作时，不需人参与直接操作，但人的意图又必须体现出来，所以人和数控机床之间必须建立某种联系，这种联系的介质称为控制介质或输入介质。

控制介质上存储着加工零件所需要的全部操作信息和刀具相对于工件的位移信息。以前常用的控制介质有标准穿孔带、磁带和磁盘（主要指软盘），对应的输入装置分别为光电纸带输入机、磁带录音机和磁盘（软盘）驱动器。控制介质上记载的加工信息由按一定规则排列的文字、数字和代码所组成。国际上通常使用 EIA（Electronic Industries Association）代码以及 ISO（International Organization For Standardization）代码，这些代码经输入装置输送给数控装置。目前常用的输入装置有 USB 接口或网络接口。

（2）数控装置

数控装置是数控机床的核心，也是区别于普通机床最重要的特征之一，用来接受并处理控制介质的信息，并将代码加以识别、存储、运算，输出相应的命令脉冲，经过功率放大驱动伺服系统，使机床按规定要求动作。它能完成加工程序的输入、编辑及修改，实现信息存储、数据交换、代码转换、插补运算以及各种控制功能。通常由一台通用或专用微型计算机构成，包括输入接口、存储器、中央处理器、输出接口和控制电路等部分，如图 1.5 所示。

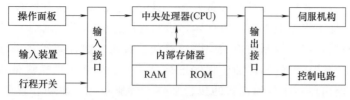

图 1.5 数控装置的结构

(3) 伺服系统

伺服系统包括驱动部分和执行机构两大部分。常用的位移执行机构有功率步进电机、直流伺服电机和交流伺服电机等。伺服系统将数控装置输出的脉冲信号放大，驱动机床移动部件运动或使其执行机构动作，以加工出符合要求的零件。

伺服驱动系统性能的好坏直接影响数控机床的加工精度和生产率，因此要求伺服驱动系统具有良好的快速响应性能，能准确而迅速地跟踪数控装置的数字指令信号。

(4) 辅助控制装置

辅助控制装置是介于数控装置和机床机械、液压部件之间的控制装置。现在的数控机床大多是由可编程序控制器（PLC）来实现辅助控制功能，PLC 和数控装置相互配合，共同完成数控机床的控制。数控装置主要完成与数字运算和程序管理等有关的功能，如零件程序的编辑、译码、插补运算、位置控制等；PLC 主要完成与逻辑运算有关的动作。零件加工程序中的 M 代码、S 代码、T 代码等顺序动作信息，经译码后转换成对应的控制信号送至PLC，再由 PLC 控制执行机构完成机床的相应开关动作，如主轴运动部件的变速、换向和启停，工件的松开与夹紧，刀具的选择与交换，切削液的开关等辅助功能。它接收来自机床操作面板和数控装置的指令，一方面通过接口电路直接控制机床的动作；另一方面通过主轴驱动装置控制主轴电动机的转动。

(5) 位置检测装置

在半闭环和闭环伺服控制装置中，使用位置检测装置间接或直接测量执行部件的实际进给位移，并与指令位移进行比较，将其误差转换放大后控制执行部件的进给运动。常用的位移检测元件有脉冲编码器、旋转变压器、感应同步器、光栅及磁栅等。

(6) 机床本体

机床本体是用于完成各种切削加工的机械部分。机床是被控制的对象，其运动的位移和速度以及各种开关量是被控制的。它包括机床的主运动部件、进给运动部件、执行部件和基础部件，如底座、立柱、工作台（刀架）、滑鞍、导轨等。为了保证数控机床的快速响应特性，数控机床上普遍采用精密滚珠丝杠和直线运动导轨副。为了保证数控机床的高精度、高效率和高自动化加工，数控机床的机械结构具有较高的动态特性、动态刚度、阻尼精度、耐磨性和抗热变形等性能。在加工中心上，还具备有刀库和自动交换刀具的机械手。

为了保证数控机床功能的充分发挥，还有一些配套部件如冷却、润滑、防护、排屑、照明、储运等，另外还有一些特殊应用装置，如检测装置、监控装置、编程机、对刀仪等。

1.2.3 数控机床的工作过程

数控机床的编程人员在拿到图纸后，首先解读零件图，进行工艺分析和设计，紧接着编制零件加工程序（手工编程或自动编程）。程序编好后，就可以由操作人员输入（包括 MDI

输入、由输入装置输入和通信输入）至数控装置，并存储在数控装置的零件程序存储区内。实际加工时，操作者需要确定刀具和夹具方案，进行工件的装夹和刀具的安装，并完成对刀操作。然后将零件加工程序调入加工缓冲区，进行程序校验和首件试切，在反复检查确保程序正确、试切合格后，按下控制面板的"循环启动"按钮，数控装置在采样到"循环启动"指令后，即对加工缓冲区内的零件加工程序进行自动处理（如运动轨迹处理、机床输入/输出处理等），然后输出控制命令到相应的执行部件（伺服单元、驱动装置和 PLC 等），从而加工出符合图纸要求的零件。

1.3　数控机床的分类

数控机床的品种繁多，根据其控制方式、组成特点、应用范围、功能水平等不同，可从如下角度进行分类。

1.3.1　按控制运动的方式分类

(1) 点位控制数控机床

点位控制数控机床主要用于加工平面内的孔系，只要求获得精确的孔系坐标定位精度。这类机床仅控制机床运动部件从一点准确地移动到另一点，在移动过程中不进行加工，对运动部件的移动速度和运动轨迹没有严格要求，可先沿机床一个坐标轴移动完毕，再沿另一个坐标轴移动。为了提高加工效率，保证定位精度，系统常要求运动部件沿机床坐标轴快速移动接近目标点，再以低速趋近并准确定位。采用点位控制的机床有数控钻床（见图 1.6）、数控镗床、数控冲床、数控测量机等。

(2) 直线控制数控机床

这类数控机床除了控制机床运动部件从一点到另一点的准确定位外，还要控制两相关点之间的移动速度和运动轨迹。在移动的过程中，刀具只能以指定的进给速度切削。其运动轨迹平行于机床坐标轴，一般只能加工矩形、台阶形零件。采用直线控制的机床有数控车床、数控铣床（见图 1.7）等。

(3) 轮廓控制数控机床

轮廓控制也称为连续控制。这类数控机床能够对两个以上机床坐标轴的移动速度和运动轨迹同时进行连续相关的控制。它要求数控装置具有插补运算功能，并根据插补结果向坐标轴控制器分配脉冲，从而控制各坐标轴联动，进行各种斜线、圆弧、曲线的加工，实现连续控制。采用轮廓控制的机床有数控车床、数控铣床（见图 1.8）、数控加工中心等。

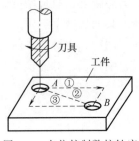

图 1.6　点位控制数控钻床

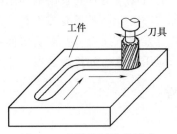

图 1.7　直线控制数控铣床

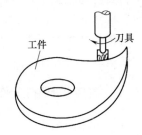

图 1.8　轮廓控制数控铣床

数控火焰切割机、电火花加工机床以及数控绘图机等也采用了轮廓控制系统。轮廓控制系统的结构要比点位、直线控制系统更为复杂，在加工过程中需要不断进行插补运算，然后进行相应的速度与位移控制。

现在计算机数控装置的控制功能均由软件实现，增加轮廓控制功能不会带来成本的增加。因此，除少数专用控制系统外，现代计算机数控装置都具有轮廓控制功能。

1.3.2　按驱动装置特点分类

(1) 开环控制数控机床

这类机床没有任何检测反馈装置，CNC 装置发出的指令信号经驱动电路进行功率放大后，通过步进电动机带动机床工作台移动，信号的传输是单方向的，如图 1.9 所示。机床工作台的位移量、速度和运动方向取决于进给脉冲的个数、频率和通电方式。因此，这类机床结构简单，价格低廉，便于维护，控制方便，被广泛应用。

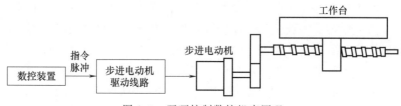

图 1.9　开环控制数控机床原理

(2) 半闭环控制数控机床

这类机床采用角位移检测装置，该装置直接安装在伺服电动机轴或滚珠丝杠端部，用来检测伺服电动机或丝杠的转角，推算出工作台的实际位移量，反馈到 CNC 装置的比较器中，与程序指令值进行比较，用差值进行控制，直到差值为零，如图 1.10 所示。这类机床没有将工作台和丝杠螺母副的误差包括在内，因此，由这些装置造成的误差无法消除，会影响移动部件的位移精度，但其控制精度比开环控制系统高，成本较低，稳定性好，测试维修也较容易，应用较广。

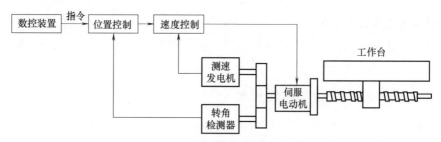

图 1.10　半闭环控制数控机床原理

(3) 闭环控制数控机床

这类机床采用直线位移检测装置，该装置安装在机床运动部件或工作台上，将检测到的实际位移反馈到 CNC 装置的比较器中，与程序指令值进行比较，用差值进行控制，直到差值为零，如图 1.11 所示。

这类机床可以将工作台和机床的机械传动链造成的误差消除，因此，其控制精度比开环、半闭环控制系统高，但其成本较高，结构复杂，调试、维修较困难，主要用于精度要求

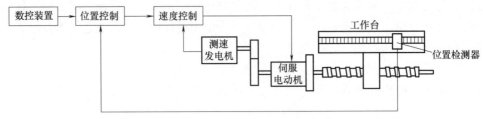

图 1.11   闭环控制数控机床原理

高的数控坐标镗床、数控精密磨床等。

1.3.3   按加工工艺方法分类

(1) 金属切削类数控机床

这类数控机床主要用于切削金属，具体类型有数控车床、铣床、钻床、磨床、齿轮加工机床等。虽然这些机床在加工工艺及控制方式上存在很大差别，但它们都有明显的切削刀具（或工具），加工过程中刀具（或工具）要接触工件，主要靠工件与刀具之间的机械力来完成工件材料的去除，都具有很高的精度一致性，较高的生产率和自动化程度。

在普通数控机床上加装一个刀库和自动换刀装置就成为数控加工中心机床，简称为 MC（Machining Center）。加工中心机床比普通数控机床的自动化程度和生产效率高。例如铣、镗、钻加工中心，它是在数控铣床上装备一个容量较大的刀库和自动换刀装置形成的，工件只需一次装夹，就可以对其大部分待加工面进行铣、镗、钻、扩、铰以及攻螺纹等多工序加工，尤其适合箱体类零件的加工。加工中心机床可以有效地避免由于工件多次装夹造成的定位误差，减少了数控机床的台数和占地面积，缩短了零件加工的辅助时间，从而大大提高了生产效率和加工质量。

(2) 特种加工类数控机床

除了切削加工数控机床以外，还有一些数控机床是利用热学、光学、电学等物理学或化学原理工作的，具体有数控电火花线切割机床、数控电火花成型机床、数控等离子弧切割机床、数控火焰切割机以及数控激光加工机床等。

(3) 板材加工类数控机床

这类机床主要用于金属板材类零件的加工，常见的有数控压力机、数控折弯机和数控剪板机等。

1.3.4   按同时控制（联动）轴数分类

对于数控机床来说，所谓的几坐标机床是指有几个运动采用了数字控制的机床。坐标联动加工是指数控机床的几个坐标轴能够同时进行运动，从而获得平面直线、平面圆弧、空间直线、空间螺旋线等复杂加工轨迹的能力。

(1) 两轴联动数控机床

两轴联动指同时控制两个坐标轴的运动。如数控车床，可加工曲面回转体；某些数控镗床，两轴联动可镗铣斜面；如图 1.12 所示为立式数控铣床 X、Y 轴联动加工。

(2) 两轴半联动数控机床

此类数控机床实为两坐标联动，在某平面内进行联动控制，第三轴作单独周期性进给。该类机床不能进行空间直线或空间螺旋线插补，两轴半联动加工可以实现分层加工，如

图 1.13 所示。

（3）三轴联动数控机床

同时控制 X、Y、Z 三个坐标，实现三坐标联动加工，刀具在空间的任意方向都可移动，如一般的数控铣床、加工中心，三轴联动可加工曲面零件，如图 1.14 所示。

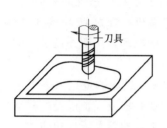

图 1.12　两轴联动加工

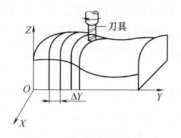

图 1.13　两轴半联动加工

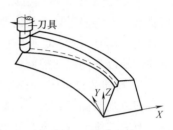

图 1.14　三轴联动加工

（4）多轴联动数控机床

四轴及四轴以上联动称为多轴联动。四轴联动指同时控制四个坐标，即在三个移动坐标之外，再加一个旋转坐标，如图 1.15 所示。

五轴联动铣床，工作台除 X、Y、Z 三个方向可直线进给外，还可绕 Z 轴做旋转进给（C 轴），刀具主轴可绕 Y 轴做摆动进给（B 轴），如图 1.16 所示。

图 1.15　四轴联动加工

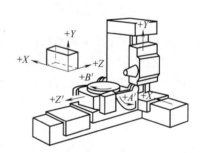

图 1.16　五轴联动加工

1.3.5　按数控系统的功能水平分类

按数控系统的功能水平，通常把数控机床相对的分为低、中、高三类，其功能及指标见表 1.1。

表 1.1　数控系统按功能水平分类

功能	低档	中档	高档
系统分辨率	$10\mu m$	$1\mu m$	$0.1\mu m$
G00 速度	3～8m/min	10～24m/min	24～100m/min
伺服类型	开环及步进电动机	半闭环及直、交流伺服	闭环及直、交流伺服
联动轴数	2～3 轴	2～4 轴	5 轴或 5 轴以上
通信功能	无	RS232C 或 DNC	RS232C、DNC、MAP
显示功能	数码管、CRT 字符显示	CRT：图形、人机对话	CRT、LCD：三维图形、自诊断
内装 PLC	无	有	强功能内装 PLC
主 CPU	8 位、16 位 CPU	16 位、32 位 CPU	32 位、64 位 CPU
结构	单片机或单板机	单微处理机或多微处理机	分布式多微处理机

① 低档经济型数控机床。这一档次的数控机床仅能满足一般精度要求的加工，能加工形状较简单的直线、斜线、圆弧及带螺纹的零件，采用的微机系统为单板机或单片机系统，具有数码显示、CRT 字符显示功能，机床进给由步进电动机实现开环驱动，控制的轴数和联动轴数在 3 轴或 3 轴以下。

② 中档普及型数控机床。这类数控机床功能较多，除了具有一般数控系统的功能以外，还具有一定的图形显示功能及面向用户的宏程序功能等，采用的微机系统为 16 位或 32 位微处理机，具有 RS232C 通信接口，机床的进给多用交流或直流伺服驱动，一般系统能实现 4 轴或 4 轴以下的联动控制。

③ 高档数控机床。采用的微机系统为 32 位以上微处理机系统，机床的进给大多采用交流伺服驱动，除了具有一般数控系统的功能以外，应该至少能实现 5 轴或 5 轴以上的联动控制。具有三维动画图形功能和宜人的图形用户界面，同时还具有丰富的刀具管理功能、宽调速主轴系统、多功能智能化监控系统和面向用户的宏程序功能，还有很强的智能诊断和智能工艺数据库，能实现加工条件的自动设定，且能实现与计算机的联网和通信。

1.4 数控机床的特点及应用范围

1.4.1 数控机床的加工特点

现代数控机床具有许多普通机床无法实现的特殊功能，其特点有：

① 加工零件适应性强，灵活性好。数控机床是一种高度自动化和高效率的机床，可适应不同品种和不同尺寸规格工件的自动加工，能完成很多普通机床难以胜任或者根本不可能加工出来的复杂型面的零件。当加工对象改变时，只要改变数控加工程序，就可改变加工工件的品种，为复杂结构的单件、小批量生产以及试制新产品提供了极大的便利。数控机床首先在航空航天等领域获得应用，如复杂曲面的模具加工、螺旋桨及涡轮叶片加工等。

② 加工精度高，产品质量稳定。数控机床按照预定的程序自动加工，不受人为因素的影响，加工同批零件尺寸的一致性好，其加工精度由机床来保证，还可利用软件来校正和补偿误差，加工精度高、质量稳定，产品合格率高。因此，能获得比机床本身精度还要高的加工精度及重复精度（中、小型数控机床的定位精度可达 0.005mm，重复定位精度可达 0.002mm）。

③ 综合功能强，生产效率高。数控机床的生产效率较普通机床的高 2～3 倍。尤其是某些复杂零件的加工，生产效率可提高十几倍甚至几十倍。这是因为数控机床具有良好的结构刚性，可进行大切削用量的强力切削，能有效地节省机动时间，还具有自动变速、自动换刀、自动交换工件和其他辅助操作自动化等功能，使辅助时间缩短，而且无需工序间的检测和测量。对壳体零件采用加工中心进行加工，利用转台自动换位、自动换刀，几乎可以实现在一次装夹的情况下完成零件的全部加工，节约了工序之间的运输、测量、装夹等辅助时间。

④ 自动化程度高，工人劳动强度减少。数控机床主要是自动加工，能自动换刀、启停切削液、自动变速等，其大部分操作不需人工完成，可大大减轻操作者的劳动强度和紧张程度，改善劳动条件。

　　⑤ 生产成本降低，经济效益好。数控机床自动化程度高，减少了操作人员的人数，同时加工精度稳定，降低了废品、次品率，使生产成本下降。在单件、小批量生产情况下，使用数控机床加工，可节省划线工时，减少调整、加工和检验时间，节省直接生产费用和工艺装备费用。此外，数控机床可实现一机多用，节省厂房面积和建厂投资。因此，使用数控机床可获得良好的经济效益。

　　⑥ 数字化生产，管理水平提高。在数控机床上加工，能准确地计算零件加工时间，加强了零件的计时性，便于实现生产计划调度，简化和减少了检验、工具与夹具准备、半成品调度等管理工作。数控机床具有的通信接口，可实现计算机之间的连接，组成工业局部网络（LAN），采用制造自动化协议（MAP）规范，实现生产过程的计算机管理与控制。

1.4.2　数控机床的使用特点

　　数控机床采用计算机控制，驱动系统具有较高的技术复杂性，机械部分的精度要求也比较高。因此，要求数控机床的操作、维修及管理人员具有较高的文化水平和综合技术素质。

　　数控机床的加工是根据程序进行的，零件形状简单时可采用手工编制程序。当零件形状比较复杂时，编程工作量大，手工编程较困难且往往易出错，因此必须采用计算机自动编程。所以，数控机床的操作人员除了应具有一定的工艺知识和普通机床的操作经验之外，还应对数控机床的结构特点、工作原理非常了解，具有熟练操作计算机的能力，须在程序编制方面进行专门的培训，考核合格才能操作机床。

　　正确的维护和有效的维修是使用数控机床应注意的一个重要问题。数控机床的维修人员应有较高的理论知识和维修技术，要了解数控机床的机械结构，懂得数控机床的电气原理及电子电路，还应有比较宽的机、电、气、液专业知识，这样才能综合分析，判断故障的根源，正确地进行维修，保证数控机床的良好运行状况。因此，数控机床维修人员和操作人员一样，必须进行专门的培训。

1.4.3　数控机床的适用范围

　　数控机床与普通机床相比有许多优点，应用范围也在不断扩大。但是，数控机床的初始投资费用较大，对操作维修人员和管理人员的素质要求比较高，维修维护的费用高，技术难度大。在实际选用时，一定要充分考虑本单位的实际情况及其技术经济效益。

　　在机械加工业中，大批量零件的生产宜采用专用机床或自动线。对于小批量产品的生产，由于产品品种变换频繁、批量小、加工方法的区别大，宜采用数控机床。数控机床的适用范围见图 1.17，从图中可看出随零件复杂程序和零件批量的变化机床的运用情况。当零件不太复杂，生产批量较小时，宜采用通用机床；当生产批量较大时，宜采用专用机床；而当零件复杂程度较高时，宜采用数控机床。

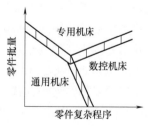

图 1.17　数控加工的适用范围

1.5　数控技术的发展趋势

　　数控技术综合了当今世界上许多领域最新的技术成果，主要包括精密机械、计算机及信息处理、自动控制及伺服驱动、精密检测及传感、网络通信等技术。随着科学技术的发展，特别是微电子技术、计算机控制技术、通信技术的不断发展，世界先进制造技术的兴起和不断成熟，数控设备性能日趋完善，应用领域不断扩大，成为新一代设备发展的主流。随着社会的多样化需求及其相关技术的不断进步，数控技术也向着更广的领域和更深的层次发展。当前，数控技术的发展趋势主要有以下几个方面。

1.5.1 高速度

机床向高速化方向发展，可充分发挥现代刀具材料的性能，不但可大幅度提高加工效率、降低加工成本，而且还可提高零件的表面加工质量和精度。超高速加工技术对制造业实现高效、优质、低成本生产有广泛的适用性。

20世纪的90年代以来，欧、美、日各国争相开发应用新一代高速数控机床，加快机床高速化发展步伐。高速主轴单元（电主轴转速15000～100000r/min）、高速且高加/减速度的进给运动部件（快移速度60～120m/min，切削进给速度高达60m/min）、高性能数控和伺服系统以及数控工具系统都出现了新的突破，达到了新的技术水平。随着超高速切削机理、超硬耐磨长寿命刀具材料和磨料磨具、大功率高速电主轴、高加/减速度直线电机驱动进给部件以及高性能控制系统（含监控系统）和防护装置等一系列技术领域中关键技术的解决，将开发出新一代高速数控机床。新一代数控机床（含加工中心）只有通过高速化大幅度缩短切削工时才可能进一步提高其生产率。超高速加工特别是超高速铣削与新一代高速数控机床特别是高速加工中心的开发应用紧密相关。

目前，由于采用了新型刀具，车削和铣削的切削速度可以达到5000～8000m/min以上；主轴转数在30000r/min（有的高达100000r/min）以上；工作台的移动速度，进给速度在分辨率为$1\mu m$时，在100m/min（有的到200m/min）以上，在分辨率为$0.1\mu m$时，在24m/min以上；自动换刀速度在1秒以内；小线段插补进给速度达到12m/min。根据高效率、大批量生产需求和电子驱动技术的飞速发展、高速直线电机的推广应用，开发出一批高速、高效的高速响应的数控机床以满足汽车、农机、航空和军事等行业的需求。

1.5.2 高精度

随着现代科学技术的发展，对超精密加工技术不断提出了新的要求。新材料及新零件的出现，更高精度等要求的提出都需要超精密加工工艺，发展新型超精密加工机床，完善现代超精密加工技术，以提高机电产品的性能、质量和可靠性。

从精密加工发展到超精密加工（特高精度加工），是世界各工业强国致力发展的方向。其精度从微米级到亚微米级，乃至纳米级（＜10nm），其应用范围日趋广泛。当前，机械加工高精度的发展情况是：普通的加工精度提高了1倍，达到$5\mu m$；精密加工精度提高了两个数量级，超精密加工精度进入纳米级（$0.001\mu m$），主轴回转精度要求达到$0.01～0.05\mu m$，加工圆度为$0.1\mu m$，加工表面粗糙度$Ra = 0.003\mu m$等。超精密加工主要包括超精密切削（车、铣）、超精密磨削、超精密研磨抛光以及超精密特种加工（激光束、电子束、粒子束加工及微细电火花加工、微细电解加工和各种复合加工等）。

提高数控机床加工的精度有两种方法：

① 减少数控系统的误差，可采取提高数控系统的分辨率、提高位置检测精度、在位置伺服系统中采用前馈控制与非线性控制等方法；

② 采用机床误差补偿技术，可采用齿隙补偿、丝杠螺距误差补偿、刀具补偿和设备热变形误差补偿等技术。

1.5.3　高可靠性

数控机床的可靠性一直是用户最关心的主要指标。这里的高可靠性是指数控系统的可靠性要高于被控设备的可靠性一个数量级以上，但也不是可靠性越高越好，而是适度可靠，因为商品受性能价格比的约束。当前国外数控装置的平均无故障运行时间（MTBF）值已达6000 小时以上，驱动装置达 30000 小时以上。

提高数控系统可靠性的措施有：采用更高集成度的电路芯片，利用大规模或超大规模的专用及混合式集成电路，以减少元器件的数量，提高可靠性；通过硬件功能软件化，以适应各种控制功能的要求，同时采用硬件结构机床本体的模块化、标准化、通用化及系列化设计，既可提高硬件生产批量，又便于组织生产和质量把关；通过自动运行启动诊断、在线诊断、离线诊断等多种诊断程序，实现对系统内硬件、软件和各种外部设备进行故障诊断和报警；利用报警提示，及时排除故障；利用容错技术，对重要部件采用"冗余"设计，以实现故障自恢复；利用各种测试、监控技术，当发生超程、刀损、干扰、断电等各种意外时，自动进行相应的保护。

1.5.4　高柔性

柔性是指机床适应加工对象变化的能力。即当加工对象变化时，只需要通过修改程序而无需更换或调整硬件即可满足加工要求的能力。数控机床对满足加工对象的变换有很强的适应能力。提高数控机床柔性化正朝着两个方向努力：一是提高数控机床的单机柔性化，二是向单元柔性化和系统柔性化发展。例如，在数控机床软硬件的基础上，增加不同容量的刀库和自动换刀机械手，增加第二主轴，增加交换工作台装置，或配以工业机器人和自动运输小车，以组成柔性加工单元或柔性制造系统。

采用柔性自动化设备或系统，可以提高加工效率，缩短生产和供货周期，并能对市场需求的变化做出快速反应以提高企业的竞争能力。

1.5.5　功能复合化

功能复合化的目的是进一步提高机床的生产效率，使用于非加工辅助时间减至最少。通过功能的复合化，可以扩大机床的使用范围、提高效率，实现一机多用、一机多能。如一台具有自动换刀装置、回转工作台及托盘交换装置的五面体镗铣加工中心，工件一次安装可以完成镗、铣、钻、铰、攻螺纹等工序，对于箱体件可以完成五个面的粗、精加工的全部工序。宝鸡机床厂已经研制成功的 CX25Y 数控车铣复合中心，具有 X、Z 轴以及 C 轴和 Y 轴。通过 C 轴和 Y 轴，可以实现平面铣削和偏孔、槽的加工。该机床还配置有强动力刀架和副主轴。副主轴采用内藏式电主轴结构，通过数控系统可直接实现主、副主轴转速同步。该机床工件一次装夹即可完成全部加工，极大地提高了效率。

近年来，又相继出现了许多跨度更大的、功能更集中的复合化数控机床，如集冲孔、成形与激光切割于一体的复合加工中心等。

1.5.6 智能化

智能化是 21 世纪制造技术发展的一个很重要的方向。所谓智能加工就是基于网络技术、数字技术、电子技术和模糊控制的一种加工的更高级形式。智能加工是为了在加工过程中模拟人类智能的活动，以解决加工过程中许多不确定性因素，并利用人类智能进行预见及干预这些不确定性，使加工过程实现高速安全化。智能化的内容包括在数控系统中的各个方面：为追求加工效率和加工质量的智能化，如自适应控制，工艺参数自动生成；为提高驱动性能及使用连接方便的智能化，如前馈控制、电机参数的自适应运算、自动识别负载、自动选定模型、自整定等；简化编程、简化操作的智能化，如智能化的自动编程，智能化的人机界面等；智能诊断、智能监控，方便系统的诊断及维修等。

1.5.7 网络化

现在国外已经广泛使用了数控机床联网的技术，所谓数控机床联网就是把机床用网络连接起来，实现机床管理的统一化和程序传输的便捷化。现阶段的数控机床联网一般具有以下几个功能：将程序从办公室送到每台机床并实现实时监控；采集每台机床的性能指标到计算机备份；实现机床与机床之间的程序互相转移；将每台机床的生产数据及时传送到计算机处理；数控机床的刀具磨损及寿命情况及时反馈到计算机，实现电脑监控自动换刀。

机床联网可进行远程控制和无人化操作，通过机床联网，可在任何一台机床上对其他机床进行编程、设定、操作、运行，不同机床的画面可同时显示在每一台机床的屏幕上。不仅利于数控系统生产厂对其产品的监控和维修，也适于大规模现代化生产的无人化车间的网络管理，还适于在操作人员不宜到现场的环境（如对环境要求很高的超精密加工和对人体有害的环境）中工作。

1.5.8 开放化

开放式体系结构的数控系统大量采用通用微机技术，使编程、操作以及软件升级和更新变得更加简单快捷。开放式的新一代数控系统，其硬件、软件和总线规范都是对外开放的，数控系统制造商和用户可以根据这些开放的资源进行系统集成；同时它也为用户根据实际需要灵活配置数控系统带来极大方便，促进了数控系统多档次、多品种的开发和广泛应用，开发生产周期大大缩短；同时这种数控系统可随 CPU 升级而升级，而结构可以保持不变。

PC 机具有良好的人机界面，软件资源特别丰富，功能更趋完善，其通讯功能、联网功能、远程诊断和维修功能将更加完善。更重要的是微机成本低廉，可靠性高。目前，日本、美国、欧盟等国家正在开放式的 PC（微机）平台上进行"开放式数控系统"的研究。

1.5.9 编程自动化

随着数控加工技术的迅速发展，设备类型的增多，零件品种的增加以及零件形状的日益复杂，迫切需要速度快、精度高的编程，以便于对加工过程的直观检查。为弥补手工编程和NC 语言编程的不足，近年来开发出多种自动编程系统，如图形交互式编程系统、数字化自动编程系统、会话式自动编程系统、语音数控编程系统等，其中图形交互式编程系统的应用越来越广泛。图形交互式编程系统是以计算机辅助设计（CAD）软件为基础，首先形成零件的图形文件，然后再调用数控编程模块，自动编制加工程序，同时可动态显示刀具的加工轨迹。其特点是速度快、精度高、直观性好、使用简便，已成为国内外先进的 CAD/CAM 软件所采用的数控编程方法。目前常用的图形交互式软件有 Master CAM、Cimatron、Pro/E、UG、CAXA、Solid Works、CATIA 等。

训练题

1.1　什么是数字控制？什么是数控机床？

1.2　何谓点位控制、直线控制和轮廓控制？各有何特点？

1.3　数控机床由哪几部分组成？各有什么作用？

1.4　开环、闭环、半闭环数控机床各有何特点？

1.5　数控机床的加工特点是什么？

1.6　数控机床对操作人员和维修人员分别有哪些要求？

1.7　数控机床适合加工哪些类型的零件？

1.8　数控技术的主要发展方向是什么？

第2章
数控机床的程序编制

【知识提要】 本章主要介绍数控机床的程序编制。主要内容包括数控编程基础、数控编程工艺、数控车床编程、数控铣床及加工中心编程等。为了满足不同学习者的需要，主要以 FANUC 0i 系统为例来介绍，同时也介绍了 HNC-21/22T 和 HNC-21/22M 系统的编程。

【学习目标】 通过本章内容的学习，学习者应对数控编程的概念有全面认识，全面掌握数控机床的程序编程方法，掌握手工程序编制的技巧。注意不同系统的编程差异，掌握其编程特点及要点。

2.1 数控加工程序编制基础

2.1.1 数控编程的基本概念

在普通机床上加工零件时，一般是由工艺人员按照设计图样事先制订好零件的加工工艺规程。在工艺规程中制订出零件的加工工序、切削用量、机床的规格及刀具、夹具等内容。操作人员按工艺规程的各个步骤操作机床，加工出图样给定的零件，也就是说零件的加工过程是由人来完成。例如开车、停车、改变主轴转速、改变进给速度和方向、切削液开关等都是由工人手工操纵的。

数控机床和普通机床是不一样的。它是按照事先编制好的加工程序，自动地对被加工零件进行加工。我们把零件的加工工艺路线、工艺参数、刀具的运动轨迹、位移量、切削参数（主轴转数、进给量、背吃刀量等）以及辅助功能（换刀、主轴正转、反转、切削液开、关等），按照数控机床规定的指令代码及程序格式编写成加工程序单，再把这程序单中的内容记录在控制介质上，然后输入到数控机床的数控装置中，从而指挥机床加工零件。这种从零件图的分析到制成控制介质的全部过程叫数控加工程序的编制，简称数控编程。

2.1.2 数控机床的坐标轴和运动方向

(1) 标准坐标系及运动方向

为了简化编程和保证程序的通用性，对数控机床的坐标轴和方向命名制定了统一的标准，我国现在所用的标准为 GB/T 19660—2005。该标准规定数控机床的坐标系采用右手直角笛卡儿坐标系，直线进给坐标轴用 X、Y、Z 表示，常称基本坐标轴。X、Y、Z 坐标轴的相互关系用右手定则决定，如图 2.1 所示，图中大拇指指向 X 轴的正方向，食指指向 Y 轴的正方向，中指指向为 Z 轴的正方向。

围绕 X、Y、Z 轴旋转的圆周进给坐标轴用 A、B、C 表示，根据右手螺旋定则，以大拇指指向 $+X$，$+Y$，$+Z$ 方向，则四指环绕的方向分别是 $+A$，$+B$，$+C$ 方向。

（2）坐标轴的确定

机床各坐标轴及其正方向的确定原则是：

① 先确定 Z 轴。以平行于机床主轴的刀具运动坐标为 Z 轴，若有多根主轴，则可选垂直于工件装夹面的主轴为主要主轴，Z 坐标则平行于该主轴轴线。若没有主轴，则规定垂直于工件装夹表面的坐标轴为 Z 轴。Z 轴正方向是使刀具远离工件的方向。

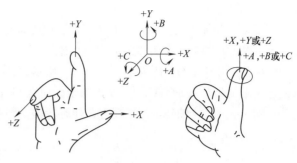

图 2.1 数控机床的坐标轴和运动方向

② 再确定 X 轴。X 轴为水平方向且垂直于 Z 轴并平行于工件的装夹面。

在工件旋转的机床（如车床、外圆磨床）上，X 轴的运动方向是径向的，与横向导轨平行，刀具离开工件旋转中心的方向是正方向，如图 2.2 和 2.3 所示分别为前置刀架和后置刀架数控车床的坐标系。

对于刀具旋转的机床，若 Z 轴为水平（如卧式铣床、镗床），则沿刀具主轴后端向工件方向看，右手平伸出方向为 X 轴正向，如图 2.4 所示为卧式数控铣床的坐标系；若 Z 轴为垂直（如立式铣、镗床，钻床），则从刀具主轴向床身立柱方向看，右手平伸出方向为 X 轴正向，如图 2.5 所示为立式数控铣床的坐标系。

图 2.2 前置刀架数控车床坐标系

图 2.3 后置刀架数控车床坐标系

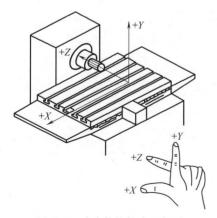

图 2.4 卧式数控铣床坐标系

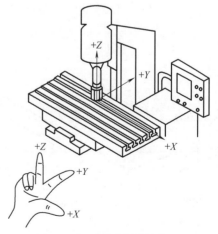

图 2.5 立式数控铣床坐标系

③ 最后确定 Y 轴。在确定了 X、Z 轴的正方向后，即可按照右手直角笛卡儿坐标系确定出 Y 轴正方向。

（3）附加坐标

为了编程和加工的方便，有时还要设置附加坐标系。对于直线运动，平行于标准坐标系中相应坐标轴的进给轴，称为直线附加坐标轴，第一组附加坐标分别用 U、V、W 表示，第二组附加坐标分别用 P、Q、R 表示。如图 2.6 所示，在 XOY 坐标系中，以 A 点为坐标原点 O_1，可以建立附加坐标系 UO_1V，以 D 点为坐标原点 O_2，可以建立附加坐标系 PO_2Q。对于旋转运动，除 A、B、C 轴外，如果还有其他旋转轴，则称为旋转附加坐标轴，用 D 或 E 表示。

（4）工件相对静止而刀具产生运动的原则

通常在坐标轴命名或编程时，不论机床在加工中是刀具移动，还是被加工工件移动，都一律假定被加工工件相对静止不动，而刀具在移动，即刀具相对运动的原则，并同时规定刀具远离工件的方向为坐标的正方向。按照标准规定，在编程中，坐标轴的方向总是刀具相对工件的运动方向，用 X、Y、Z 等表示。在实际中，对数控机床的坐标轴进行标注时，根据坐标轴的实际运动情况，用工件相对刀具的运

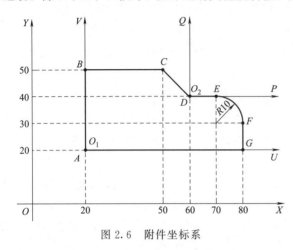

图 2.6　附件坐标系

动方向进行标注，此时需用 X'、Y'、Z' 等表示，以示区别。如图 2.7 所示，工件与刀具运动之间的关系为：$+X'=-X$，$+Y'=-Y$，$+Z'=-Z$。

（5）绝对坐标和增量坐标

当运动轨迹的终点坐标是相对于起点来计量的话，称之为相对坐标，也叫增量坐标。若按这种方式进行编程，则称之为相对坐标编程。当所有坐标点的坐标值均从某一固定的坐标原点计量的话，就称之为绝对坐标表达方式，按这种方式进行编程即为绝对坐标编程。如图 2.8 所示，A 点和 B 点的绝对坐标分别为（30，35）、（12，15），A 点相对于 B 点的增量坐标为（18，20），B 点相对于 A 点的增量坐标为（-18，-20）。

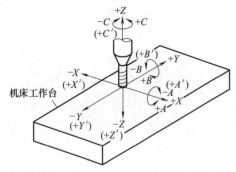

图 2.7　工件与刀具运动之间的关系

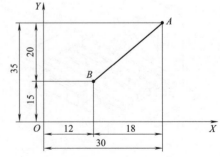

图 2.8　绝对坐标和增量坐标

2.1.3　数控机床的坐标系

（1）机床坐标系

以机床原点为坐标原点建立起来的 X、Y、Z 轴直角坐标系，称为机床坐标系。机床原

点为机床上的一个固定点，也称机床零点。如图 2.9 和图 2.10 所示分别为数控车床和数控铣床的原点。它在机床装配、调试时就已确定下来，是数控机床进行加工运动的基准参考点。机床零点是通过机床参考点间接确定的。

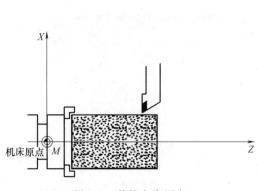

图 2.9　数控车床原点

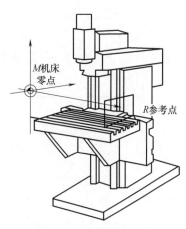

图 2.10　数控铣床原点

　　机床参考点也是机床上的一个固定点，其与机床零点间有一确定的相对位置，一般设置在刀具运动的 X、Y、Z 正向最大极限位置，是用于对机床运动进行检测和控制的固定位置点。机床参考点的位置是由机床制造厂家在每个进给轴上用限位开关精确调整好的，坐标值已输入数控系统中。因此参考点对机床原点的坐标是一个已知数。如图 2.11 所示为数控车床参考点与机床原点的位置关系。

　　在机床每次通电之后，工作之前，必须进行回机床零点操作，使刀具运动到机床参考点，其位置由机械挡块确定。这样，通过机床回零操作，确定了机床零点从而准确地建立机床坐标系，即相当于数控系统内部建立一个以机床零点为坐标原点的机床坐标系。

　　机床坐标系是机床固有的坐标系，一般情况下，机床坐标系在机床出厂前已经调整好，不允许用户随意变动。

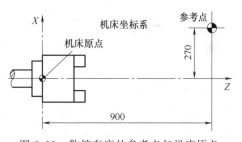

图 2.11　数控车床的参考点与机床原点

　　(2) 编程坐标系

　　编程坐标系是用于确定工件几何图形上各几何要素（如点、直线、圆弧等）的位置而建立的坐标系，其原点简称编程原点，如图 2.12（a）中所示的 O_2 点。编程原点应尽量选择在零件的设计基准或工艺基准上，并考虑到编程的方便性，编程坐标系中各轴的方向应该与所使用数控机床相应的坐标轴方向一致。

　　(3) 工件坐标系

　　工件坐标系是用于确定零件的加工位置而建立的坐标系。工件坐标系的原点简称工件原点，是指零件被装夹好后，相应的编程原点在机床原点坐标系中的位置。在加工过程中，数控机床是按照工件装夹好后的工件原点及程序要求进行自动加工的。工件原点如图 2.12（b）中的 O_3 所示。工件坐标系原点在机床坐标系 $X_1Y_1Z_1$ 中的坐标值 $-X_3$、$-Y_3$、$-Z_3$，需要通过对刀操作输入数控系统。

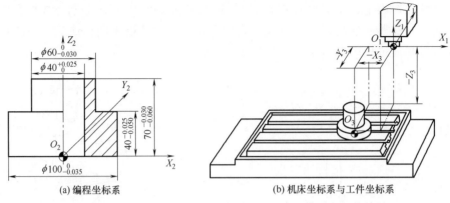

(a) 编程坐标系　　　　　　　　　　　(b) 机床坐标系与工件坐标系

图 2.12　编程坐标系（工件坐标系）与机床坐标系之间的关系

因此，编程人员在编制程序时，只要根据零件图样确定编程原点，建立编程坐标系，计算坐标数值，而不必考虑工件毛坯装卡的实际位置。对加工人员来说，则应在装夹工件、调试程序时，确定工件原点的位置，并在数控系统中给予设定（即给出原点设定值），这样数控机床才能按照准确的工件坐标系位置开始加工。

2.1.4　程序的格式

(1) 零件加工程序结构

① 程序结构。一个零件程序是由遵循一定结构、句法和格式规则的若干个程序段组成的，而每个程序段是由若干个指令字组成的，如图 2.13 所示。每个程序段一般占一行，在屏幕显示程序时也是如此。一个指令字是由地址符（指令字符）和带符号（如定义尺寸的字）或不带符号（如准备功能字 G 代码）的数字组成的。程序段中不同的指令字符及其后续数值确定了每个指令字的含义，如 N：程序段号，G：准备功能，F：进给速度等。

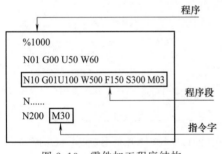

图 2.13　零件加工程序结构

② 程序格式。常规加工程序由开始符（单列一段）、程序名（单列一段）、程序主体和程序结束指令（一般单列一段）组成，程序的最后还有一个程序结束符。程序开始符与程序结束符（现在大多数系统可以不用）是同一个字符：在 ISO 代码中是％，在 EIA 代码中是 ER。程序号是由 O（FANUC 系统）或 ％（华中系统）开头，通常后跟 4 位数字组成。程序结束指令为 M02 或 M30。常见程序格式如下：

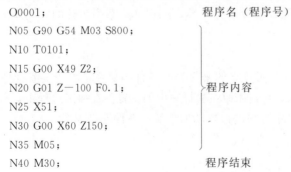

（2）程序段格式

① 固定程序段格式。以这种格式编制的程序，各字均无地址码，字的顺序即为地址的顺序，各字的顺序及字符行数是固定的（不管某一字的需要与否），即使与上一段相比某些字没有改变，也要重写而不能略去。一个字的有效位数较少时，要在前面用"0"补足规定的位数。所以各程序段所占穿孔带的长度为一定，如图 2.14 所示。

② 用分隔符的程序段格式。由于有分隔符号，不需要的字或与上程序段相同的字可以省略，但必须保留相应的分隔符号（即各程序段的分隔符号数目相等），如图 2.15 所示。

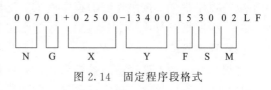

图 2.14　固定程序段格式

图 2.15　带分隔符的程序段格式

以上两种格式目前已很少使用，现代数控机床普遍使用字地址程序段格式。

③ 字地址程序段格式。以这种格式表示的程序段，每一个字之前都标有地址码用以识别地址，因此对不需要的字或与上一程序段相同的字都可省略。程序段内的各字也可以不按顺序（但为了编程方便，常按一定的顺序，如图 2.16 所示排列）。

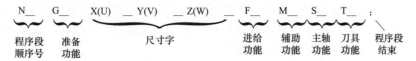

图 2.16　字地址程序段格式

2.2　数控机床的加工工艺及编程步骤

2.2.1　编制加工程序的内容及步骤

（1）工艺处理阶段

这项工作的内容包括：对零件图样进行分析，明确加工的内容和要求；确定加工方案；选择适合的数控机床；选择或设计刀具和夹具；确定合理的走刀路线及选择合理的切削用量等。这一工作要求编程人员能够对零件图样的技术特性、几何形状、尺寸及工艺要求进行分析，并结合数控机床使用的基础知识，如数控机床的规格、性能，数控系统的功能等，确定加工方法和加工路线。

（2）数学处理阶段

在确定了工艺方案后，就需要根据零件的几何尺寸、加工路线等，计算刀具中心运动轨迹，以获得刀位数据。数控系统一般均具有直线插补与圆弧插补功能，对于加工由圆弧和直线组成的较简单的平面零件，只需要计算出零件轮廓上相邻几何元素交点或切点的坐标值，得出各几何元素的起点、终点、圆弧的圆心坐标值等，就能满足编程要求。当零件的几何形状与控制系统的插补功能不一致时，就需要进行较复杂的数值计算，一般需要使用计算机辅助计算，否则难以完成。

（3）编写零件加工程序

在完成上述工艺处理及数值计算工作后，即可编写零件加工程序。程序编制人员使用数控系统的程序指令，按照规定的程序格式，逐段编写加工程序。程序编制人员应对数控机床的功能、程序指令及代码十分熟悉，才能编写出正确的加工程序。

（4）程序检验

将编写好的加工程序输入数控系统，就可控制数控机床的加工工作。一般在正式加工之前，要对程序进行检验。通常可采用机床空运转的方式，来检查机床动作和运动轨迹的正确性，以检验程序。在具有图形模拟显示功能的数控机床上，可通过显示走刀轨迹或模拟刀具对工件的切削过程，对程序进行检查。对于形状复杂和要求高的零件，也可采用铝件、塑料或石蜡等易切材料进行试切来检验程序。通过检查试件，不仅可确认程序是否正确，还可知道加工精度是否符合要求。若能采用与被加工零件材料相同的材料进行试切，则更能反映实际加工效果，当发现加工的零件不符合加工技术要求时，可修改程序或采取尺寸补偿等措施。

2.2.2　零件的定位与装夹

（1）定位安装的基本原则

在数控机床上加工零件时，定位安装的基本原则与普通机床相同，也要合理选择定位基准和夹紧方案。为了提高数控机床的效率，在确定定位基准与夹紧方案时应注意以下三点：

① 力求设计、工艺与编程计算的基准统一。

② 尽量减少装夹次数，尽可能在一次定位装夹后，加工出全部待加工面。

③ 避免采用占机人工调试加工方案，以充分发挥数控机床的效能。

（2）选择夹具的基本原则

数控加工的特点对夹具提出了两个基本要求：一是要保证夹具的坐标方向与机床的坐标方向相对固定；二是要协调零件和机床坐标系的尺寸关系。除此之外，还要考虑以下四点：

① 当零件加工批量不大时，应尽量采用组合夹具、可调式夹具及其他通用夹具，以缩短生产准备时间、节省生产费用。

② 在成批生产时才考虑专用夹具，并力求结构简单。

③ 零件的装卸要快速、方便、可靠，以缩短机床的停顿时间。

④ 夹具上各零部件应不妨碍机床对零件各表面的加工，即夹具要开敞，其定位、夹紧机构元件不能影响加工中的走刀（如产生碰撞等）。

此外，为了提高数控加工的效率，在成批生产中还可以采用多位、多件夹具。例如在数控铣床或立式加工中心的工作台上，可安装一块与工作台大小一样的平板，它既可作为大工件的基础板，也可作为多个中小工件的公共基础板，依次并排加工装夹的多个中小工件。

2.2.3　数控加工工艺路线的设计

数控加工工艺路线设计是下一步工序设计的基础，其设计的质量会直接影响零件的加工质量与生产效率。设计工艺路线时应对零件图、毛坯图认真消化，结合数控加工的特点灵活运用普通加工工艺的一般原则，尽量把数控加工工艺路线设计得更合理一些。

（1）工序的划分

在数控机床上加工零件，工序可以比较集中，在一次装夹中尽可能完成大部分或全部工序。首先应根据零件图样，考虑被加工零件是否可以在一台数控机床上完成整个零件的加工工作，若不能则应决定其中哪一部分在数控机床上加工，哪一部分在其他机床上加工，即对零件的加工工序进行划分。一般工序划分有以下几种方式：

① 按零件装夹定位方式划分工序。由于每个零件结构形状不同，各表面的技术要求也有所不同，故加工时，其定位方式则各有差异。一般加工外形时，以内形定位，加工内形时又以外形定位。因而可根据定位方式的不同来划分工序。通常以一次安装、加工作为一道工序，这种方法适合于加工内容不多的工件，加工完后就能达到待检状态。

② 以加工部位划分工序。对于加工内容较多的零件可按其结构特点将加工部位分成几个部分，按照加工部位的先后顺序来划分工序。

③ 按粗、精加工划分工序。根据零件的加工精度、刚度和变形等因素来划分工序时，可按粗、精加工分开的原则来划分工序，即先粗加工再精加工，此时可用不同的机床或不同的刀具进行加工。粗精加工之间最好隔一段时间，使零件得以充分的时效处理，以保证精加工的加工精度。

④ 按所用刀具划分工序。为了减少换刀次数，压缩空程时间，可按使用的刀具划分工序。在一次装夹后，尽可能用同一把刀具加工出可能加工的所有部位，然后再换另一把刀加工其他部位。在专用数控机床和加工中心中常采用这种方法。

（2）加工顺序的安排

加工顺序的安排应根据零件的结构和毛坯状况，以及定位安装与夹紧的需要来考虑，重点是保证定位夹紧时工件的刚性和加工精度。加工顺序安排一般应按下列原则进行：

① 上道工序的加工不能影响下道工序的定位与夹紧，中间穿插有通用机床加工工序的也要综合考虑；

② 先进行外形加工工序，后进行内形加工工序；

③ 以相同定位、夹紧方式或同一把刀具加工的工序，最好连续进行，以减少重复定位次数、换刀次数与挪动压紧元件次数；

④ 在同一次安装中进行的多道工序，应先安排对工件刚性破坏较小的工序。

（3）数控加工路线的确定

在数控加工中，刀具的刀位点相对于工件运动的轨迹称为加工路线。所谓"刀位点"是指刀具对刀时的理论刀尖点。如车刀、镗刀的刀尖；钻头的钻尖；立铣刀、端铣刀刀头底面的中心，球头铣刀的球头中心等，如图 2.17 所示。

编程时，加工路线的确定原则主要有以下几点：

a.加工路线应保证被加工零件的精度和表面粗糙度，且效率较高；

b.使数值计算简单，以减少编程工作量；

c.应使加工路线最短，这样既可减少程序段，又可减少空刀时间。

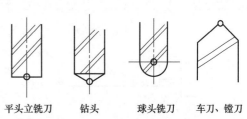

平头立铣刀　　钻头　　球头铣刀　　车刀、镗刀

图 2.17 不同刀具的刀位点

此外，确定加工路线时，还要考虑工件的加工余量和机床、刀具的刚度等情况，确定是

一次走刀，还是多次走刀来完成加工，以及在铣削加工中是采用顺铣还是逆铣等。

① 车削加工路线的确定。

a. 最短的车削加工路线。车削进给路线为最短，可有效地提高生产效率，降低刀具的损耗等。图 2.18 为粗车几种不同车削进给路线的安排示意图。其中图 2.18（a）表示利用数控系统具有的封闭式复合循环功能控制车刀沿着工件轮廓进行进给的路线；图 2.18（b）为利用其程序循环功能安排的"三角形"进给路线；图 2.18（c）为利用其矩形循环功能而安排的"矩形"进给路线。

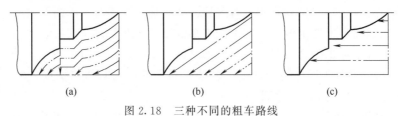

(a)	(b)	(c)

图 2.18　三种不同的粗车路线

对以上三种车削进给路线，经分析和判断后可知矩形循环进给路线的进给长度总和最短。因此，在同等条件下，其车削所需时间（不含空行程）最短，刀具的损耗最少。

b. 大余量毛坯的阶梯车削加工路线。图 2.19 所示为车削大余量工件的两种加工路线，图 2.19 是错误的阶梯车削路线，图 2.19（b）按 1～5 的顺序车削，每次车削所留余量相等，是正确的阶梯车削路线。因为在同样背吃刀量的条件下，按图 2.19（a）的方式加工所剩的余量过多。

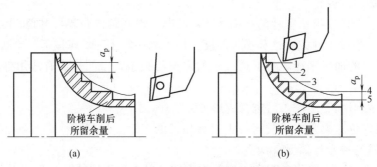

(a)	(b)

图 2.19　车削大余量工件的两种加工路线

c. 完整轮廓的连续车削进给路线。在安排可以一刀或多刀进行的精加工工序时，其零件的完整轮廓应由最后一刀连续加工而成，这时，加工刀具的进、退刀位置要考虑妥当，尽量不要在连续的轮廓中安排切入和切出或换刀及停顿，以免因切削力突然变化而造成弹性变性，致使光滑连接轮廓上产生表面划伤、形状突变或滞留刀痕等缺陷。

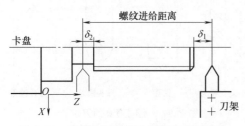

图 2.20　车螺纹时的引入距离和超越距离

d. 螺纹的车削加工路线。在数控车床上车螺纹时，沿螺距方向的 Z 向进给应和车床主轴的转速保持严格的速比关系，因此应避免在进给机构加速或减速的过程中进行螺纹切削。为此要有升速进刀段和降速进刀段，如图 2.20 所示，δ_1 一般为 2～5mm，δ_2 一般为 1～2mm。这样在切削螺纹时，能保证在升速后使刀接触工件，刀具离开工件后再降速。

e. 槽的车削加工路线。对于宽度、深度值相对不大，且精度要求不高的槽，可采用与槽等宽的刀具，直接切入一次成形的方法加工，如图 2.21 所示。刀具切入到槽底后可利用延时指令使刀具短暂停留，以修整槽底圆度，退出过程中可采用工进速度。

对于宽度值不大，但深度较大的深槽零件，为了避免切槽过程中由于排屑不畅，使刀具前部压力过大出现扎刀和折断刀具的现象，应采用分次进刀的方式，刀具在切入工件一定深度后，停止进刀并退回一段距离，达到排屑和断屑的目的，如图 2.22 所示。

通常把大于一个切刀宽度的槽称为宽槽，宽槽的宽度、深度的精度及表面质量要求相对较高。在切削宽槽时常采用排刀的方式进行粗切，然后是用精切槽刀沿槽的一侧切至槽底，精加工槽底至槽的另一侧，再沿侧面退出，切削方式如图 2.23 所示。

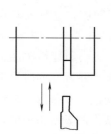

图 2.21　简单槽加工方式

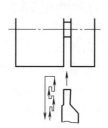

图 2.22　深槽加工方式

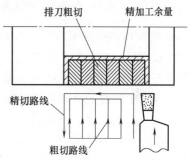

图 2.23　宽槽加工方式

② 铣削加工路线的确定。

a. 顺铣和逆铣。铣削有顺铣和逆铣两种方式，如图 2.24 所示。当工件表面无硬皮，机床进给机构无间隙时，应选用顺铣，按照顺铣安排加工路线。因为采用顺铣加工后，零件已加工表面质量好，刀齿磨损小。精铣时，尤其是零件材料为铝镁合金、钛合金或耐热合金时，应尽量采用顺铣。当工件表面有硬皮，机床的进给机构有间隙时，应采用逆铣，按照逆铣安排加工路线。因为逆铣时，刀齿是从已加工表面切入，不会崩刃；机床进给机构的间隙不会引起振动和爬行。

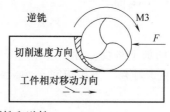

图 2.24　顺铣和逆铣

b. 铣削外轮廓的加工路线。铣削平面零件外轮廓时，一般是采用立铣刀侧刃切削。刀具切入零件时，应避免沿零件外轮廓的法向切入，以免在切入处产生刀具的刻痕，而应沿切削起始点延伸线 [图 2.25（a）] 或切线方向 [图 2.25（b）] 逐渐切入零件，保证零件曲线的平滑过渡。同样，在切离零件时，也应避免在切削终点处直接抬刀，要沿着切削终点延伸线 [图 2.25（a）] 或切线方向 [图 2.25（b）] 逐渐切离工件。

c. 铣削内轮廓的加工路线。铣削封闭的内轮廓侧面时，一般较难从轮廓曲线的切线方向切入、切出，这样应在区域相对较大的地方，用切弧切向切入和切向切出（如图 2.26 中

$A \rightarrow B \rightarrow C \rightarrow B \rightarrow D$）的方法进行。

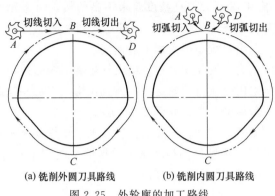

(a) 铣削外圆刀具路线　　(b) 铣削内圆刀具路线

图 2.25　外轮廓的加工路线

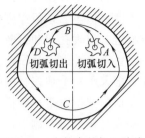

图 2.26　内轮廓的加工路线

d. 铣削内腔的加工路线。所谓内腔是指以封闭曲线为边界的平底凹腔。这种内腔在模具零件较常见，都采用平底立铣刀加工，刀具圆角半径应符合内腔的图样要求。图 2.27 所示为加工内腔的三种加工路线。图 2.27（a）和图 2.27（b）分别用行切法和环切法加工内腔。两种加工路线的共同点是都能切净内腔中全部面积，不留死角，不伤轮廓，同时尽量减少重复进给的搭接量。不同点是行切法的加工路线比环切法短，但行切法会在每两次进给的起点与终点间留下残留面积，达不到所要求的表面粗糙度；用环切法获得的表面粗糙度要好于行切法，但环切法需要逐次向外扩展轮廓线，刀位点计算稍微复杂一些。综合行、环切法的优点，采用图 2.27（c）所示的加工路线，即先用行切法切去中间部分余量，最后用环切法切一刀，既能使总的加工路线较短，又能获得较好的表面粗糙度。

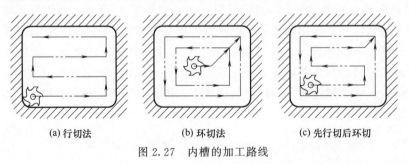

(a) 行切法　　　　(b) 环切法　　　　(c) 先行切后环切

图 2.27　内槽的加工路线

e. 铣削曲面的加工路线。对于边界敞开的曲面加工，可采用如图 2.28 所示的两种加工路线。对于发动机大叶片，当采用图 2.28（a）所示的加工路线时，每次沿直线加工，刀位点计算简单，程序少，加工过程符合直纹面的形成，可以准确保证母线的直线度。当采用图 2.28（b）所示的加工路线时，符合这类零件数据给出情况，便于加工后检验，叶形的准确度高，但程序较多。由于曲面零件的边界是敞开的，没有其他表面限制，所以曲面边界可以延伸，球头刀应由边界外开始加工。当边界不敞开时，

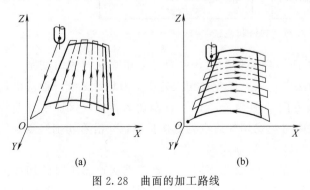

(a)　　　　　　　(b)

图 2.28　曲面的加工路线

要重新确定加工路线，另行处理。

2.2.4　切削用量的确定

数控编程时，编程人员必须确定每道工序的切削用量，并以指令的形式写入程序中。切削用量包括主轴转速、背吃刀量及进给速度等。对于不同的加工方法，需要选用不同的切削用量。切削用量的选择原则是：保证零件加工精度和表面粗糙度，充分发挥刀具切削性能，保证合理的刀具耐用度；并充分发挥机床的性能，最大限度提高生产率，降低成本。

(1) 主轴转速的确定

主轴转速应根据允许的切削速度和工件（或刀具）直径来选择。其计算公式为：

$$n = 1000v/\pi D$$

式中，v 为切削速度，m/min，由刀具的耐用度决定；n 为主轴转速，r/min；D 为工件直径或刀具直径，mm。

计算的主轴转速 n 最后要根据机床说明书选取机床有的或较接近的转速。

(2) 进给速度的确定

进给速度是数控机床切削用量中的重要参数，主要根据零件的加工精度和表面粗糙度要求以及刀具、工件的材料性质选取。最大进给速度受机床刚度和进给系统的性能限制。

确定进给速度的原则：

a. 当工件的质量要求能够得到保证时，为提高生产效率，可选择较高的进给速度。一般在 100～200mm/min 范围内选取。

b. 在切断、加工深孔或用高速钢刀具加工时，宜选择较低的进给速度，一般在 20～50mm/min 范围内选取。

c. 当加工精度、表面粗糙度要求高时，进给速度应选小些，一般在 20～50mm/min 范围内选取。

d. 刀具空行程时，特别是远距离"回零"时，可以选择该机床数控系统设定的最高进给速度。

(3) 背吃刀量确定

背吃刀量根据机床、工件和刀具的刚度来决定，在刚度允许的条件下，应尽可能使背吃刀量等于工件的加工余量，这样可以减少走刀次数，提高生产效率。为了保证加工表面质量，可留少量精加工余量，一般为 0.2～0.5mm。

总之，切削用量的具体数值应根据机床性能相关的手册并结合实际经验用类比方法确定。同时，使主轴转速、切削深度及进给速度三者能相互适应，以形成最佳切削用量。

2.2.5　数值计算

根据零件图样，用适当的方法，将编制程序所需的有关数据计算出来的过程，称为数值计算。数值计算的内容包括计算零件轮廓的基点和节点坐标以及辅助计算。

(1) 基点、节点坐标计算

零件的轮廓是由许多不同的几何要素所组成，如直线、圆弧、二次曲线等。各几何要素之间的连接点称为基点，如两直线间的交点，直线与圆弧或圆弧与圆弧间的交点或切点，圆弧与二次曲线的交点或切点等。基点坐标是编程中必需的重要数据，计算的方法可以是联立方程组求解，也可以利用几何元素间的三角函数关系求解或采用计算机辅助计算编程，计算比较方便，如图 2.29 所示。

数控系统一般只能作直线插补和圆弧插补的切削运动。如果零件的轮廓曲线不是由直线或圆弧构成（如可能是椭圆、双曲线、抛物线、一般二次曲线、阿基米德螺旋线等曲线），而数控装置又不具备其他曲线的插补功能时，要采取用直线或圆弧逼近的数学处理方法。即在满足允许编程误差的条件下，用若干直线段或圆弧段分割逼近给定的曲线。相邻逼近直线段或圆弧段的交点或切点称为节点，如图 2.30 所示。对于立体型面零件，应根据允许误差将曲线分割成不同的加工截面，各截面上的轮廓曲线也要进行基点和节点计算。节点计算一般都比较复杂，有时靠手工处理已经不大可能，必须借助计算机作辅助处理，最好是采用计算机自动编程高级语言来编制加工程序（目前通常采用 CAD/CAM 软件）。

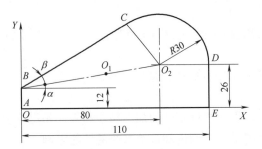

图 2.29　零件轮廓的基点

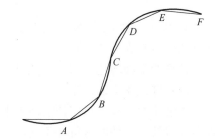

图 2.30　零件轮廓的节点

(2) 辅助计算

辅助计算包括增量值计算，附加路径相关点坐标计算等。

① 增量坐标计算。增量坐标计算是仅就增量坐标的数控系统或绝对坐标中某些数据仍要求以增量方式输入时，所进行的由绝对坐标数据到增量坐标数据的转换。如在数值计算过程中，已按绝对坐标值计算出某运动段的起点坐标及终点坐标，以增量方式表示时，其换算公式为：

$$增量坐标值＝终点坐标值－起点坐标值$$

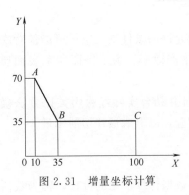

图 2.31　增量坐标计算

计算应在各坐标轴方向上分别进行。如图 2.31 所示，要求以直线插补方式，使刀具从 A 点（起点）运动到 B 点（终点），A 点坐标为（10，70），B 点坐标为（35，35），若以增量方式表示时，其 X、Y 轴方向上的增量分别为 $\Delta X＝35－10＝25$，$\Delta Y＝35－70＝－35$。

② 附加路径坐标计算。数控编程时，通常除了确定基本的走刀路线外，还需要设置附加走刀路径。如下几种情况需要设置附加路径。

a. 开始加工时，刀具从起始点到切入点，或加工完毕时，刀具从切出点返回到起始点而特意安排走刀路径，如图 2.32（a）所示。切入/切出点位置的选择应依据零件加工余量的情况，适当离开零件一段距离。

b. 使用刀具补偿功能时，应在加工零件之前附加建立刀补的路径，加工完成后应附加取消刀补的路径，如图 2.32（b）所示。

c. 某些零件的加工，要求刀具"切向"切入和"切向"切出，需要设置切向切入和切出路径, 如图 2.32 (c) 所示。

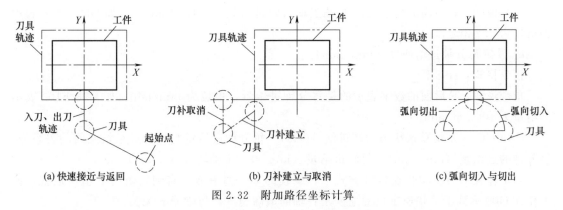

(a) 快速接近与返回　　　　(b) 刀补建立与取消　　　　(c) 弧向切入与切出

图 2.32 附加路径坐标计算

以上附加路径的安排, 在绘制进给路线时, 应明确表示出来。数值计算时, 按照进给路线的安排, 计算出各相关点的坐标, 其数值计算一般比较简单。

2.3 数控车床的编程

目前市场上数控车床及车削数控系统的种类很多, 但其基本编程功能指令相同, 只在个别编程指令和格式上有差异。本节以 FANUC 0i 数控系统为例来说明。

2.3.1 数控车床的编程基础

(1) 机床坐标系的建立

数控车床欲对工件的车削进行程序控制, 必须首先建立机床坐标系。在数控车床通电之后, 当完成了返回机床参考点的操作后, CRT 或 LCD 屏幕上立即显示刀架中心在机床坐标系中的坐标值, 即建立起了机床坐标系。数控车床的机床原点一般设在主轴前端面的中心上。

(2) 工件坐标系的建立

数控车床的工件原点一般设在主轴中心线与工件左端面或右端面的交点处。

工件坐标系设定后, CRT 显示屏幕上显示的是基准车刀刀尖相对工件原点的坐标值。

编程时, 工件各尺寸的坐标值都是相对工件原点而言的。数控车床机床坐标系与工件坐标系之间的关系如图 2.33 所示。

建立工件坐标系使用 G50 功能指令, 具体见后面所讲内容。

2.3.2 数控车床的基本功能指令

(1) F、S、T 功能

① 进给功能—F 功能。F 指令表示工件被加工时刀具相对于工件的合成进给速度, F 的单位取决于 G98 (每分钟进给量 mm/min) 或 G99 (每转进给量 mm/r)。

a. 设定每转进给量 (mm/r)。

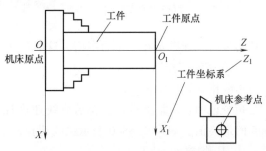

图 2.33 数控车床坐标系之间的关系

指令格式：G99 F ＿．＿；

指令说明：F 后面的数字表示的是主轴每转进给量，单位为 mm/r。如 G99 F0.2 表示进给量为 0.2mm/r。

b. 设定每分钟进给速度（mm/min）。

指令格式：G98 F ＿；

指令说明：F 后面的数字表示的是每分钟进给量，单位为 mm/min。如 G98 F100 表示进给量为 100mm/min。

FANUC 0i 系统默认状态为转进给（G99）。每分钟进给量与每转进给量之间的关系为：

每分钟的进给量（mm/min）＝每转进给量（mm/r）×主轴转速（r/min）

当工作在 G01、G02 或 G03 方式下，编程的 F 一直有效，直到被新的 F 值所取代，而工作在 G00 方式下，快速定位的速度是各轴的最高速度，与所编 F 无关。

注意：借助于机床控制面板上的倍率按键，F 可在一定范围内进行修调，在进行螺纹切削时，倍率开关失效，进给倍率固定在 100%。

② 主轴功能——S 功能。S 功能主要用于控制主轴转速，其后跟的数值在不同场合有不同含义，具体如下：

a. 恒切削速度（线速度）控制。

指令格式：G96 S ＿；

指令说明：S 后面的数字表示的是恒定的线速度：m/min。如 G96 S150 表示切削点线速度控制在 150m/min。

注意：在恒线速控制中，由于数控系统是将 X 的坐标值当作工件的直径来计算主轴转速，所以在使用 G96 指令前必须正确的设定工件坐标系。

如图 2.34 所示的零件，为保持 A、B、C 各点的线速度在 150m/min，则各点在加工时的主轴转速分别为：

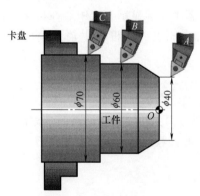

A：$n = 1000 \times 150 \div (\pi \times 40) = 1193 \text{r/min}$

B：$n = 1000 \times 150 \div (\pi \times 60) = 795 \text{r/min}$

C：$n = 1000 \times 150 \div (\pi \times 70) = 682 \text{r/min}$

b. 最高转速控制（G50）。

指令格式：G50 S ＿；

指令说明：S 后面的数字表示的是最高转速：r/min。如 G50 S3000 表示最高转速限制为 3000r/min。

采用恒线速度控制加工端面、锥面和圆弧时，由于 X 坐标（工件直径）的不断变化，故当刀具逐渐移近工件旋转中心时，主轴的转速就会越来越高，离心力过大，工件有可能从卡盘中飞出。为了防止事故，必须将

图 2.34　恒切削速度控制

主轴的最高转速限定在一个固定值。这时可用 G50 指令来限制主轴最高转速。

c. 直接转速控制（G97）。

指令格式：G97 S ＿；

指令说明：S 后面的数字表示恒线速度控制取消后的主轴转速，如 S 未指定，将保留 G96 的最终值。如 G97 S800 表示恒线速控制取消后主轴转速恒为 800r/min。

③ 刀具功能——T。

指令格式：T __；

指令说明：T 代码用于选刀，其后的 4 位数字，前两位表示刀具序号，后两位表示刀具补偿号。执行 T 指令，转动转塔刀架，选用指定的刀具。当一个程序段同时包含 T 代码与刀具移动指令时，先执行 T 代码指令，而后执行刀具移动指令。

T 指令同时调入刀补寄存器中的补偿值。

（2）辅助功能——M 功能

M 功能由地址字 M 和其后的一或两位数字组成，从 M00～M99 共 100 种。主要用于控制机床各种辅助功能的开关动作，如主轴旋转，冷却液的开关等。

M 功能有非模态 M 功能和模态 M 功能两种形式。非模态 M 功能（当段有效代码）：只在书写了该代码的程序段中有效；模态 M 功能（续效代码）：一组可相互注销的 M 功能，这些功能在被同一组的另一个功能注销前一直有效。模态 M 功能组中包含一个缺省功能，系统上电时将被初始化为该功能。

M 功能还可分为前作用 M 功能和后作用 M 功能两类。前作用 M 功能在程序段编制的轴运动之前执行；后作用 M 功能在程序段编制的轴运动之后执行。

各种数控系统的 M 代码规定有差异，必须根据系统编程说明书选用。FANUC 0i 系统常用的 M 功能代码见表 2.1。

表 2.1　FANUC 0i 系统常用的 M 功能代码

代码	是否模态	功能说明	代码	是否模态	功能说明
M00	非模态	程序停止	M03	模态	主轴正转（顺时针方向）
M01	非模态	选择停止	M04	模态	主轴反转（逆时针方向）
M02	非模态	程序结束	M05	模态	主轴停止
M30	非模态	程序结束并返回	M07	模态	切削液打开（雾状）
M98	非模态	调用子程序	M08	模态	切削液打开（液状）
M99	非模态	子程序结束	M09	模态	切削液关闭

（3）准备功能——G 功能

G 功能指令由地址字 G 和其后一或两位数字组成，它用来规定刀具和工件的相对运动轨迹、机床坐标系、坐标平面、刀具补偿、坐标偏置等多种加工操作。

同组 G 代码不能在一个程序段中同时出现，如果同时出现，则最后一个 G 代码有效。G 代码也分为模态码与非模态码。模态码一经指定一直有效，直到被同组 G 代码取代为止；非模态码只在本程序段有效，无续效性。FANUC 0i 系统常用的 G 功能代码见表 2.2。

表 2.2　常用 G 指令（准备功能）一览表

G 代码	组	功　能	G 代码	组	功　能
＊G00		快速定位	G36	00	自动刀具补偿 X
G01	01	直线插补	G37		自动刀具补偿 Z
G02		顺圆插补	＊G40		取消刀尖圆弧半径补偿
G03		逆圆插补	G41	07	刀尖圆弧半径左补偿
G04	00	暂停	G42		刀尖圆弧半径右补偿
G20	06	英制输入	G50		坐标系或主轴最大速度设定
＊G21		公制输入	G52	00	局部坐标系设定
G27	00	返回参考点检查	G53		机床坐标系设定
G28		返回参考位置	＊G54～G59	14	选择工件坐标系 1～6
G32	01	螺纹切削	G65	00	调用宏指令
G34		变螺距螺纹切削	G70	00	精加工循环

续表

G 代码	组	功　　能	G 代码	组	功　　能
G71	00	外圆粗车循环	G87	10	侧钻循环
G72		端面粗车循环	G88		侧攻螺纹循环
G73		多重车削循环	G89		侧镗循环
G74		排屑钻端面孔	G90	01	外径/内径车削循环
G75		外径/内径钻孔循环	G92		螺纹车削循环
G76		多头螺纹循环	G94		端面车削循环
G80	10	固定钻削循环取消	G96	02	恒表面切削速度控制
G83		钻孔循环	*G97		恒表面切削速度控制取消
G84		攻螺纹循环	G98	05	每分钟进给
G85		正面镗循环	*G99		每转进给

注：带 * 的指令为系统电源接通时的初始值。

2.3.3　数控车床的基本编程指令

特别提示：在 FANUC 0i 系统中，编程输入的任何坐标字（包括 X、Y、Z、I、J、K、U、V、W、R 等），在其整数值后须加小数点。如 X100 须记作 X100.0，也可简写成 X100.，否则系统认为坐标字数值为 $100 \times 0.001mm = 0.1mm$。

(1) 公制与英制尺寸指定指令 G20、G21

① 指令格式：G20/G21；

可在指定程序段与其他指令同行，也可独立占用一个程序段。

② 指令说明：英制尺寸的单位是英寸（inch），公制尺寸的单位是毫米（mm）。

G20、G21 是两个互相取代的 G 指令，一般机床出厂时，将毫米输入 G21 设定为参数缺省状态。用毫米输入程序时，可不再指定 G21；但用英寸输入程序时，在程序开始时必须指定 G20（在坐标系统设定前）。

(2) 直径编程与半径编程方式指定

数控车床编程时，X 坐标（径向尺寸）有直径指定和半径指定两种方法，采用哪种方法要由系统的参数决定。当用直径值编程时，称为直径编程法；用半径值编程时，称为半径编程法。由于被加工零件的径向尺寸在图中的标注和测量时，都是以直径值表示，所以车床出厂时一般设定为直径编程，如需用半径编程，则要改变系统中相关的设定参数，使系统处于半径编程状态。

如图 2.35 (a) 所示，A 点的 X 坐标用直径编程时为 X42，如图 2.35 (b) 所示，用半径编程时为 X21。

(3) 绝对坐标和增量坐标指定

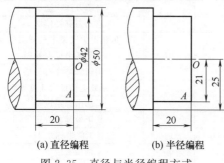

(a) 直径编程　　　(b) 半径编程

图 2.35　直径与半径编程方式

由于 FANUC 系统 G90 指令为纵向切削循环功能，所以不能再用来指定绝对值编程，因此直接用 X、Z 表示绝对值编程，用 U、W 表示相对值编程。

对图 2.36 所示的零件，如果刀具以 0.2mm/r 的速度按 A→B→C 直线进给，具体的编程如下。

绝对坐标编程：

N10 G01 X40.Z－30.F0.2；

N20 X60.Z－48.；

相对坐标编程：

N10 G01 U10. W−30. F0. 2；

N20 U20. W−18. ；

（4）刀具移动指令

① 快速定位指令 G00。

指令格式：G00 X(U) ＿ Z(W) ＿；

指令说明：X、Z 为绝对编程时，快速定位终点在工件坐标系中的坐标；U、W 为增量编程时，快速定位终点相对于起点的位移量。例如：如图 2.37 所示，刀尖从 A 点快进到 B 点，分别用绝对坐标、增量坐标（直径编程）编程如下。

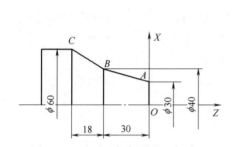

图 2.36　绝对坐标与增量坐标编程

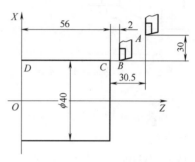

图 2.37　G00 指令编程

绝对坐标方式：G00 X40. Z58. ；

增量坐标方式：G00 U−60. W−28. 5；

G00 指令刀具相对于工件以各轴预先设定的速度，从当前位置快速移动到程序段指令的定位目标点。G00 指令中的快移速度由机床参数"快移进给速度"对各轴分别设定，不能用 F 规定。G00 一般用于加工前快速定位或加工后快速退刀。快移速度可由面板上的快速修调按钮修正。G00 为模态功能，可由 G01、G02、G03 或 G32 功能注销。

注意：在执行 G00 指令时，各轴以各自速度移动，不能保证各轴同时到达终点，所以联动直线轴的合成轨迹不一定是一条直线；程序中只有一个坐标值 X 或 Z 时，刀具将沿该坐标方向移动；有两个坐标值 X 和 Z 时，刀具将先同时以同样的速度移动，当位移较短的轴到达目标位置时，行程较长的轴单独移动，直到终点。

② 直线插补指令 G01。

指令格式：G01 X(U) ＿ Z(W) ＿ F ＿；

指令说明：X、Z 为绝对编程时终点在工件坐标系中的坐标；U、W 为增量编程时终点相对于起点的位移量；F 为合成进给速度，在 G98 指令下，F 为每分钟进给（mm/min）；在 G99（默认状态）指令下，F 为每转进给（mm/r）。

如图 2.37 所示，刀具从 B 点以 F0.1（F＝0.1mm/r）进给到 D 点的加工程序如下。

G01 X40. Z58. F0.1；（绝对坐标方式）或 G01 U0 W−58. F0.1；（增量坐标方式）

G00 X40. W−28.5；或 G00 U−60. Z58. ；（混合坐标方式）

G01 指令刀具以联动的方式，按 F 规定的合成进给速度，从当前位置按线性路线（联动直线轴的合成轨迹为直线）移动到程序段指令的终点。一般将其作为切削加工运动指令，既可以单坐标移动，又可以两坐标同时插补运动。G01 是模态代码，可由 G00、G02、G03 或 G32 注销。

【例 2.1】 如图 2.38 所示，设零件各表面已完成粗加工，试用 G00、G01 指令编写加工程序。

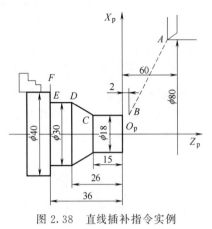

图 2.38 直线插补指令实例

绝对坐标编程：

G00 X18. Z2. ;	$A \rightarrow B$
G01 X18. Z−15. F0. 1 ;	$B \rightarrow C$
G01 X30. Z−26. ;	$C \rightarrow D$
G01 X30. Z−36. ;	$D \rightarrow E$
G01 X42. Z−36. ;	$E \rightarrow F$

增量坐标编程：

G00 U−62. W−58. ;	$A \rightarrow B$
G01 W−17. F0. 1 ;	$B \rightarrow C$
G01 U12. W−11. ;	$C \rightarrow D$
G01 W−10. ;	$D \rightarrow E$
G01 U12. ;	$E \rightarrow F$

③ 圆弧插补指令 G02，G03

指令格式：G02(G03) X(U)＿Z(W)＿R＿F＿；

　　　或 G02(G03) X(U)＿Z(W)＿I＿K＿F＿；

指令说明：G02 为顺时针圆弧插补，G03 为逆时针圆弧插补；X、Z 为绝对编程时，圆弧终点在工件坐标系中的坐标；U、W 为增量编程时，圆弧终点相对于圆弧起点的位移量；I、K 为圆心相对于圆弧起点的坐标增量（等于圆心的坐标减去圆弧起点的坐标），在绝对、增量编程时都是以增量方式指定，在直径、半径编程时 I 都是半径值；R 为圆弧半径；F 为被编程的两个轴的合成进给速度。

注意： ①顺时针或逆时针是从垂直于圆弧所在平面的坐标轴的正方向看到的回转方向，所以前置刀架和后置刀架的圆弧顺逆判断是有区别的，如图 2.39 所示。对于同一零件，不管按前置刀架还是后置刀架编程，圆弧的顺逆方向是一致的，从而编写的程序也就是通用的。②同时编入 R 与 I、K 时，R 有效。

【例 2.2】 如图 2.40 所示，用顺时针圆弧插补指令编程。

圆心方式编程：G02 X50.0 Z−20.0 I25. K0 F0.2；

　　　　　　　或 G02 U20.0 W−20.0 I25. F0.2；

半径方式编程：G02 X50. Z−20. R25. F0.2；

　　　　　　　或 G02 U20. W−20. R25. F0.2；

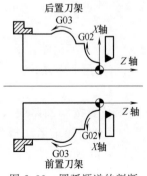

图 2.39 圆弧顺逆的判断

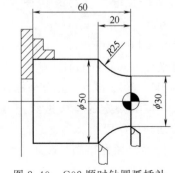

图 2.40 G02 顺时针圆弧插补

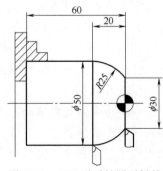

图 2.41 G03 逆时针圆弧插补

【例 2.3】　如图 2.41 所示，用逆时针圆弧插补指令编程。

圆心方式编程：G03 X50. Z−20. I−15. K−20. F0. 2；

　　　　　　　或 G03 U20. W−20. I−15. K−20. F0. 2；

半径方式编程：G03 X50. Z−20. R25. F0. 2；

　　　　　　　或 G03 U20. W−20. R25. F0. 2；

(5) 参考点返回功能指令 G28

指令格式：G28 X(U) ＿ Z(W) ＿；

指令说明：X、Z 为绝对编程时中间点在工件坐标系中的坐标；U、W 为增量编程时中间点相对于起点的位移量。

G28 指令首先使所有的编程轴都快速定位到中间点，然后再从中间点返回到参考点。G28 指令一般用于刀具自动更换或者消除机械误差，执行该指令之前应取消刀尖圆弧半径补偿。电源接通后，在没有手动返回参考点的状态下，指定 G28 时，从中间点自动返回参考点，与手动返回参考点相同。这时从中间点到参考点的方向就是机床参数"回参考点方向"设定的方向。G28 指令仅在其被规定的程序段中有效。

如图 2.42 所示的程序为：G28 X124. Z55. ；或 G28 U80. W30. ；。

注意：X(U)、Z(W) 是刀具出发点与参考点之间的任一中间点，但此中间点不能超过参考点。有时为保证返回参考点的安全，应先 X 向返回参考点，然后 Z 向再返回参考点。

(6) 延时功能指令 G04

指令格式：G04 X ＿ （U ＿或 P ＿）；

指令说明：P 为暂停时间，后面只能跟整数，单位为 ms；X、U 为暂停时间，后面可跟小数，单位为 s。

G04 指令按给定时间进行进给延时，延时结束后再自动执行下一段程序。在执行含 G04 指令的程序段时，先执行暂停功能。G04 为非模态指令，仅在其被规定的程序段中有效。G04 指令主要用于车削环槽，不通孔时可使刀具在短时间无进给方式下进行光整加工，如图 2.43 所示。

例如：程序暂停 2.5s 的加工程序如下：

G04 X2. 5；或 G04 U2. 5；或 G04 P2500；

(7) 工件坐标系设置指令 G50

指令格式：G50 X ＿ Z ＿；

指令说明：X、Z 为对刀点到工件坐标系原点的有向距离（即对刀点在要建立的工件坐标系中的坐标）。当执行 G50 Xα Zβ 指令后，系统内部即对 (α, β) 进行记忆，并建立一个使刀具当前点坐标值为 (α, β) 的坐标系，系统控制刀具在此坐标系中按程序进行加工。执行该指令只建立一个坐标系，刀具不产生运动。

图 2.44 设置工件坐标系的程序段如下：

G50 X128. 7 Z375. 1；

注意：用 G50 指令建立坐标系时，程序运行前刀具起始点的位置必须在对刀点上，这样才能建立正确的工件坐标系，但这必须通过对刀操作来将刀具起始点定位在对刀点上，实际使用时很麻烦，所以现在大多直接使用 T 指令在换刀的同时确定工件坐标系。

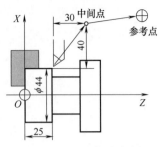

图 2.42 G28 指令实例

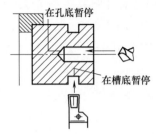

图 2.43 G04 指令功能

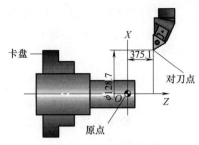

图 2.44 G50 指令实例

【例 2.4】 数控车床基本指令应用编程实例 1（如图 2.45 所示）。

O0204；   程序名

N1 G50 X100. Z10.；   定义对刀点的位置,建立工件坐标系

N2 M03 S600；   主轴正转,转速 600mm/min

N3 G00 X16. Z2.；   快速定位到倒角延长线,Z 轴 2mm 处

N4 G01 X26. W−5. F0. 2； 倒 3×45 角

N5 Z−48.；   加工 ϕ26 外圆

N6 X60. Z−58.；   切第一段锥

N7 X80. Z−73.；   切第二段锥

N8 X90.；   退刀

N9 G00 X100. Z10.；   回对刀点

N10 M05；   主轴停

N11 M30；   程序结束并复位

【例 2.5】 数控车床基本指令应用编程实例 2（如图 2.46 所示）。

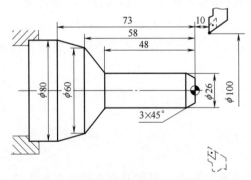

图 2.45 基本指令编程实例 1

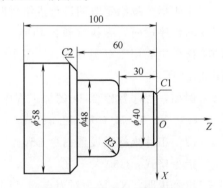

图 2.46 基本指令编程实例 2

O0205；   程序名

N11 T0101；   换刀的同时,建立工件坐标系,不再使用 G50

N12 M03 S600；   主轴正转,转速 600mm/min

N13 G00 X34. Z2.；   快速定位到倒角延长线,Z 轴 2mm 处

N14 G01 X40. Z−1. F0. 2； 倒 C1 角

N15 Z−30.；   加工 ϕ40 外圆

N16 X42.；   加工端面

N17 G03 X48. W－3. R3. ;　　　加工 $R3$ 球面

N18 G01 Z－60. ;　　　　　　加工 $\phi48$ 外圆

N19 X54. ;　　　　　　　　　加工端面

N20 X58. W－2. ;　　　　　　倒 $C2$ 角

N21 Z－100. ;　　　　　　　加工 $\phi58$ 外圆

N22 X60. ;　　　　　　　　　退刀

N23 G00 X100. Z100. ;　　　快速返回

N24 M05;　　　　　　　　　　主轴停

N25 M30;　　　　　　　　　　程序结束并复位

注意：该例题及后面的例题，如果未指定所用刀具号，均默认为 T01 号刀，其刀偏值（工件原点在机床坐标系中的坐标值）的存放地址号也默认为 01。

(8) 刀尖圆弧半径补偿指令 G40、G41、G42

数控程序是针对刀具上的某一点即刀位点进行编制的，车刀的刀位点为理想尖锐状态下的假想刀尖 P 点（如图 2.47 所示）。但实际加工中的车刀，由于工艺或其他要求，刀尖往往不是一理想尖锐点，而是一段圆弧。切削工件的右端面时，车刀圆弧的切削点与理想刀尖点 P 的 Z 坐标值相同，车外圆时车刀圆弧的切点与点 P 的 X 坐标值相同，切削出的工件没有形状误差和尺寸误差，因此可以不考虑刀尖圆弧半径补偿。如果车削圆锥面和球面，则必存在加工误差，如图 2.48 所示，在锥面和球面处的实际切削轨迹和要求的轨迹之间存在误差，造成了过切或少切。

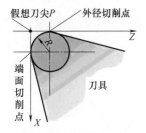

图 2.47　车刀的实际切削状态

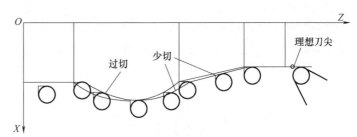

图 2.48　左刀补和右刀补的判断

这一加工误差必须靠刀尖圆弧半径补偿的方法来修正。如图 2.49（a）所示为假想刀尖沿着编程轮廓 $A_0 \rightarrow A_1 \rightarrow A_2 \rightarrow A_3 \rightarrow A_4 \rightarrow A_5$ 切削，在锥面处产生误差。图 2.49（b）为采用了刀具半径补偿后的情况，此时假想刀尖的运动轨迹 $A_0 \rightarrow A_1 \rightarrow A_2 \rightarrow A_3 \rightarrow A_4 \rightarrow A_5$ 并不是

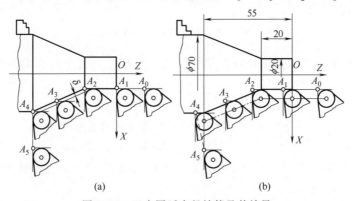

(a)　　　　　　　　　　　(b)

图 2.49　刀尖圆弧半径补偿及其效果

编程轮廓，而刀尖圆弧上的点沿着编程轮廓切削，从而避免了锥面车削时的少切，消除了加工误差。

具体可用 G41 指定刀尖圆弧半径左补偿；G42 指定刀尖圆弧半径右补偿；G40 取消刀尖圆弧半径补偿。刀尖圆弧半径补偿偏置方向的判别方法是：由 Y 轴的正向往负向看，如果刀具的前进路线在工件的左侧，则称为刀尖圆弧半径左补偿；否则，如果刀具的前进路线在工件的右侧，则称为刀尖圆弧半径右补偿。具体判断方法如图 2.50 所示。

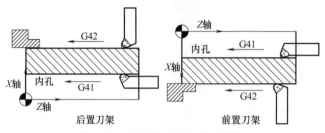

图 2.50　左刀补和右刀补的判断

　　指令格式：G41/G42 G00/G01 X ＿ Z ＿；
　　　　　　　……
　　　　　　　G40 G00/G01 X ＿ Z ＿；

指令说明：①G41/G42 不带参数，其补偿值（代表所用刀具对应的刀尖圆弧半径补偿值）由 T 代码指定。其刀尖圆弧补偿号与刀具偏置补偿号对应。②刀尖圆弧半径补偿的建立与取消只能用 G00 或 G01 指令，不能用 G02 或 G03 指令。

刀尖圆弧半径补偿寄存器中，定义了车刀圆弧半径及刀尖的方向号。车刀刀尖的方向号定义了刀具刀位点与刀尖圆弧中心的位置关系，其从 0～9 有十个方向，如图 2.51 所示。图中，●代表刀具刀位点 A，＋代表刀尖圆弧圆心 O。

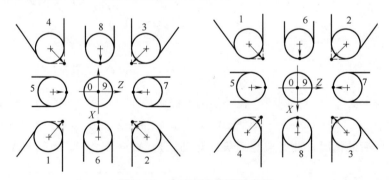

图 2.51　车刀刀尖位置号定义

【例 2.6】　考虑刀尖圆弧半径补偿编程实例，编程原点在工件右端面中心，如图 2.52 所示。

　　O0206；　　　　　　　　　　程序名
　　N11 T0101；　　　　　　　　换刀的同时,建立工件坐标系
　　N12 M03 S600；　　　　　　 主轴正转,转速 600mm/min
　　N13 G42 G00 X0 Z2. ；　　　快速定位至切削起点,建立刀尖圆弧半径右补偿
　　N14 G01 Z0 F0.2；

N15 G03 X18. Z－9. R9. ;

N16 G01 Z－15. ;

N17 X21. ;

N18 X24. W－1.5;

N19 W－8.5;

N20 X28. ;

N21 X34. W－8. ;

N22 Z－37. ;

N23 G02 X42. Z－41. R4. ;

N24 Z－56. ;

N25 X44. ;

N26 G40 G00 X100. Z100. ;　　快速返回,取消刀尖圆弧半径右补偿

N27 M05;　　　　　　　　　　主轴停

N28 M30;　　　　　　　　　　程序结束并复位

2.3.4　阶梯轴零件的编程

如图 2.53 所示,车削台阶的过程为"切入→切削→退刀→返回",沿 $A→B→C→D$ 的常规编程为:

N1 G00 X50. ;

N2 G01 Z－30. F0.2;

N3 X65. ;

N4 G00 Z2. ;

如果采用单一形状固定循环指令,则可只用一个循环指令完成上述四个动作,对编程带来很大的方便,下面具体介绍单一循环指令。

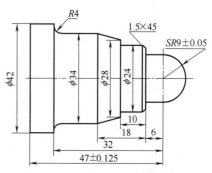

图 2.52　刀尖圆弧半径补偿编程

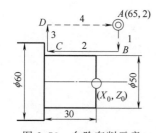

图 2.53　台阶车削示意

(1) 纵向单一形状固定循环指令 G90

指令格式:G90 X(U) __ Z(W) __ R __ F __;

指令说明:X、Z 为切削的终点的绝对坐标值;U、W 为切削终点相对于起点的坐标增量;R 为切削起点相对于终点的半径差。如果切削起点的 X 向坐标小于终点的 X 向坐标,R 值为负,反之为正。

图 2.54 为 G90 的循环示意图。图中虚线(或 R)表示快速进给,实线(或 F)表示切削进给。

图 2.53 所示的台阶车削,用单一循环编程可写为"G90 X50. Z－30. F100;",这样可使得程序大大简化。一次循环完成刀具切入、切削加工、退刀和返回四个动作。

【例 2.7】 应用纵向单一形状固定循环功能完成如图 2.55 所示零件编程。毛坯尺寸 ϕ45×80mm,每次直径方向车削余量 5mm。参考程序如下:

O0207;　　　　　　　　程序名

T0101;　　　　　　　　换 1 号刀具,建立工件坐标系

M03 S600;　　　　　　　主轴正转,转速 600mm/min

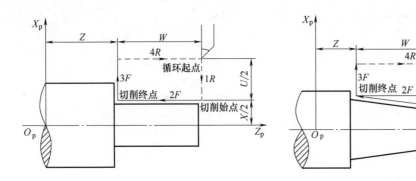

(a) 纵向圆柱面单一循环　　　　　　　　　(b) 纵向圆锥面单一循环

图 2.54　G90 的循环示意

G00 X47. Z2. ;	刀具定位至循环起点
G90 X40. Z−30. F0.1;	刀具轨迹为 $A \to C \to G \to E \to A$
X35. ;	刀具轨迹为 $A \to D \to H \to E \to A$
X30. ;	刀具轨迹为 $A \to G \to I \to E \to A$
G00 X100. Z100. ;	快速返回
M05 ;	停主轴
M30 ;	程序结束并复位

【例 2.8】　应用纵向单一形状固定循环功能完成如图 2.56 所示零件编程。毛坯尺寸 $\phi 34 \times 80$mm，每次直径方向车削 2mm 余量。车削时的实际锥度 R 为 −4.4，参考程序如下：

O0208 ;	程序名
T0101 ;	换 1 号刀具，建立工件坐标系
M03 S600 ;	主轴正转，转速 600mm/min
G00 X36. Z2. ;	刀具定位至循环起点
G90 X34. Z−20. R−4.4 F0.1;	刀具轨迹为 $A \to B \to G \to F \to A$
X32. ;	刀具轨迹为 $A \to C \to K \to F \to A$
X30. ;	刀具轨迹为 $A \to D \to I \to F \to A$
X28. ;	刀具轨迹为 $A \to E \to M \to F \to A$
G00 X100. Z100. ;	快速返回
M05 ;	停主轴
M30 ;	程序结束并复位

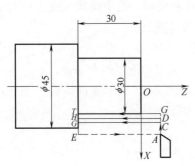

图 2.55　G90 编程实例 1

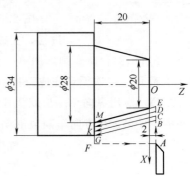

图 2.56　G90 编程实例 2

(2) 横向（端面）单一形状固定循环指令 G94

指令格式：G94 X(U)＿ Z(W) ＿ R ＿ F ＿；

指令说明：X、Z 为端面切削的终点坐标值；U、W 为端面切削的终点相对于循环起点的坐标；R 为端面切削的起点相对于终点在 Z 轴方向的坐标增量。当起点 Z 向坐标小于终点 Z 向坐标时 R 为负，反之为正。

图 2.57 为 G94 的循环示意图。图中 R 或虚线表示快速进给，实线 F 或表示切削进给。

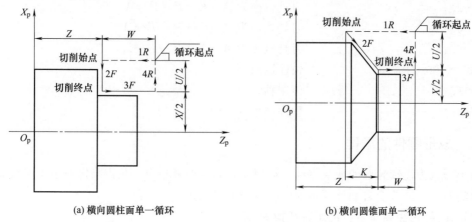

(a) 横向圆柱面单一循环　　(b) 横向圆锥面单一循环

图 2.57　G94 循环示意

【例 2.9】　应用横向单一固定循环功能完成如图 2.58 所示零件编程。毛坯尺寸 $\phi 80mm \times 50mm$，Z 方向上车削余量前两次分别为 2mm，第 3 次为 1mm。参考程序如下：

O0209；	程序名
T0101；	换 1 号刀具,建立工件坐标系
M03 S600；	主轴正转,转速 600mm/min
G00 X82. Z2.；	刀具定位至循环起点
G94 X50. Z−2. F0.1；	刀具轨迹为 $A \to F \to E \to B \to A$
Z−4.；	刀具轨迹为 $A \to T \to R \to B \to A$
Z−5.；	刀具轨迹为 $A \to L \to U \to B \to A$
G00 X100. Z100.；	快速返回
M05；	停主轴
M30；	程序结束并复位

【例 2.10】　应用横向单一固定循环功能完成如图 2.59 所示零件编程。毛坯尺 $\phi 30 \times 60mm$，

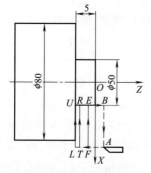

图 2.58　G94 编程实例 1

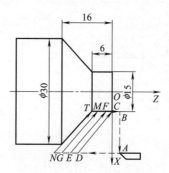

图 2.59　G94 编程实例 2

每次 Z 方向上车削 2mm 余量，车削时的实际锥度 R 为 -12。参考程序如下：

O0210；	程序名
T0101；	换 1 号刀具,建立工件坐标系
M03 S600；	主轴正转,转速 600mm/min
G00 X33. Z2. ；	刀具定位至循环起点
G94 X15. Z0 R-12.F0.1；	刀具轨迹为 $A{\rightarrow}D{\rightarrow}C{\rightarrow}B{\rightarrow}A$
Z-2. ；	刀具轨迹为 $A{\rightarrow}E{\rightarrow}F{\rightarrow}B{\rightarrow}A$
Z-4. ；	刀具轨迹为 $A{\rightarrow}G{\rightarrow}M{\rightarrow}B{\rightarrow}A$
Z-6. ；	刀具轨迹为 $A{\rightarrow}N{\rightarrow}T{\rightarrow}B{\rightarrow}A$
G00 X100. Z100.；	快速返回
M05；	停主轴
M30；	程序结束并复位

2.3.5 成形零件的编程

对于形状为连续轮廓的成形零件，运用复合固定循环指令，只需指定精加工路线和粗加工的背吃刀量，系统会自动计算粗加工路线和走刀次数。

(1) 外径/内径粗车复合固定循环指令 G71

该指令将工件切削到精加工之前的尺寸，精加工前工件形状及粗加工的刀具路径由系统根据精加工尺寸自动设定。

指令格式：G71 U(Δd) R(e)；
 G71 P(ns) Q(nf) U(Δu) W(Δw) F(f$_1$) S(s$_1$) T(t$_1$)；
 N(ns)......；
 ......F(f$_2$) S(s$_2$) T(t$_2$)；
 ......
 N(nf)......；

指令说明：

① 该指令用于棒料毛坯循环粗加工，切削是沿平行 Z 轴方向进行，其循环过程如图 2.60 所示，A 为循环起点，$B{\rightarrow}C$ 是工件的轮廓线，$A{\rightarrow}B{\rightarrow}C$ 为精加工路线，粗加工时刀具从 A 点后退 Δu /2、Δw 至 C 点，即自动留出精加工余量。

② G71 后紧跟的顺序号 ns 至 nf 之间的程序段描述刀具切削的精加工路线（即工件轮廓），在 G71 指令中给出精车余量 Δu、Δw 及背吃刀量 Δd，CNC 装置会自动计算出粗车次数、粗车路径并控制刀具完成粗车加工，最后会沿轮廓 $B'{\rightarrow}C'$ 粗车一刀，完成整个粗车循环。

③ Δd 表示每次切削深度（半径值），无正负号；e 表示退刀量（半径值），无正负号；ns 表示精加工路线第一个程序段的顺序号；nf 表示精加工路线最后一个程序段的顺序号；Δu 表示 X 方向的精加工余量（直径值）；Δw

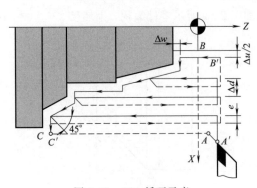

图 2.60 G71 循环示意

表示 Z 方向的精加工余量；f_1、s_1、t_1 分别指定粗加工的进给速度、主轴转速和所用刀具，f_2、s_2、t_2 分别指定精加工的进给速度、主轴转速和所用刀具。

④ 使用循环指令编程，首先要确定循环起点的位置。循环起点 A 的 X 坐标应位于毛坯尺寸之外，即循环起点 A 的 X 坐标必须大于毛坯的直径，Z 坐标值应比轮廓始点 A' 的 Z 坐标值大 2～3mm。

⑤ 由循环起点到 A' 的路径（精加工程序段的第一句）只能用 G00 或 G01 指令，而且必须有 X 方向的移动指令，不能有 Z 方向的移动指令。

⑥ 车削的路径必须是 X 方向单调增大，不能有内凹的轮廓。

【例 2.11】　如图 2.61 所示，用 G71 粗车复合循环指令编程。毛坯为 $\phi50\times50$mm，所用刀具为 T01 外圆车刀。

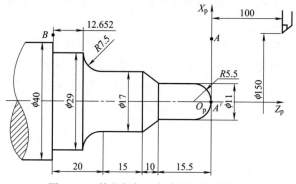

图 2.61　外径粗加工复合循环应用实例

O0211；	程序名
N11 T0101；	换 1 号刀，建立工件坐标系
N12 M03 S600；	主轴正转，转速 600mm/min
N13 G00 X42.Z2.；	快速定位至循环起点
N14 G71 U2.R1.；	外圆粗车复合循环，每次单边切削深度 2mm，退刀量 1mm
N15 G71 P16 Q24 U0.3 W0.1 F0.2；	精加工起始段号 N16，结束段号 N24，X 方向精加工余量 0.3mm，Z 方向精加工余量 0.1mm，粗加工进给速度 0.2mm/r
N16 G00 X0；	
N17 G01 Z0；	
N18 G03 X11.W−5.5 R5.5；	
N19 G01 W−10.；	
N20 X17.W−10.；	
N21 W−15.；	
N22 G02 X29.W−7.348 R7.5；	
N23 G01 W−12.652；	
N24 X42.；	退刀
N25 G00 X100.Z100.；	快速返回

N26 M05;   停主轴

N27 M30;   程序结束并复位

（2）精加工固定循环指令 G70

由 G71（包括后面即将讲述的 G72、G73）完成粗加工后，需用 G70 进行精加工，切除粗加工中留下的余量。

指令格式：G70 P(ns) Q(nf)

指令说明：

① 指令中的 ns、nf 与前几个指令的含义相同。在 G70 状态下，ns 至 nf 程序中指定的 F、S、T 有效；当 ns 至 nf 程序中不指定 F、S、T 时，则粗车循环中指定的 F、S、T 有效。

② 粗车循环后用精车循环 G70 指令进行精加工，将粗车循环剩余的精车余量去除，加工出符合图纸要求的零件。

③ 精车时要提高主轴转速，降低进给速度，以达到零件表面质量要求。

④ 精车循环指令通常使用粗车循环指令中的循环起点，因此不必重新指定循环起点。

【例 2.12】 加工图 2.62 所示阶梯孔类零件，材料为 45 钢，毛坯为 $\phi50 \times 50\text{mm}$，设外圆及端面已加工完毕，用 G71 粗车复合固定循环指令编写其内径粗加工程序，并用精车固定循环指令 G70 完成精加工。

① 加工方法

a. 用 $\phi3$ 的中心钻手工钻削中心孔；b. 用 $\phi20$ 钻头手工钻 $\phi20$ 的孔；c. T01 内孔镗刀粗镗削内孔；d. T02 内孔镗刀精镗削内孔。工件坐标系及起刀点如图 2.63 所示。

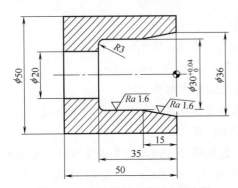

图 2.62　内轮廓复合循环应用实例

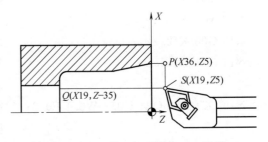

图 2.63　工件坐标系及起刀点设置

② 程序编写：

O0212;   程序名

G98;   初始化，指定分进给

T0101;   换 1 号刀，建立工件坐标系，粗镗内孔

M03 S500;   主轴正转，转速 500mm/min

G00 X19. Z5.;   快速定位至循环起点

G71 U1. R0.5;   内经粗车复合循环

G71 P10 Q20 U−0.3 W0.1 F80;   X 向的精加工余量必须为负值

N10 G00 X36.;   精加工起始段

G01 Z0;

X30 Z−10.；

Z−32.；

G03 X24.Z−35.R3.；

N20 X19.；　　　　　　　　　　精加工结束段

G00Z2.；　　　　　　　　　　　Z 向快速退刀

X100.Z100.；　　　　　　　　快速返回换刀点

T0202；　　　　　　　　　　　换 2 号刀，建立工件坐标系，精镗内孔

S800 F50；　　　　　　　　　主轴转速 800r/min，进给速度 50mm/min

G00 X19.Z5.；　　　　　　　快速定位至循环起点

G70 P10 Q20；　　　　　　　精车固定循环，完成精加工

X100.Z100.；　　　　　　　　快速返回换刀点

M05；　　　　　　　　　　　　停主轴

M30；　　　　　　　　　　　　程序结束并复位

(3) 端面粗车复合固定循环指令 G72

指令格式：G72 W(Δd) R(e)；

　　　　　　G72 P(ns) Q(nf) U(Δu) W(Δw) F(f) S(s) T(t)；

指令说明：

① 除切削是沿平行 X 轴方向进行外，该指令功能与 G71 相同，其循环过程如图 2.64 所示。

② Δd 为背吃刀量（Z 方向），其他参数同 G71。

③ 端面粗切循环适于 Z 向余量小，X 向余量大的棒料粗加工。

④ 精加工程序段的第一句只能写 Z 值，不能写 X 或 X、Z 同时写入。

⑤ 端面（Z 向）不能有内凹的轮廓。

【例 2.13】　按图 2.65 所示尺寸编写端面粗切复合循环加工程序。毛坯为 $\phi 40 \times 60\text{mm}$，所用刀具为 T01 端面车刀。

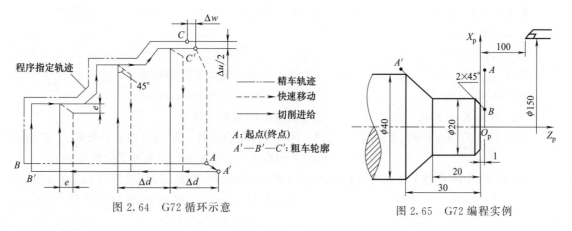

图 2.64　G72 循环示意　　　　　　　　　　图 2.65　G72 编程实例

O0213；

N11 T0101；　　　　　　　　换 1 号刀，建立工件坐标系

N12 M03 S600；　　　　　　主轴正转，转速 600mm/min

N13 G00 X42.Z2.；　　　　快速定位到循环起点

N14 G72 W2.R1.；　　　　　端面粗车复合循环，每次切削深度 2mm，退

刀量 1mm

N15 G72 P16 Q19 U0.1 W0.3 F0.2;　　精加工起始段号 N16，结束段号 N24，X 方向精加工余量 0.1mm，Z 方向精加工余量 0.3mm，粗加工进给速度 0.2mm/r

N16 G00 Z−31.;　　精加工开始

N17 G01 X20.Z−20.;

N18 Z−2.;

N19 X14.Z1.;　　精加工结束

N20 G00 X100.Z100.;　　快速返回

N21 M05;　　主轴停

N22 M30;　　程序结束并复位

(4) 闭合车削复合固定循环指令 G73

它适用于毛坯轮廓形状与零件轮廓形状基本接近时的粗车。例如，一些锻件、铸件的粗车，此时采用 G73 指令进行粗加工将大大节省工时，提高切削效率。其功能与 G71、G72 基本相同，所不同的是刀具路径按工件精加工轮廓进行循环。

指令格式：G73 U(Δi) W(Δk) R(d);

　　　　　　　　G73 P(ns) Q(nf) U(Δu) W(Δw) F(f) S(s) T(t);

指令说明：

① i 为 X 轴方向总退刀量，也就是 X 轴方向的粗车余量（半径值）；Δk 为 Z 轴向总退刀量，也就是 Z 轴方向的粗车余量；d 为粗车循环次数；其他参数同 G71。其循环过程如图 2.66 所示。

② 该指令可以切削有内凹的轮廓。

注意：G73 粗加工循环模式用于毛坯为棒料的工件切削时，会有较多的空刀行程，棒料毛坯应尽可能使用 G71、G72 粗加工循环模式。

【例2.14】 如图 2.67 所示，应用闭合粗车复合循环指令 G73 和精车固定循环指令 G70 编程。参考程序如下。

O0214;

N11 T0101;　　换 1 号刀，建立工件坐标系

N12 M03 S600;　　主轴正转，转速 600mm/min

N13 G00 X50.Z10.;　　快速定位到循环起点

N14 G73 U13.53 W0. R10.;　　闭合粗车复合循环，X 向粗加工总余量 13.53mm，Z 向粗加工总余量 0mm，粗加工次数为 10 次

N15 G73 P16 Q23 U0.3 W0.1 F0.2;　　精加工起始段号 N16，结束段号 N23，X 方向精加工余量 0.3mm，Z 方向精加工余量 0.1mm，粗加工进给速度 0.2mm/r

N16 G00 X3.32;　　精加工开始

N17 G01 Z0;

N18 G03 X12.W−6.R6.;

N19 G01 W−10.;

N20 X20.W−15.;

N21 W－13.；

N22 G02 X34.W－7.R7.；

N23 G01 X36.；　　　　　　　　　精加工结束

N24 G00 X100.Z100.；

N25 G00 X40.Z2.S1000；　　　　　快速定位至精车循环起点

N26 G70 P16 Q23 F0.1；　　　　　精车复合循环，精加工进给速度 0.1mm/r

N27 G00 X100.Z100.；　　　　　　快速返回

N28 M05；　　　　　　　　　　　主轴停

N29 M30；　　　　　　　　　　　程序结束并复位

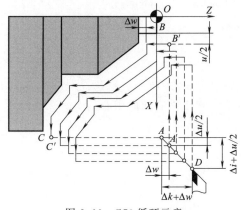

图 2.66　G73 循环示意

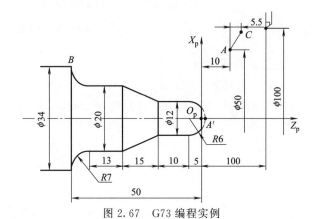

图 2.67　G73 编程实例

2.3.6　切槽编程

(1)　切槽加工特点

切槽及切断是数控车床加工的一个重要组成部分。切槽的主要形式有：在外圆面上加工沟槽；在内孔面上加工沟槽；在端面上加工沟槽。切槽加工的编程尺寸包括槽的位置、槽的宽度和深度等。

(2)　切槽加工刀具

切槽加工刀具有高速钢切槽刀、硬质合金刀片安装在特殊刀柄上的可转位切槽刀等。如图 2.68 所示，在圆柱面上加工的切槽刀，以横向进给为主，前端的切削刃为主切削刃，两

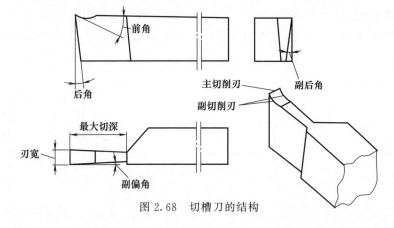

图 2.68　切槽刀的结构

侧的切削刃为副切削刃。

凹槽加工刀片的类型各种各样，凹槽加工刀具的参考点通常设置在凹槽加工刀片的左侧。如图 2.69 所示分别为凹槽加工刀片组装的外圆切槽刀、内切槽刀、切断刀。

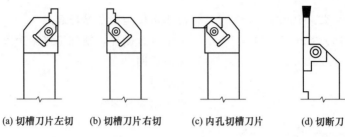

(a) 切槽刀片左切   (b) 切槽刀片右切   (c) 内孔切槽刀片   (d) 切断刀

图 2.69   切槽刀的类型

(3) 编程实例

【例 2.15】   直槽编程：如图 2.70 所示零件，切槽刀宽度为 3mm，装在刀架的 3 号刀位。主轴转速 300r/min，进给速度 20mm/min，编程原点在工件右端面中心。

O0215；	程序名
G98；	初始化，指定分进给
T0303；	换 3 号刀，建立工件坐标系
M03 S300；	主轴正转，转速 300mm/min
G00 X40. Z−12.；	快速定位到切槽起点（槽左边沿）
G01 X30. F20；	切槽，进给速度为 20mm/min
G04 P2000；	槽底暂停 2s
G00 X40.；	快速退刀
W2.；	向右偏移 2mm
G01 X30.；	第 2 次切槽
G04 P2000；	槽底暂停 2s
G00 X40.；	快速退刀
G00 X100. Z100.；	快速返回
M05；	主轴停
M30；	程序结束并复位

【例 2.16】   带反倒角切槽编程：如图 2.71 所示零件，切槽刀宽度为 3mm，装在刀架的 3 号刀位。主轴转速 300r/min，进给速度 20mm/min，编程原点在工件右端面中心。参考程序如下。

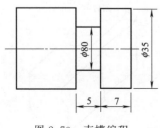

图 2.70   直槽编程

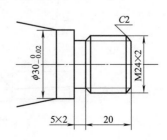

图 2.71   带反倒角切编程

O0216；	程序名
G98；	初始化，指定分进给
T0303；	换 3 号刀，建立工件坐标系
M03 S300；	主轴正转，转速 300mm/min
G00 X35. Z−25.；	快速定位到切槽起点
G01 X20. F20；	切槽，切削宽度 3mm
G04 P2000；	槽底暂停 2s
G00 X28.；	快速退刀
W2.；	向右偏移 2mm
G01 X20.；	再次切槽
G04 P2000；	槽底暂停 2s
G00 X28.；	快速退刀
Z−19.；	左刀尖编程位置，右刀尖在反倒角延长线 X28、Z−16
G01 X20. Z−23.；	左刀尖到 X20、Z−23，右刀尖加工反倒角
G04 P2000；	槽底暂停 2s
G00 X35.；	快速退刀
X100. Z100.；	快速返回换刀点
M05；	主轴停
M30；	程序结束并复位

(4) 端面车槽复合循环指令 G74

端面车槽循环指令可以实现轴向深槽的加工，循环动作如图 2.72 所示。如果忽略了 X(U) 和 P，只有 Z 轴运动，则可作为 Z 轴深孔钻削循环。

指令格式：G74 R(e)；

　　　　　　G74 X（或 U）Z（或 W）P(Δi) Q(Δk) R(Δd) F(f)；

指令说明：e 为每次沿 Z 向切入 Δk 后的退刀量（正值）；X 为径向（槽宽方向）切入终点 B 的绝对坐标，U 为径向终点 B 与起点 A 的增量；Z 为轴向（槽深方向）切削终点 C 的绝对坐标，W 为轴向终点 C 与起点 A 的增量。Δi 为 X 向每次循环移动量（正值、半径表示，单位为 μm）；Δk 为 Z 向每次切深（正值，单位为 μm）；Δd 为切削到终点时 X 向退刀量（正值，单位为 μm），通常不指定，如果省略 X(U) 和 Δi 时，要指定退刀方向的符号。f 为进给速度。

式中 e 和 Δd 都用地址 R 指定，其意义由 X(U) 决定，如果指定了 X(U) 时，就为 Δd。

注意：当省略参数 P 和 R 时，该指令也可以用于钻削端面深孔。具体应用如下。

指令格式：G74 R(e)；

　　　　　　G74 Z（或 W）Q(Δk) F(f)；

指令说明：e 为每次沿 Z 向钻入 Δk 后的退刀量（正值）；Z 为孔底的绝对坐标，W 为孔底与循环起点的增量。Δk 为 Z 向每次钻削深度（正值，单位为 μm）；f 为钻孔的进给速度。

【例 2.17】　如图 2.73 所示端面槽，槽宽为 15mm，槽深为 7 mm，应用端面车槽复合循环指令（G74）编程。切槽刀宽度为 4mm，装在刀架的 3 号刀位，主轴转速 300r/min，进给速度 20mm/min，编程原点在工件右端面中心。参考程序如下。

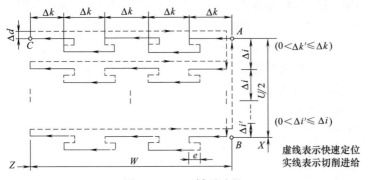

图 2.72 G74 循环过程

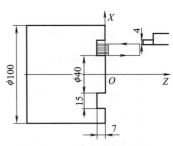

图 2.73 G74 切槽编程实例

O0217；	程序名
T0303；	换 3 号刀，建立工件坐标系
M03 S300；	主轴正转，转速 300mm/min
G00 X62. Z5. ；	快速定位到循环起点（左刀尖）
G74 R0.5；	端面车槽循环，Z 向退刀量 0.5mm
G74 X40. Z−7. P3500 Q3000 R500 F0.05；	端面车槽循环，X 向每次循环移动量 3.5mm，Z 向每次切深 3mm；X 向退刀量 0.5mm
G00 X100. Z100. ；	快速返回换刀点
M05；	主轴停
M30；	程序结束并复位

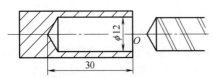

图 2.74 G74 钻孔编程实例

【例 2.18】 如图 2.74 所示端面深孔，孔深为 30mm，孔径为 12 mm，应用端面钻孔复合循环指令（G74）编程。钻头直径为 12mm，装在刀架的 2 号刀位，主轴转速 300r/min，进给速度 20mm/min，编程原点在工件右端面中心。参考程序如下。

O0218；	程序名
T0202；	换 2 号刀具，建立工件坐标系
M03 S300；	主轴正转
G00 X0 Z5. ；	刀具定位至循环起点
G74 R0.3 ；	端面钻深孔循环，Z 向退刀量 0.3mm
G74 Z−30. Q5000 F0.1；	端面钻深孔循环，Z 向每次钻深 5mm
G00 Z100. X100. ；	快速返回换刀点
M05；	主轴停
M30；	程序结束并复位

(5) 外径/内径车槽复合循环指令 G75

外径/内径车槽循环指令可以实现径向深槽的加工，循环动作如图 2.75 所示。

指令格式：G75 R(e)；

　　　　　　G75 X（或 U）Z（或 W）P(Δi) Q(Δk) R(Δd) F(f)；

指令说明：e 为每次沿 X 向切入 Δi 后的退刀量（正值）；X 为径向（槽深方向）切削终点 C 的绝对坐标，U 为径向终点 C 与起点 A 的增量；Z 为轴向（槽宽方向）切入终点 B 的绝对坐标，W 为轴向终点 B 与起点 A 的增量；Δi 为 X 向每次切深（正值、半径表示，单位为 μm）；Δk 为 Z 向每次循环移动量（正值，单位为 μm）；Δd 为切削到终点时 Z 向退刀量（正值，单位为 μm），通常不指定，如果省略 Z（W）和 Δk 时，要指定退刀方向的符号。f 为进给速度。

式中 e 和 Δk 都用地址 R 指定，其意义由 Z（W）决定，如果指定了 Z（W）时，就为 Δd。

【例 2.19】 如图 2.76 所示外径槽，槽宽为 40mm，槽深为 10mm，应用径向钻孔复合循环指令（G75）编程。切槽刀宽度为 4mm，装在刀架的 2 号刀位，X 向每次啄式切深 3 mm，退刀量 0.3mm，Z 向移动量 3mm，相邻两次切削有 1mm 的重叠量。主轴转速 300r/min，进给速度 0.05mm/r，编程原点在工件右端面中心。参考程序如下。

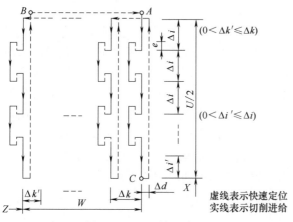

图 2.75 G75 循环过程

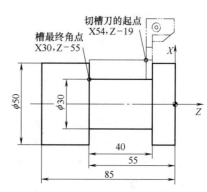

图 2.76 G75 编程实例

程序	说明
O0219；	程序名
T0202；	换 2 号刀具，建立工件坐标系
M03 S300；	主轴正转，转速 300r/min
G00 X54.Z−19.；	刀具定位至循环起点
G75 R0.3；	外径车槽循环，X 向退刀量 0.3mm
G75 X30.Z−55.P3000 Q3000 R500 F0.05；	外径车槽循环，Z 向每次循环移动量 3mm，X 向每次切深 3mm；Z 向退刀量 0.5mm
G00 X100.Z100.；	快速返回换刀点
M05；	主轴停
M30；	程序结束并复位

2.3.7 螺纹加工编程

(1) 螺纹加工的基础知识

螺纹切削加工方法如图 2.77 所示。螺纹切削时主轴的旋转和螺纹刀的进给之间必须有严格的对应关系，也即主轴每转一转，螺纹刀刚好移动一个螺距值。

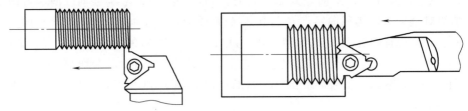

图 2.77　螺纹加工示意

螺纹牙型高度是指在螺纹牙型上，牙顶到牙底之间垂直于螺纹轴线的距离，如图 2.78 所示。它是车削时车刀的总切入深度。普通螺纹的牙型理论高度 $H=0.866P$，实际加工时，由于螺纹车刀刀尖圆弧半径的影响，螺纹的实际切深有变化。螺纹实际牙型高度可按下式计算：

$$h=H-2(H/8)=0.6495P\approx0.65P$$

式中　H——螺纹原始三角形高度，$H=0.866P$，mm；

　　　　P——螺距，mm。

如果螺纹牙型较深、螺距较大，可分几次进给。每次进给的背吃刀量用螺纹深度减去精加工背吃刀量所得的差按递减规律分配，如图 2.79 所示。图 2.79（a）所示为斜进法进刀方式，由于单侧刀刃切削工件，刀刃容易损伤和磨损，使加工的螺纹面不直，刀尖角发生变化，而造成牙形精度较差。但由于其为单侧刃工作，刀具负载较小，排屑容易，并且切削深度为递减式，因此，此加工方法一般适用于大螺距低精度螺纹的加工。此加工方法排屑容易，刀刃加工工况较好，在螺纹精度要求不高的情况下，此加工方法更为简捷方便。

图 2.79（b）所示为直进法进刀方式，由于刀具两侧刃同时切削工件，切削力较大，而且排削困难，因此在切削时，两切削刃容易磨损。在切削螺距较大的螺纹时，由于切削深度较大，刀刃磨损较快，从而造成螺纹中径产生误差。但由于其加工的牙形精度较高，因此一般多用于小螺距高精度螺纹的加工。由于其刀具移动切削均靠编程来完成，所以加工程序较长。由于刀刃在加工中易磨损，因此在加工中要经常测量。

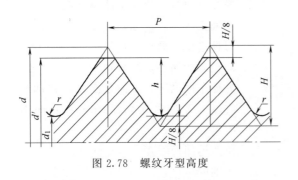

图 2.78　螺纹牙型高度

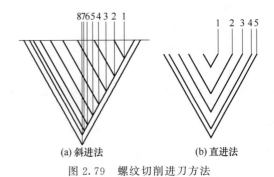

(a) 斜进法　　　　(b) 直进法

图 2.79　螺纹切削进刀方法

如需加工高精度、大螺距的螺纹，则可采用斜进法与直进法混用的办法，即先用斜进法（编程时用 G76 指令）进行螺纹粗加工，再用直进法（编程时用 G92 指令）进行精加工。需要注意的是粗精加工时的起刀点要相同，以防止螺纹乱扣的产生。

常用螺纹切削的进给次数与背吃刀量可参考表 2.3 选取。在实际加工中，当用牙型高度控制螺纹直径时，一般通过试切来满足加工要求。

表 2.3 螺纹切削次数及背吃刀量　　　　　　　　单位：mm

米制螺纹							
螺距	1.0	1.5	2	2.5	3	3.5	4
牙深(半径量)	0.649	0.974	1.299	1.624	1.949	2.273	2.598
切削次数及背吃刀量(直径量) 1 次	0.7	0.8	0.9	1.0	1.2	1.5	1.5
2 次	0.4	0.6	0.6	0.7	0.7	0.7	0.8
3 次	0.2	0.4	0.6	0.6	0.6	0.6	0.6
4 次		0.16	0.4	0.4	0.4	0.6	0.6
5 次			0.1	0.4	0.4	0.4	0.4
6 次				0.15	0.4	0.4	0.4
7 次					0.2	0.2	0.4
8 次						0.15	0.3
9 次							0.2
英制螺纹							
牙/in	24	18	16	14	12	10	8
牙深(半径量)	0.678	0.904	1.016	1.162	1.355	1.626	2.033
切削次数及背吃刀量(直径量) 1 次	0.8	0.8	0.8	0.8	0.9	1.0	1.2
2 次	0.4	0.6	0.6	0.6	0.6	0.7	0.7
3 次	0.16	0.3	0.5	0.5	0.6	0.6	0.6
4 次		0.11	0.14	0.3	0.4	0.4	0.5
5 次				0.13	0.21	0.4	0.5
6 次						0.16	0.4
7 次							0.17

（2）单行程车螺纹指令 G32

指令格式：G32 X(U) __ Z(W) __ F __；

指令说明：X(U)、Z(W) 为螺纹切削的终点坐标值；X 省略时为圆柱螺纹切削，Z 省略时为端面螺纹切削；X、Z 均不省略时为锥螺纹切削；F 表示长轴方向的导程，对于圆锥螺纹，其斜角 α 在 45°以下时，Z 轴方向为长轴；斜角 α 在 45°～90°时，X 轴方向为长轴；

注意：螺纹切削应注意在两端设置足够的升速进刀段 δ_1 和降速退刀段 δ_2。

【例 2.20】　试编写如图 2.80 所示直螺纹的加工程序（螺距 2mm，升速进刀段 $\delta_1 =$ 3mm，降速退刀段 $\delta_2 = 1.5$mm）。这里只给出前两刀车削程序，其余省略。

……

G00 U−60.9；	下刀，第一次吃刀量 0.9mm
G32 W−74.5 F2；	螺纹切削
G00 U60.9；	退刀
W74.5；	快速返回
U−61.5；	下刀，第二次吃刀量 0.6mm
G32 W−74.5；	螺纹切削
G00 U61.5；	退刀
W74.5；	快速返回

……

【例 2.21】　试编写如图 2.81 所示锥螺纹的加工程序。已知圆锥螺纹切削参数：螺纹螺距 2mm，引入量 $\delta_1 = 2$mm，超越量 $\delta_2 = 1$mm。这里只给出前两刀车削程序，其余省略。

……

N10 G00 X13.1;	下刀，第一次吃刀量 0.9mm
N11 G32 X42.1 W−43. F2;	螺纹切削
N12 G00 X50.;	退刀
N13 W43.;	快速返回
N14 X12.5;	下刀，第二次吃刀量 0.6mm
N15 G32 X41.5 W−43. F2;	螺纹切削
N16 G00 X50.;	退刀
N17 W43.;	快速返回
……	

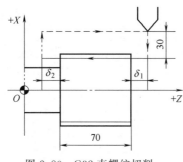

图 2.80　G32 直螺纹切削

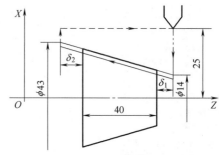

图 2.81　G32 锥螺纹切削

由上面两例可以看出，该指令编写螺纹加工程序烦琐，计算量大，一般很少使用。

(3) 螺纹车削单一固定循环指令 G92

指令格式：G92 X(U) ＿ Z(W) ＿ R ＿ F ＿；

指令说明：刀具从循环起点，按图 2.82 与 2.83 所示走刀路线，最后返回到循环起点，图中虚线表示按 R 快速移动，实线按 F 指定的进给速度移动。X(U)、Z(W) 为螺纹切削的终点坐标值；R 为螺纹部分半径之差，即螺纹切削起始点与切削终点的半径差，加工圆柱螺纹时，R＝0；加工圆锥螺纹时，当 X 向切削起始点坐标小于切削终点坐标时，R 为负，反之为正。

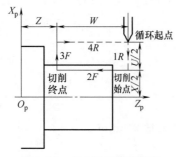

图 2.82　G92 圆柱螺纹循环

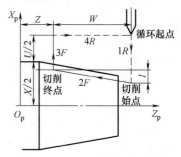

图 2.83　G92 圆锥螺纹循环

【例 2.22】　如图 2.84 所示圆柱螺纹，螺纹的螺距为 1.5mm，车削螺纹前工件直径 ϕ42mm，螺纹刀装在刀架的 3 号刀位，主轴转速 200r/min，使用螺纹循环指令编制程序如下：

O0222;	程序名
N05 T0303;	换 3 号刀，建立工件坐标系

N10 M03 S200；	主轴正转，转速 200r/min
N15 G00 X54.0 Z114.0；	快速定位到螺纹循环起点
N20 G92 X41.2 Z48.0 F1.5；	螺纹单一循环，第一次切深 0.8mm
N25 X40.6；	第二次切深 0.6mm
N30 X40.2；	第三次切深 0.4mm
N35 X40.04；	第四次切深 0.16mm
N40 G00 X100.0 Z100.0；	快速返回
N45 M05；	停主轴
N50 M30；	程序结束并复位

【例 2.23】　使用螺纹循环指令编写图 2.85 所示圆锥螺纹的加工程序。螺纹的螺距为 2mm，螺纹刀装在刀架的 3 号刀位，主轴转速 200r/min，A 点坐标为 X49.6、Z-48。

O0223；	程序名
T0303；	换 3 号刀，建立工件坐标系
M03 S200；	主轴正转，转速 200r/min
G00 X80.Z2.；	快速定位到螺纹循环起点
G92 X48.7 Z-48.R-5.F2；	螺纹单一循环，第一次切深 0.9mm
X48.1；	第二次切深 0.6mm
X47.5；	第三次切深 0.6mm
X47.1；	第四次切深 0.4mm
X47.0；	第五次切深 0.1mm
G00 X100.Z100.；	快速返回
M05；	停主轴
M30；	程序结束并复位

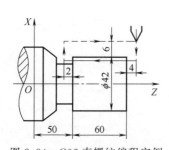

图 2.84　G92 直螺纹编程实例

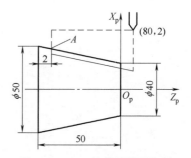

图 2.85　G92 锥螺纹编程实例

(4) 螺纹车削复合固定循环指令 G76

螺纹复合切削循环指令可以完成一个螺纹段的全部加工任务。它的进刀方法有利于改善刀具的切削条件，在编程中应优先考虑应用该指令，其循环过程及进刀方法如图 2.86 所示。

指令格式：G76 P(m) (r) (α) Q(Δd_{min}) R(d)；

　　　　　　G76 X (或 U) Z (或 W) R(i) F(f) P(k) Q(Δd)；

指令说明：m 为精加工重复次数（1～99）；r 表示斜向退刀量单位数（用 00～99 两位数字指定，以 0.1f 为一单位，取值范围为 0.01～9.9f）；α 为刀尖角度（两位数字），为模态值，在 80°、60°、55°、30°、29°和 0°六个角度中选一个；Δd_{min} 为最小切削深度（半径值，单位为 μm），当第 n 次切削深度（$\Delta d_n - \Delta d_{n-1}$）小于 Δd_{min} 时，则切削深度设定为 Δd_{min}；d 为精加工余量（半径值，单位为 μm）；X、Z 为绝对值编程时，螺纹终点的坐标，U、W 为增量值编程时，螺纹终点相对于循环起点的有向距离（增量坐标）；i 为螺纹部分半径之差，即螺纹切削起始点与切削终点的半径差，加工圆柱螺纹时，$i=0$，加工圆锥螺纹时，当 X 向切削起始点坐标小于切削终点坐标时，i 为负，反之为正。k 为螺纹的牙型高度（X 轴方向的半径值，单位为 μm）；Δd 为第一次切削深度（X 轴方向的半径值，单位为 μm）；f 为螺纹导程。

G76 循环进行单边切削，减小了刀尖的受力。第一次切削时切削深度为 Δd，第 n 次的切削总深度为 Δd_n，每次循环的背吃刀量为 $\Delta d_n - \Delta d_{n-1}$。

【例 2.24】 如图 2.87 所示，应用螺纹切削复合循环指令编程（精加工次数为 1 次，斜向退刀量为 4mm，刀尖为 60°，最小切深取 0.1mm，精加工余量取 0.1mm，螺纹牙型高度为 2.6mm，第一次切深取 0.7mm，螺距为 4mm，螺纹小径为 33.8mm）。螺纹刀装在刀架的 3 号刀位。

程序	说明
O0224；	程序名
T0303；	换 3 号刀，建立工件坐标系
M03 S200；	主轴正转，转速 200r/min
G00 X60. Z10. ；	快速定位到螺纹循环起点
G76 P011060 Q100 R100；	复合螺纹循环，斜向退尾量 $10 \times 0.1f = 4mm$
G76 X33.8 Z−60. R0 P2600 Q700 F4；	
G00 X100. Z100. ；	快速返回
M05；	停主轴
M30；	程序结束并复位

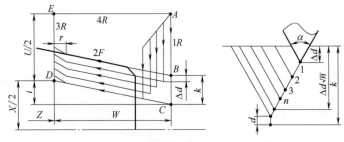 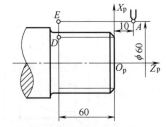

图 2.86　螺纹复合切削循环与进刀方法　　　　图 2.87　螺纹复合切削循环应用

2.3.8　子程序

零件上有若干处具有相同的轮廓形状或加工中反复出现具有相同轨迹的走刀路线时，可以考虑应用子程序功能简化编程。

在一个加工程序的若干位置上，如果包含有一连串在写法上完全相同或相似的内容，为了简化编程可以把这些重复的程序段按一定的格式编写成子程序，单独存储到程序存储区中，以便被其他程序调用。调用子程序的程序称为主程序。

(1) 子程序结构

子程序的结构与主程序的结构相似，子程序用 M99 指令结束，并返回至调用它的程序中调用指令的下一程序段继续运行。子程序的格式如下。

O××××；　　　子程序号
……
……　　　　　子程序内容
……
M99；　　　　　子程序结束

(2) 子程序调用

主程序在执行过程中如果需要执行某一子程序，可以通过子程序调用指令 M98 调用该子程序，待子程序执行完再返回到主程序，继续执行后面的程序段。

指令格式：M98 P△△△ □□□□；

指令说明：△△△——调用次数（1～999）；□□□□——子程序号。

例如 M98 P31000 表示调用 1000 号子程序 3 次。如果省略了调用次数，则认为调用次数为 1 次。

子程序也可调用下一级子程序，称为子程序嵌套。子程序嵌套调用过程如图 2.88 所示，FANUC 0i 系统子程序调用最多可嵌套 4 级。

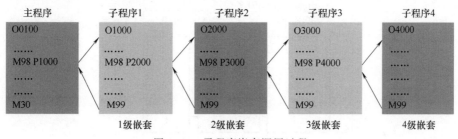

图 2.88　子程序嵌套调用过程

(3) 特殊调用

当子程序的最后一个程序段以地址 P 指定顺序号时，调用子程序结束后将不返回 M98 的下一个程序段，而是返回地址 P 制定的程序段。如图 2.89 所示。

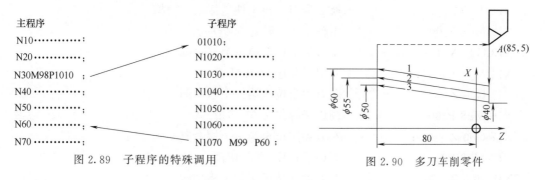

图 2.89　子程序的特殊调用

图 2.90　多刀车削零件

【例 2.25】　多刀粗加工的子程序调用。如图 2.90 所示，锥面分三刀粗加工，参考程序如下：

O0225；　　　　　　　　主程序
N10 T0101；　　　　　　换 1 号刀，建立工件坐标系
N20 M03 S600；　　　　主轴正转，转速为 600r/min

N30 G00 X85. Z5. M08;　　　　　定位到切削起点，开冷却液

N40 M98 P31001;　　　　　　　1001 号子程序调用 3 次

N50 G00 X100. Z100. ;　　　　快速返回

N60 M05;　　　　　　　　　　停主轴

N70 M30;　　　　　　　　　　主程序结束并复位

O1001;　　　　　　　　　　　子程序

N10 G00 U−35. ;　　　　　　快速下刀至路径 1 的延长线处

N20 G01 U10. W−85. F0.15;　沿路径 1 直线切削

N30 G00 U25. ;　　　　　　　快速退刀至 X85

N40 G00 Z5. ;　　　　　　　　快速返回至 A 点

N50 G00 U−5. ;　　　　　　　向下（X 负向）递进 5mm

N60 M99;　　　　　　　　　　子程序结束

【例 2.26】　形状相同部位加工的子程序调用。如图 2.91 所示，零件的外轮廓已加工，现需完成切槽加工，02 号刀为刀尖宽 5mm 的切槽刀。参考程序如下：

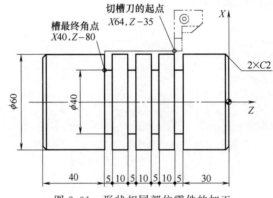

图 2.91　形状相同部位零件的加工

O0226;　　　　　　　　　　主程序

N11 T0202;　　　　　　　　换 2 号刀，建工件坐标系，切槽

N12 M03 S300;　　　　　　　主轴正转，转速 300r/min

N13 G00 X64. Z−35. ;　　　左刀尖定位至第一个槽左侧

N14 M98 P2001;　　　　　　调用子程序 2001 切槽

N15 G00 Z−50. ;　　　　　　左刀尖定位至第二个槽左侧

N16 M98 P2001;　　　　　　调用子程序 2001 切槽

N17 G00 Z−65. ;　　　　　　左刀尖定位至第三个槽左侧

N18 M98 P2001;　　　　　　调用子程序 2001 切槽

N19 G00 Z−80. ;　　　　　　左刀尖定位至第四个槽左侧

N20 M98 P2001;　　　　　　调用子程序 2001 切槽

N21 G00 X100. Z100. ;　　　快速返回

N22 M05;　　　　　　　　　停主轴

N23 M30;　　　　　　　　　主程序结束并复位

O2001;　　　　　　　　　　切槽子程序

N11 G01 X40.F0.05；　　　　切槽至槽底

N12 G04 P2000；　　　　　　槽底暂停 2 秒

N13 G00 X64.；　　　　　　　快速退刀

N14 M99；　　　　　　　　　子程序结束

2.3.9　宏程序

在程序中使用变量，通过对变量进行赋值及处理的方法达到程序功能，这种有变量的程序被称为宏程序。宏程序是手工编程的高级形式。宏程序指令适合抛物线、椭圆、双曲线等没有插补指令的曲线编程；适合图形一样，只是尺寸不同的系列零件的编程；适合工艺路径一样，只是位置参数不同的系列零件的编程；较大地简化编程，扩展应用范围。

宏程序与普通程序的比较：宏程序可以使用变量，并且给变量赋值、变量之间可以运算、程序运行可以跳转。普通编程只能使用常量，常量之间不能运算，程序只能顺序执行，不能跳转。

FANUC 宏程序分为两类：A 类和 B 类。A 类宏程序是机床的标配，用 G65H＊＊来调用。B 类宏程序相比 A 类来说，容易简单，可以直接赋值运算，所以目前 B 类用得比较多，下面重点以 B 类宏程序为例来介绍。

(1) 变量功能

① 变量的形式：变量符号＋变量号。发那科系统变量符号用♯，变量号为 1、2、3 等。

② 变量的种类：空变量、局部变量、公共变量和系统变量四类。

空变量：♯0。该变量永远是空的，没有值能赋它。

局部变量：♯1～♯33。只在本宏程序中有效，断电后数值清除，调用宏程序时赋值。

公共变量：♯100～♯199、♯500～♯999。在不同的宏程序中意义相同，♯100～♯199 断电后清除，♯500～♯999 断电后不被清除。

系统变量：♯1000 以上。系统变量用于读写 CNC 运行时的各种数据，比如刀具补偿等。

提示：局部变量和公共变量称为用户变量。

③ 赋值：赋值是指将一个数赋予一个变量。例如♯1＝2，♯1 表示变量；♯是变量符号，数控系统不同，变量符号也不同；＝为赋值符号，起语句定义作用；数值 2 就是给变量♯1 赋的值。

④ 赋值的规律。

a. 赋值号＝两边内容不能随意互换，左边只能是变量，右边可以是表达式、数值或者变量。

b. 一个赋值语句只能给一个变量赋值。

c. 可以多次给一个变量赋值，新的变量将取代旧的变量，即最后一个有效。

d. 赋值语句具有运算功能，形式：变量＝表达式，在运算中，表达式可以是变量自身与其他数据的运算结果，如：♯1＝♯1＋2，则表示新的♯1 等于原来的♯1＋2，这点与数学等式是不同的。

e. 赋值表达式的运算顺序与数学运算的顺序相同。

⑤ 变量的引用。

a. 当用表达式指定变量时。必须把表达式放在括号中。如 G01 X［♯1＋♯2］F♯3。

b. 引用变量的值的符号，要把负号放在♯的前面。如 G01 X-♯6 F100。

(2) 运算功能

① 运算符号：加（＋）、减（－）、乘（＊）、除（/）、正切（TAN）、反正切（ATAN）、正弦（SIN）、余弦（COS）、开平方根（SQRT）、绝对值（ABS）、增量值（INC）、四舍五入（ROUND）、舍位去整（FIX）、进位取整（FUP）。

② 混合运算。

a. 运算顺序：函数—乘除—加减

b. 运算嵌套：最多五重，最里面的"[ ]"运算优先。

(3) 转移功能

① 无条件转移。

格式：GOTO＋目标段号（不带 N）；

例如：GOTO50；，当执行该程序段时，将无条件转移到 N50 程序段执行。

② 有条件转移。

格式：IF＋[条件表达式]＋GOTO＋目标段号（不带 N）；

例如：IF [♯1GT♯100] GOTO50；，如果条件成立，则转移到 N50 程序段执行；如果条件不成立，则执行下一程序段。

③ 转移条件：转移条件的种类及编程格式见表 2.4。

表 2.4　条件表达式的符号及编程格式

条件	符号	宏指令	编程格式
等于	＝	EQ	IF[♯1EQ♯2]GOTO10
不等于	≠	NE	IF[♯1NE♯2]GOTO10
大于	＞	GT	IF[♯1GT♯2]GOTO10
小于	＜	LT	IF[♯1LT♯2]GOTO10
大于等于	≥	GE	IF[♯1GE♯2]GOTO10
小于等于	≤	LE	IF[♯1LE♯2]GOTO10

(4) 循环功能

循环指令格式为：

WHILE[条件表达式]DOm(m＝1、2、3…)；

……

ENDm；

当条件满足时，就循环执行 WHILE 与 END 之间的程序；当条件不满足时，就执行 ENDm 的下一个程序段。例如：

♯1＝5；

WHILE[♯1LE30]DO1；

♯1＝♯1＋5；

G00X♯1Y♯1；

END1；

当♯1 小于等于 30 时，执行循环程序，当♯1 大于 30 时执行 END1 之后的程序。

(5) 宏程序的格式及简单调用

① 宏程序的编写格式。宏程序的编写格式与子程序相同。其格式为：

0～(0001～8999 为宏程序号)；　//宏程序名

N10 ……;　　　　　　　　　　//宏程序内容

...

N~M99;　　　　　　　　　　//宏程序结束

上述宏程序内容中，除通常使用的编程指令外，还可使用变量、算术运算指令及其它控制指令。变量值在宏程序调用指令中赋给。

② 宏程序的简单调用。宏程序的简单调用是指在主程序中，宏程序可以被单个程序段单次调用。

调用指令格式：G65 P（宏程序号）L（重复次数）（变量分配）；

其中：G65——宏程序调用指令；

P（宏程序号）——被调用的宏程序代号；

L（重复次数）——宏程序重复运行的次数，重复次数为 1 时，可省略不写；

（变量分配）——为宏程序中使用的变量赋值。

宏程序与子程序相同的是一个宏程序可被另一个宏程序调用，最多可调用 4 重。

(6) 宏程序编程实例

【例 2.27】　如图 2.92 所示，毛坯为 $\phi72mm\times150mm$，编制其加工程序（粗、精加工）。所用刀具为外轮廓粗加工刀 T01、精加工刀 T02。

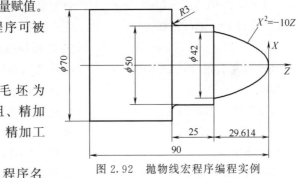

图 2.92　抛物线宏程序编程实例

程序	说明
O0227;	程序名
G98;	初始化，指定分进给
T0101;	换 1 号刀，建立工件坐标系，粗加工
M03 S600;	主轴正转，转速 600r/min
G00 X74. Z2.;	快速定位到 G71 循环起点
G71 U1.5 R1.;	外径车削复合循环
G71 P10 Q20 U0.3 W0 F100;	
G00 X43.;	精加工开始，留下加工椭圆部分的余量
G01 Z−29.614 F50;	
X50.;	
W−22.;	
G02 X56. W−3. R3.;	
G01 X70.;	
Z−90.;	精加工结束
X74.;	退刀
G00 X100. Z100.;	快速返回换刀点
M05;	主轴停转
M00;	程序暂停，测量
T0202;	换 2 号刀，建立工件坐标系，精加工
M03 S1000;	主轴正转，转速 1000r/min
G00 X74. Z2.;	快速定位到循环起点

G70 P10 Q20；	精车循环
G00 X100. Z100. ；	快速返回换刀点
T0101；	换 1 号刀,建立工件坐标系,粗加工
G00 X45. Z2. S600；	快速定位到 G73 循环起点
G73 U21. 3 R18. ；	闭合车削复合循环
G73 P30 Q40 U0. 4 W0 F100；	
N30 G00 X0；	精加工开始
G01 Z0 F50；	
♯1＝0；	定义抛物线轮廓的 X 坐标为自变量,初始值为 0
N2 ♯2＝－♯1＊♯1/10；	通过本公式算出对应的抛物线坐标系中的 Z 坐标值
G01X[2＊♯1]Z[♯2]；	直线插补,逼近抛物线
♯1＝♯1＋0.5；	自变量递增,步距为 0.5
IF[♯1LE21]GOTO2；	设定转移条件,条件成立时,转移到 N2 程序段执行,21 是抛物线轮廓终点在抛物线坐标系中 X 坐标值
N40 G01 X42. Z－29. 614；	插补到抛物线轮廓终点,精加工结束
X45. ；	X 向退刀
G00 X100. Z100. ；	快速返回换刀点
T0202；	换 2 号刀,建立工件坐标系,精加工
M03 S1000；	主轴正转,转速 1000r/min
G00 X45. Z2. ；	快速定位到循环起点
G70 P30 Q40；	精车循环
G00 X100. Z100. ；	快速返回换刀点
M05；	主轴停转
M30；	程序结束并复位

2. 4　华中世纪星 HNC-21/22T 编程指令简介

华中世纪星 HNC-21/22T 系统大部分编程指令的格式、含义与 FANUC 0i 系统一样,这里只介绍与其有差别的部分。

2. 4. 1　尺寸单位选择指令 G20、 G21

指令格式：G20/G21

指令说明：G20 为英制输入制式,G21 为公制输入制式；G20、G21 为模态功能,可相互注销,G21 为缺省值。

两种制式下线性轴、旋转轴的尺寸单位如表 2.5 所示。

表 2.5　尺寸输入制式及其单位

尺寸制式	进给速度单位	线性轴	旋转轴
英制(G20)	每分钟进给(G94)	in/min	度/min
	每转进给(G95)	in/r	度/r

尺寸制式	进给速度单位	线性轴	旋转轴
公制(G21)	每分钟进给(G94)	mm/min	度/min
	每转进给(G95)	mm/r	度/r

2.4.2　直径方式和半径方式编程指定指令 G36、G37

指令格式：G36/G37

指令说明：G36 为直径编程，G37 为半径编程。

数控车床的工件外形通常是旋转体，其 X 轴尺寸可以用两种方式加以指定：直径方式和半径方式。G36 为缺省值，机床出厂一般设为直径编程。

2.4.3　进给速度单位的设定指令 G94、G95

指令格式：G94 F ＿＿

　　　　　G95 F ＿＿

指令说明：G94 为每分钟进给；G95 为每转进给。

G94 为每分钟进给。对于线性轴，F 的单位依 G20/G21 的设定而为 mm/min 或 in/min；对于旋转轴，F 的单位为度/min。

G95 为每转进给，即主轴转一周时刀具的进给量。F 的单位依 G20/G21 的设定而为 mm/r 或 in/r。这个功能只在主轴装有编码器时才能使用。

G94、G95 为模态功能，可相互注销，G94 为缺省值。

2.4.4　绝对坐标和增量坐标指定指令 G90、G91

指令格式：G90/G91

指令说明：由于华中系统采用 G80 指定纵向切削循环，所以可用 G90 指定绝对值编程，每个编程坐标轴上的编程值是相对于程序原点的；G91 为相对值编程，每个编程坐标轴上的编程值是相对于前一位置而言的，该值等于沿轴移动的距离。系统默认值为 G90，所以 G90 通常可省略不写。

2.4.5　直接机床坐标系编程指令 G53

G53 是机床坐标系编程指令，在含有 G53 的程序段中，绝对值编程时的指令值是在机床坐标系中的坐标值。其为非模态指令。

2.4.6　工件坐标系设定指令 G92

指令格式：G92 X ＿＿ Z ＿＿

指令说明：X、Z 为对刀点到工件坐标系原点的有向距离。当执行 G92 Xα Zβ 指令后，系统内部即对（α，β）进行记忆，并建立一个使刀具当前点坐标值为（α，β）的坐标系，系统控制刀具在此坐标系中按程序进行加工。执行该指令只建立一个坐标系，刀具并不产生运动。G92 指令为非模态指令。

注意：执行该指令时，若刀具当前点恰好在工件坐标系的 α 和 β 坐标值上，即刀具当前点在对刀点位置上，此时建立的坐标系即为工件坐标系，加工原点与程序原点重合。若刀具当前点不在工件坐标系的 α 和 β 坐标值上，则加工原点与程序原点不一致，加工出的产品就有误差或报废，甚至出现危险。因此执行该指令时，刀具当前点必须恰好在对刀点上即工件坐标系的 α 和 β 坐标值上。实际操作时怎样使两点一致，由操作时对刀完成。

2.4.7 螺纹切削指令 G32

指令格式：G32 X(U)＿ Z(W)＿ R＿ E＿ P＿ F＿

指令说明：X、Z 为绝对编程时，有效螺纹终点在工件坐标系中的坐标；U、W 为增量编程时，有效螺纹终点相对于螺纹切削起点的位移量；F 为螺纹导程，即主轴每转一圈，刀具相对于工件的进给值；R、E 为螺纹切削的退尾量，R 为 Z 向退尾量，E 为 X 向退尾量，R、E 在绝对或增量编程时都是以增量方式指定，其为正表示沿 Z、X 正向回退，为负表示沿 Z、X 负向回退。使用 R、E 可免去退刀槽。R、E 可以省略，表示不用回退功能。根据螺纹标准 R 一般取 0.75～1.75 倍的螺距，E 取螺纹的牙型高；P 为主轴基准脉冲处距离螺纹切削起始点的主轴转角。使用 G32 指令能加工圆柱螺纹、锥螺纹和端面螺纹。

2.4.8 暂停指令 G04

指令格式：G04 P＿

指令说明：P 为暂停时间，单位为 s。

G04 在前一程序段的进给速度降到零之后才开始暂停动作。在执行含 G04 指令的程序段时，先执行暂停功能。G04 为非模态指令，仅在其被规定的程序段中有效。G04 可使刀具作短暂停留，以获得圆整而光滑的表面。该指令除用于切槽、钻镗孔外，还可用于拐角轨迹控制。

2.4.9 恒切削速度（线速度）指令 G96、G97

指令格式：G96 S＿

G97 S＿

指令说明：G96 为恒线速度有效，G97 取消恒线速度功能；G96 后面的 S 值为切削的恒定线速度，单位为 m/min；G97 后面的 S 值为取消恒线速度后，指定的主轴转速，单位为 r/min，如缺省，则为执行 G96 指令前的主轴转速。

注意：使用恒线速度功能，主轴必须能自动变速（如：伺服主轴、变频主轴）。在系统参数中需设定主轴最高限速。

2.4.10 单一形状固定循环指令

(1) 纵向单一循环指令 G80

① 圆柱面纵向单一循环。

指令格式：G80 X＿ Z＿ F＿

指令说明：X、Z 为绝对值编程时，为切削终点 C 在工件坐标系下的坐标；增量值编程时，为切削终点相对于循环起点的有向距离。

② 圆锥面纵向单一循环。

指令格式：G80 X＿ Z＿ I＿ F＿

指令说明：I 为切削起点与切削终点的半径差。其符号为半径差的符号（无论是绝对值编程还是增量值编程），其他参数同上。

（2）横向单一循环指令 G81

① 平端面横向单一循环。

指令格式：G81 X __ Z __ F __

指令说明：X、Z 在绝对值编程时，为切削终点 C 在工件坐标系下的坐标，增量值编程时，为切削终点相对于循环起点的有向距离。

② 锥端面横向单一循环。

指令格式：G81 X __ K __ F __

指令说明：K 为切削起点相对于切削终点的 Z 向有向距离，其他参数同上。

（3）螺纹切削单一循环指令 G82

① 柱面螺纹单一循环。

指令格式：G82 X __ Z __ R __ E __ C __ P __ F __

指令说明：X、Z 在绝对值编程时，为螺纹终点在工件坐标系下的坐标，增量值编程时，为螺纹终点相对于循环起点的有向距离；R、E：螺纹切削的退尾量，R、E 均为向量，R 为 Z 向退尾量；E 为 X 向退尾量，R、E 可以省略，表示不用退尾功能；C：螺纹头数，为 0 或 1 时切削单头螺纹；P：单头螺纹切削时，为主轴基准脉冲处距离切削起始点的主轴转角（缺省值为 0）；多头螺纹切削时，为相邻螺纹头的切削起始点之间对应的主轴转角。F：螺纹导程。

注意：螺纹切削循环同 G32 螺纹切削一样，在进给保持状态下，该循环在完成全部动作之后才停止运动。其循环过程如图 2.93 所示。

② 锥面螺纹单一循环。

指令格式：G82 X __ Z __ I __ R __ E __ C __ P __ F __

指令说明：I 为螺纹切削起点与螺纹终点的半径差。其符号为半径差的符号（无论是绝对值编程还是增量值编程）；其他参数同上。

【**例 2.28**】　如图 2.94 所示，用 G82 指令编程，毛坯外形已加工完成，螺纹刀装在刀架 3 号刀位。

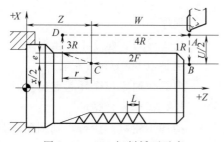

图 2.93　G82 切削循环示意

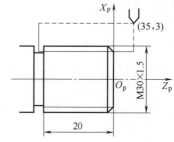

图 2.94　G82 编程实例

%0228	程序名
T0101	换 3 号刀，建立工件坐标系
M03 S300	主轴正转，转速 300r/min
G00 X35 Z3	快速定位到循环起点
G82 X29.2 Z−21 F1.5	螺纹循环，第一次切深 0.8mm

X28. 6	第二次切深 0.6mm
X28. 2	第三次切深 0.4mm
X28. 04	第四次切深 0.16mm
G00 X100 Z100	快速返回
M05	主轴停转
M30	程序结束并复位

2.4.11　多重复合固定循环

(1) 内 (外) 径粗车复合循环 G71

① 无凹槽加工时。

指令格式：G71 U(Δd) R(r) P(ns) Q(nf) X(Δx) Z(Δz) F(f) S(s) T(t)

指令说明：Δd 为切削深度 (每次切削的背吃刀量)，指定时不加符号；r 为每次退刀量，指定时不加符号；ns 为精加工路径第一程序段的顺序号；nf 为精加工路径最后程序段的顺序号；Δx 为 X 方向精加工余量，外径车削时为正，内径车削时为负；Δz 为 Z 方向精加工余量；f，s，t 在粗加工时 G71 中编程的 F、S、T 有效，而精加工时处于 ns 到 nf 程序段之间的 F、S、T 有效。

G71 切削循环时，切削进给方向平行于 Z 轴。

② 有凹槽加工时。指令格式：G71 U(Δd) R(r) P(ns) Q(nf) E(e) F(f) S(s) T(t)

指令说明：e 为精加工余量，其为 X 方向的等高距离，外径切削时为正，内径切削时为负；其他参数同上。

注意：①G71 指令必须带有 P、Q 地址 ns、nf，且与精加工路径起、止顺序号对应，否则不能进行该循环加工。②ns 的程序段必须为 G00/G01 指令。③在顺序号为 ns 到顺序号为 nf 的程序段中，不能调用子程序。

【例 2.29】　用外径粗加工复合循环功能编制图 2.95 所示零件的加工程序。要求循环起始点在 (46, 3)，切削深度为 1.5mm (半径量)，退刀量为 1mm，X 方向精加工余量为 0.3mm，Z 方向精加工余量为 0.1mm，其中点画线部分为工件毛坯。外圆刀装在刀架 1 号刀位，参考程序如下。

%0229	程序名
N11 T0101	换 1 号刀，建立工件坐标系
N12 M03 S600	主轴以 600r/min 正转
N13 G00 X46 Z3	刀具快速定位循环起点位置
N14 G71 U1.5 R1 P15 Q23 X0.3 Z0.1 F100	外径粗车复合循环
N15 G00 X0	精加工轮廓起始行，到倒角延长线
N16 G01 X10 Z−2	精加工 2×45°倒角
N17 Z−20	精加工 φ10 外圆
N18 G02 U10 W−5 R5	精加工 R5 圆弧
N19 G01 W−10	精加工 φ20 外圆
N20 G03 U14 W−7 R7	精加工 R7 圆弧
N21 G01 Z−52	精加工 φ34 外圆
N22 U10 W−10	精加工外圆锥

N23 W−20	精加工 ϕ44 外圆，精加工轮廓结束行
N24 X50	退出已加工面
N25 G00 X100 Z100	快速返回
N26 M05	主轴停
N27 M30	主程序结束并复位

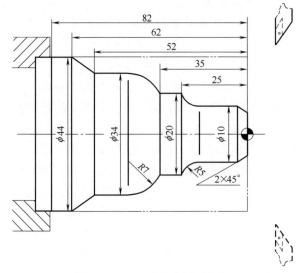

图 2.95　G71 外轮廓循环编程

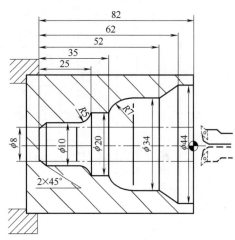

图 2.96　G71 内轮廓循环编程

【例 2.30】　用内径粗加工复合循环功能编制图 2.96 所示零件的加工程序。要求循环起始点在（6，2），切削深度为 1mm（半径量），退刀量为 1mm（半径量），X 方向精加工余量为 0.3mm，Z 方向精加工余量为 0.1mm，其中点画线部分为工件毛坯。内孔刀装在刀架 1 号刀位，参考程序如下。

％0230	程序名
N11 T0101	换 1 号刀，建立工件坐标系
N12 M03 S500	主轴以 500r/min 正转
N13 G00 X6 Z2	到循环起点位置
N14 G71 U1 R1 P18 Q26 X−0.3 Z0.1 F100	内径粗车复合循环
N15 G00 X100 Z100	粗车循环结束后，到换刀点位置
N16 T0202	换 2 号刀，建立工件坐标系
N17 G41 G00 X6 Z2	2 号刀加入刀尖圆弧半径补偿
N18 G00 X44	精加工轮廓开始，到 ϕ44 外圆处
N19 G01 Z−20 F50 S1000	精加工 ϕ44 外圆
N20 U−10 W−10	精加工外圆锥
N21 W−10	精加工 ϕ34 外圆
N22 G03 U−14 W−7 R7	精加工 R7 圆弧
N23 G01 W−10	精加工 ϕ20 外圆
N24 G02 U−10 W−5 R5	精加工 R5 圆弧
N25 G01 Z−80	精加工 ϕ10 外圆

N26 U−4 W−2　　　　　　　　精加工倒 2×45°角，精加工轮廓结束

N27 G40 X4　　　　　　　　　　退出已加工表面，取消刀尖圆弧半径补偿

N28 G00 Z100　　　　　　　　　退出工件内孔

N29 X100　　　　　　　　　　　回程序起点或换刀点位置

N30 M05　　　　　　　　　　　主轴停

N31 M30　　　　　　　　　　　程序结束并复位

（2）端面粗车复合循环指令 G72

指令格式：G72 W（Δd）R（r）P（ns）Q（nf）X（Δx）Z（Δz）F（f）S（s）T（t）；

指令说明：该循环与 G71 的区别仅在于切削方向平行于 X 轴。每次循环是在 Z 方向下刀，X 方向切削。

【例 2.31】 用端面粗车复合循环 G72 编制图 2.97 所示零件的加工程序，要求循环起始点在 (76，2)，切削深度为 1.5mm，退刀量为 1mm，X 方向精加工余量为 0.1mm，Z 方向精加工余量为 0.3mm，其中点画线部分为工件毛坯。端面刀装在刀架 1 号刀位，参考程序如下。

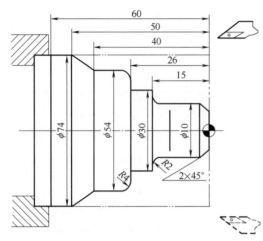

图 2.97　G72 循环编程

%0231　　　　　　　　　　　　程序号

N11 T0101　　　　　　　　　　换 1 号刀，建立工件坐标系

N12 M03 S600　　　　　　　　主轴以 600r/min 正转

N13 G00 X76 Z2　　　　　　　到循环起点位置

N14 G72 W1.5 R1 P17 Q26 X0.1 Z0.3 F100　外端面粗切循环加工

N15 G00 X100 Z100　　　　　　粗加工后，到换刀点位置

N16 G42 X76 Z2　　　　　　　加入刀尖圆弧半径补偿，只在精加工时有效

N17 G00 Z−51　　　　　　　　精加工轮廓开始，到锥面延长线处

N18 G01 X54 Z−40 F80　　　　精加工锥面

N19 Z−30　　　　　　　　　　精加工 ϕ54 外圆

N20 G02 U−8 W4 R4　　　　　精加工 R4 圆弧

N21 G01 X30　　　　　　　　　精加工 Z26 处端面

N22 Z−15　　　　　　　　　　精加工 ϕ30 外圆

N23 U−16　　　　　　　　　　精加工 Z15 处端面

N24 G03 U−4 W2 R2　　　　　精加工 R2 圆弧

N25 Z−2　　　　　　　　　　　精加工 ϕ10 外圆

N26 U−6 W3　　　　　　　　　精加工倒 2×45°角，精加工轮廓结束

N27 G00 X50　　　　　　　　　退出已加工表面

N28 G40 X100 Z100　　　　　　取消刀尖圆弧半径补偿，快速返回换刀点

N29 M05　　　　　　　　　　　主轴停

N30 M30　　　　　　　　　　　程序结束并复位

（3）闭合车削复合循环指令 G73

指令格式：G73 U(ΔI) W(ΔK) R(r) P(ns) Q(nf) X(Δx) Z(Δz) F(f) S(s) T(t)

指令说明：该功能在切削工件时刀具逐渐进给，使封闭切削回路逐渐向零件最终形状靠近，最终切削成工件的形状。这种指令能对铸造、锻造等粗加工中已初步成形的工件进行加工。其中：ΔI 为 X 轴方向的粗加工总余量；ΔK 为 Z 轴方向的粗加工总余量；r 为粗切削次数；其他参数同 G71。

注意：ΔI 和 ΔK 表示粗加工时总的切削量，粗加工次数为 r，则每次 X、Z 方向的切削量为 $\Delta I/r$、$\Delta K/r$；按 G73 段中的 P 和 Q 指令值实现循环加工，要注意 Δx 和 Δz，ΔI 和 ΔK 的正负号。

【例 2.32】 用闭环车削复合循环 G73 编制图 2.98 所示零件的加工程序。设切削起始点在 A (50，2)，X、Z 方向粗加工余量分别

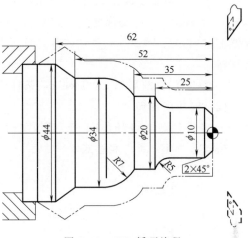

图 2.98　G73 循环编程

为 3mm、0.9mm，粗加工次数为 3，X、Z 方向精加工余量分别为 0.3mm、0.1mm。其中点划线部分为工件毛坯。

%0232	程序号
N11 T0101	换 1 号刀，建立工件坐标系
N12 M03 S600	主轴以 600r/min 正转
N13 G00 X50 Z2	到循环起点位置
N14 G73 U3 W0.9 R3 P5 Q13 X0.3 Z0.1 F100	闭环粗切循环加工
N15 G00 X0 Z3	精加工轮廓开始，到倒角延长线处
N16 G01 U10 Z−2 F80	精加工倒 2×45°角
N17 Z−20	精加工 φ10 外圆
N18 G02 U10 W−5 R5	精加工 R5 圆弧
N19 G01 Z−35	精加工 φ20 外圆
N20 G03 U14 W−7 R7	精加工 R7 圆弧
N21 G01 Z−52	精加工 φ34 外圆
N22 U10 W−10	精加工锥面
N23 U10	退出已加工表面，精加工轮廓结束
N24 G00 X100 Z100	返回程序起点位置
N25 M05	主轴停
N26 M30	程序结束并复位

2.4.12　宏指令编程

HNC-21/22T 系统为用户配备了强有力的类似于高级语言的宏程序功能，其运算符、表达式及赋值功能基本和 FANUC 系统一样，这里只阐述和其有区别的地方。

(1) 宏变量及常量

① 宏变量：♯0～♯49 为当前局部变量；♯50～♯199 为全局变量；♯200～♯249 为 0 层局部变量；♯250～♯299 为 1 层局部变量；♯300～♯349 为 2 层局部变量；♯350～♯399 为 3 层局部变量；♯400～♯449 为 4 层局部变量；♯450～♯499 为 5 层局部变量；♯500～♯549 为 6 层局部变量♯550～♯599 为 7 层局部变量；♯600～♯699 为刀具长度寄存器 H0～H99；♯700～♯799 为刀具半径寄存器 D0～D99；♯800～♯899 为刀具寿命寄存器。

② 常量 PI：圆周率 π；TRUE：条件成立（真）；FALSE：条件不成立（假）。

(2) 宏程序语句

① 条件判别语句 IF，ELSE，ENDIF。

格式①：IF　条件表达式

　　　　　……

　　　　　ELSE

　　　　　……

　　　　　ENDIF

格式②：IF　条件表达式

　　　　　……

　　　　　ENDIF

② 循环语句 WHILE，ENDW。

格式：WHILE 条件表达式

　　　　……

　　　　ENDW

(3) 宏程序编程实例

【例 2.33】　完成如图 2.99 所示零件的编程，毛坯为 φ52mm×140mm，椭圆部分用宏程序编写，并嵌入 G71 循环中（HNC-21/22T 系统宏程序可以直接编入 G71 指令）。所用刀具为外轮廓粗加工刀 T01、精加工刀 T02。编程原点在工件右端面中心。

%0233	程序名
T0101	换 1 号刀,建立工件坐标系,粗加工
M03 S600	主轴正转,转速 600r/min
G00 X54 Z2	快速定位到 G71 循环起点
G71 P10 Q20 X0.3 Z0.1 F100	外径车削复合循环
N10 G00 X0	精加工开始
G01 Z0 F50	
♯2=40	定义 Z 坐标为自变量♯2,初始值为 40
WHILE ♯2 GE 0	设定循环条件(♯2 大于或等于 0)
♯3=20*SQRT[40*40−♯2*♯2]/40	X 坐标计算(椭圆坐标系中)
♯4=2*♯3	将椭圆坐标系中的 X 值转换到工件坐标系 OXZ 中
♯5=♯2−40	将椭圆坐标系中的 Z 值转换到工件坐标系 OXZ 中
G01 X♯4 Z♯5	直线插补拟合椭圆轨迹
♯2=♯2−0.5	自变量递减,步长为 0.5

ENDW	循环结束
G01 Z－50	其他轮廓开始
X50	
Z－65	
G02 X50 Z－90 R18.1	
N20 G01 Z－100	精加工结束
X54	X 方向退刀
G00 X100 Z100	快速返回换刀点
M05	主轴停转
M30	程序结束并复位

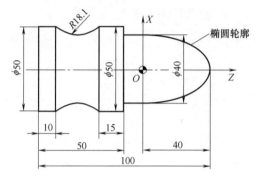

图 2.99　椭圆宏程序编制实例

2.5　数控铣床的编程

数控铣床及铣削数控系统的种类也很多，但其基本编程功能指令相同，只在个别编程指令和格式上有差异。本节仍以 FANUC 0i 数控系统为例来说明。

2.5.1　数控铣床的坐标系

有关机床坐标系和工件坐标系的内容前面已述及，这里不再详述。

(1) 机床坐标系

通常数控铣床每次通电后，机床的三个坐标轴都要依次走到机床正方向的一个极限位置，这个位置就是机床坐标系的原点，是机床出厂时设定的固定位置。

通常在数控铣床上机床原点和机床参考点是重合的，如图 2.100 所示。

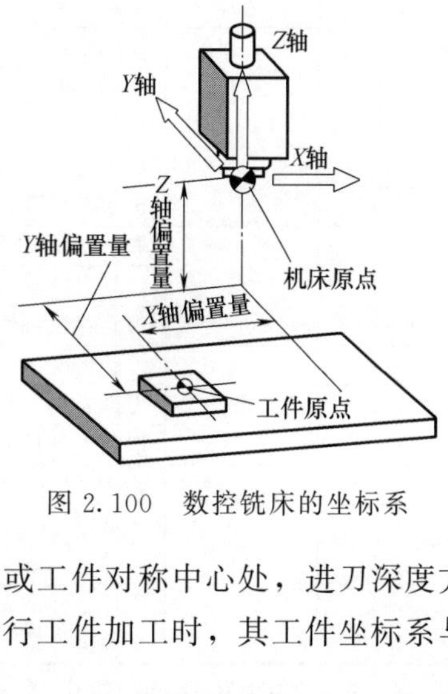

(2) 工件坐标系

数控铣床的工件原点一般设在工件外轮廓的某一个角上或工件对称中心处，进刀深度方向上的零点大多取在工件表面。利用数控铣床、加工中心进行工件加工时，其工件坐标系与机床坐标系之间的关系如图 2.100 所示。

图 2.100　数控铣床的坐标系

2.5.2 数控铣床的基本功能指令

(1) F、S 指令

① F 指令——进给功能。F 指令用于指定切削的进给速度。和数控车床不同，数控铣床一般只用每分钟进给。

② S 指令——主轴功能。S 指令用于指定主轴转速，单位为 r/min。S 后的数值直接表示主轴的转速。例如，要求主轴转速为 1000r/min，则执行指令 S1000。

(2) 辅助功能——M 功能

辅助功能指令用于指定主轴的旋转、启停，切削液的开关，工件或刀具的加紧或松开，刀具更换等功能，从 M00~M99，共 100 种。FANUC 0i 系统常用的 M 功能代码见表 2.6。

表 2.6　常用的 M 功能代码

代码	是否模态	功能说明	代码	是否模态	功能说明
M00	非模态	程序停止	M03	模态	主轴正转起动
M01	非模态	选择停止	M04	模态	主轴反转起动
M02	非模态	程序结束	M05	模态	主轴停止转动
M30	非模态	程序结束并返回	M06	非模态	加工中心换刀
M98	非模态	调用子程序	M08	模态	切削液打开
M99	非模态	子程序结束	M09	模态	切削液停止

(3) 准备功能——G 功能

准备功能指令是使数控机床建立起某种加工方式的指令，从 G00~G99，共 100 种。FANUC 0i 系统常用的 G 功能代码见表 2.7。

表 2.7　常用的 G 功能代码

G 代码	组别	解释	G 代码	组别	解释
* G00		定位（快速移动）	G58	14	工件坐标系 5 选择
G01	01	直线切削	G59		工件坐标系 6 选择
G02		顺时针切圆弧	G73		高速深孔钻削循环
G03		逆时针切圆弧	G74		左螺旋切削循环
G04	00	暂停	G76		精镗孔循环
* G17		XY 面赋值	* G80		取消固定循环
G18	02	XZ 面赋值	G81		中心钻循环
G19		YZ 面赋值	G82		带停顿钻孔循环
G28	00	机床返回参考点	G83	09	深孔钻削循环
G30		机床返回第 2 和第 3 原点	G84		右螺旋切削循环
* G40		取消刀具直径偏移	G85		镗孔循环
G41	07	刀具直径左偏移	G86		镗孔循环
G42		刀具直径右偏移	G87		反向镗孔循环
G43		刀具长度＋方向偏移	G88		镗孔循环
G44	08	刀具长度－方向偏移	G89		镗孔循环
* G49		取消刀具长度偏移	* G90	03	使用绝对值命令
G53		机床坐标系选择	G91		使用增量值命令
* G54		工件坐标系 1 选择	G92	00	设置工件坐标系
G55	14	工件坐标系 2 选择	* G98	10	固定循环返回起始点
G56		工件坐标系 3 选择	G99		固定循环返回 R 点
G57		工件坐标系 4 选择	—		—

注：带 * 的指令为系统电源接通时的初始值。

2.5.3　数控铣床的基本编程指令

(1) 绝对坐标和增量坐标指定指令

指令格式：G90/G91 X __ Y __ Z __；

指令说明：G90 为绝对坐标指定，它表示程序段中的尺寸字为绝对坐标值，即以编程原点为基准计量的坐标值。G91 为增量坐标指定，它表示程序段中的尺寸字为增量坐标值，即刀具运动的终点相对于起点坐标值的增量。G90 为系统默认值，可省略不写。前面学习的如数控车床是直接用地址符来区分：X、Y、Z——绝对尺寸，U、V、W——相对尺寸。

如图 2.101 所示，假设刀具在 O 点，先快速定位到 A 点，再以 100mm/min 的速度直线插补到 B 点，分别用 G90 指定绝对坐标方式和 G91 指定增量坐标方式编程时，运动点的坐标是有差异的。

(2) 平面选择指令 G17、G18、G19

指令格式：G17/G18/G19；

指令说明：G17 为 X、Y 平面选择；G18 为 Z、X 平面选择；G19 为 Y、Z 平面选择，如图 2.102 所示。系统开机时处于 G17 状态。

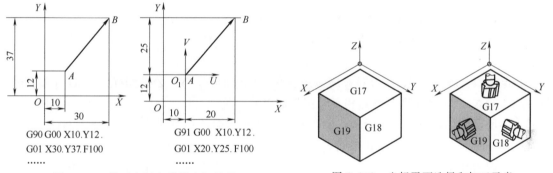

图 2.101　绝对坐标和增量坐标编程　　　　图 2.102　坐标平面选择和加工示意

(3) 刀具移动指令

① 快速定位指令 G00。

指令格式：G00 X __ Y __ Z __；

指令说明：a. G00 指令刀具从所在点以最快的速度（系统设定的最高速度）移动到目标点。b. 当用绝对指令时，X、Y、Z 为目标点在工件坐标系中的坐标；当用增量坐标时，X、Y、Z 为目标点相对于起点的坐标增量。c. 不运动的坐标可以不写。d. 当刀具按指令远离工作台时，先 Z 轴运动，再 X、Y 轴运动。当刀具按指令接近工作台时，先 X、Y 轴运动，再 Z 轴运动。例如图 2.103 所示，刀具由当前点快速移动到目标点 P，程序如下。

G00 X45.Y30.Z6.；

注意：在刀具快速接近工件时，不能以 G00 速度直接切入工件，一般应离工件有 5～10mm 的安全距离，如图 2.104 所示，刀具在 Z 方向快速下刀时，应留有 5mm 的安全距离。

② 直线插补功能指令 G01。

指令格式：G01 X __ Y __ Z __ F __；

指令说明：a. G01 指令刀具从所在点以直线移动到目标点。b. 当用绝对指令时，X、

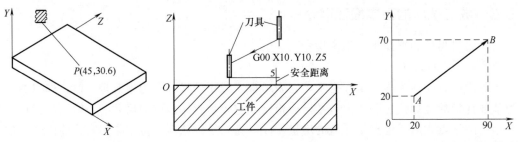

图 2.103 G00 指令编程举例　　图 2.104 G00 指令的安全距离设置　　图 2.105 G01 指令编程举例

Y、Z 为目标点在工件坐标系中的坐标；当用增量坐标时，X、Y、Z 为目标点相对于起点的增量坐标，F 为刀具进给速度。c. 不运动的坐标可以不写。

例如图 2.105 所示，刀具由起点 A 直线运动到目标点 B，进给速度 100mm/min。程序如下：

G90 G01 X90. Y70. F100；或 G91 G01 X70. Y50. F100；

③ 圆弧插补功能指令 G02、G03。

G02 指令表示在指定平面顺时针插补；G03 指令表示在指定平面逆时针插补。不同平面圆弧插补方向如图 2.106 所示。

指令格式：G17 G02/G03 X＿ Y＿ R＿（或 I＿ J＿）F＿；
　　　　　 G18 G02/G03 X＿ Z＿ R＿（或 I＿ K＿）F＿；
　　　　　 G19 G02/G03 Y＿ Z＿ R＿（或 J＿ K＿）F＿；

指令说明：a. X、Y、Z 为圆弧终点坐标值。G90 时 X、Y、Z 是圆弧终点的绝对坐标值；G91 时 X、Y、Z 是圆弧终点相对于圆弧起点的增量值。b. I、J、K 表示圆心相对于圆弧起点的增量值，如图 2.107 所示，F 规定了沿圆弧切向的进给速度。c. G17、G18、G19 为圆弧插补平面选择指令，以此来确定被加工表面所在平面，G17 可以省略。d. R 表示圆弧半径，因为在相同的起点、终点、半径和相同的方向时可以有两种圆弧（如图 2.108 所示），如果圆心角小于 180°（劣弧），则 R 为正数；如果圆心角大于 180°（优弧），则 R 为负数。e. 整圆编程时不能使用 R，只能使用 I、J、K。

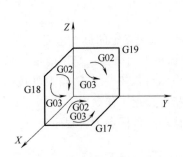

图 2.106 不同平面圆弧插补方向

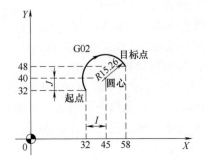

图 2.107 I、J、K 的设置

例如图 2.108 所示，加工劣弧的程序如下：

绝对值方式编程：

G90 G02 X40. Y－30. I40. J－30. F100；或 G90 G02 X40. Y－30. R50. F100；

增量方式编程：

G91 G02 X80. Y0. I40. J－30. F100；或 G91 G02 X80. Y0. R50. F100；

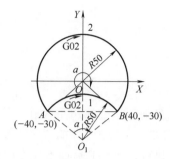

图 2.108　R 编程时的优弧和劣弧

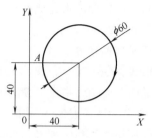

图 2.109　整圆加工编程

如图 2.109 中以 A 点为起点和终点的整圆加工程序段如下：

G02 I30.0 J0；或简写成：G03 I30.0；

也可把整圆分成几部分，用半径方式编程。现将整圆分为上下两个半圆编程，具体程序如下：

G02 X70. Y40. R30. F80；上半圆

G02 X10. Y40. R30. F80；下半圆

（4）参考点返回指令

① 自动参考点返回指令 G28。

指令格式：G28 X ＿ Y ＿ Z ＿ ；

指令说明：

a. G28 指令可使刀具以点位方式经中间点快速返回到参考点，中间点的位置由该指令后面的 X、Y、Z 坐标值所决定，其坐标值可以用绝对值也可以用增量值，但这要取决于是 G90 方式还是 G91 方式。设置中间点是为了防止刀具返回参考点时与工件或夹具发生干涉。

b. 通常 G28 指令用于自动换刀，原则上应在执行该指令前取消各种刀具补偿。

c. 在 G28 程序段中不仅记忆移动指令坐标值，而且记忆了中间点的坐标值。

也就是说，对于在使用 G28 程序段中没有被指令的轴，以前 G28 中的坐标值就作为那个轴的中间点坐标值。

② 从参考点返回指令 G29。

指令格式：G29 X ＿ Y ＿ Z ＿ ；

指令说明：

a. G29 指令可以使刀具从参考点出发，经过一个中间点到达由这个指令后面的 X、Y、Z 坐标值所指定的位置。中间点的坐标由前面的 G28 指令所规定，因此 G29 指令应与 G28 指令成对使用，指令中 X、Y、Z 是目标点的坐标，由 G90/G91 状态决定是绝对值还是增量值。若为增量值，则是指到达点相对于 G28 中间点的增量值。

b. 在选择 G28 之后，G29 指令不是必需的，使用 G00 定位有时可能更为方便。

如图 2.110 所示，加工后刀具已定位到 A 点，取 B 点为中间点，点 C 为执行 G29 指令时应到达的目标

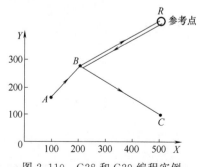

图 2.110　G28 和 G29 编程实例

点，则程序如下：

G28 X200.Y280.；

T02 M06；在参考点完成换刀

G29 X500.Y100.；

(5) 延时功能指令 G04

指令格式：G04 X __；或 G04 P __；

指令说明：a.G04 指令可使刀具作短暂的无进给光整加工，一般用于镗孔、锪孔等场合。b. X 或 P 为暂停时间，其中 X 后面可用带小数点的数，单位为 s，如"G04 X5.0"表示在前一程序执行完后，要经过 5s 以后，后一程序段才执行；地址 P 后面不允许用小数点，单位为 ms，如"G04 P1000"表示暂停 1000ms，即 1s。

(6) 工件坐标系建立指令

① 坐标系设定指令 G92。

指令格式：G92 X __ Y __ Z __；

指令说明：X、Y、Z 为刀具当前点在工件坐标系中的坐标；G92 指令是将工件原点设定在相对于刀具起始点的某一空间点上。也可以理解为通过指定刀具起始点在工件坐标系中的位置来确定工件原点。执行 G92 指令时，机床不动作，即 X、Y、Z 轴均不移动。

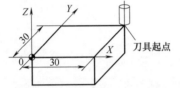

图 2.111 G92 指令建立坐标系

如图 2.111 所示，建立工件坐标系的程序为：G92 X30.Y30.Z0；

② 工件坐标系调用指令 G54～G59。

指令格式：G54/G55/G56/G57/G58/G59；

指令说明：这组指令可以调用六个工件坐标系，其中 G54 坐标系是机床一开机并返回参考点后就有效的坐标系。这六个坐标系是通过指定每个坐标系的零点在机床坐标系中的位置而设定的，即通过 MDI/CRT 输入每个工件坐标系零点的偏移值（相对于机床原点）。如图 2.112 所示，图中有六个完全相同的轮廓，如果将它们分别置于 G54～G59 指定的六个坐标系中，则它们的加工程序将完全一样，加工时只需调用不同的坐标系（即零点偏置）即可实现。

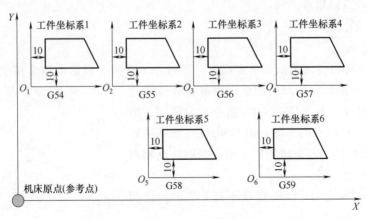

图 2.112 G54～G59 工件坐标系调用

注意：G54～G59 工件坐标系指令与 G92 坐标系设定指令的差别是，G92 指令需后续坐标值指定刀具起点在当前工件坐标系中的坐标值，用单独一个程序段指定；在使用 G92 指令前，必须保证刀具回到程序中指定的加工起点（也即对刀点）。G54～G59 建立工件坐标系时，可单独使用，也可与其他指令同段使用；使用该指令前，先用手动数据输入（MDI）方式输入该坐标系的坐标原点在机床坐标系中的坐标值。

学习了数控铣床的基本编程指令和编程方法后，就能够进行各种槽的加工编程。

【例 2.34】　直线槽的编程。如图 2.113 所示的直线字母槽，字槽深为 2mm，字槽宽为 5mm。编程原点在工件左下角，刀具为直径 5mm 的键槽铣刀。参考程序如下。

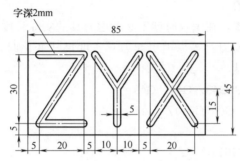

图 2.113　直线字母槽编程

O0234；	程序名
G54 G90 G00 X0 Y0 Z100.；	调用 G54 坐标系,刀具快速定位到编程原点上方 100mm 处
M03 S600；	主轴正转,转速 600r/min
Z5.；	刀具 Z 方向快速接近工件
X5. Y35.；	XY 面快速定位到 Z 字母起点
G01 Z−2.F50；	Z 方向下刀,切入工件
G01 X25.；	铣削 Z 字母槽
X5. Y5.；	
X25.；	
G00 Z5.；	快速提刀
X30. Y35.；	XY 面快速定位到 Y 字母起点
G01 Z−2.；	Z 方向下刀,切入工件
X40. Y20.；	铣削 Y 字母槽
Y5.；	
G00 Z5.；	
Y20.；	
G01 Z−2.；	
X50. Y35.；	
G00 Z5.；	快速提刀
X55.；	XY 面快速定位到 X 字母起点
G01 Z−2.；	Z 方向下刀,切入工件
X75. Y5.；	铣削 Z 字母槽
G00 Z5.；	
X55.；	

G01Z－2. ；

X75. Y35. ；

G00 Z100. ；　　　　　　　*Z* 方向快速返回

M05；　　　　　　　　　停主轴

M30；　　　　　　　　　程序结束并复位

2.5.4　刀具长度补偿功能

(1) 刀具长度补偿目的

使用刀具长度补偿功能，在编程时就不必考虑刀具的实际长度及各把刀具不同的长度尺寸。当由于刀具磨损、更换刀具等原因引起刀具长度尺寸变化时，只要修正刀具长度补偿量，而不必调整程序或刀具。

(2) 刀具长度补偿指令 G43、G44、G49

指令格式：G43(G44) G00(G01)Z ＿＿ H ＿＿；

　　　　　　……

　　　　　　G49 G00(G01)Z＿＿；

指令说明：

① 刀具长度补偿指令一般用于刀具轴向（*Z* 向）的补偿，它使刀具在 *Z* 方向上的实际位移量比程序给定值增加或减少一个偏置量。G43 为刀具长度正向补偿；G44 为刀具长度负向补偿；*Z* 为目标点坐标；H 为刀具长度补偿代号（H00～H99），补偿量存入由 H 代码指定的存储器中。若输入指令"G90 G00 G43 Z100 H01"，并于 H01 中存入"－20"，则执行该指令时，将用 *Z* 坐标值"100"与 H01 中所存"－20"进行"＋"运算，即"100＋（－20）＝80"，并将所求结果作为 *Z* 轴移动的目标值。取消刀具长度补偿用 G49 或 H00。

② 当刀具在长度方向的尺寸发生变化时，可以在不改变程序的情况下，通过改变偏置量，加工出所要求的零件尺寸。应用刀具长度补偿后的实际动作效果如图 2.114 所示。

③ 如果补偿值使用正负号，则 G43 和 G44 可以互相取代。即 G43 的负值补偿＝G44 的正值补偿，G44 的负值补偿＝G43 的正值补偿，补偿值正负互换的补偿效果如图 2.115 所示。

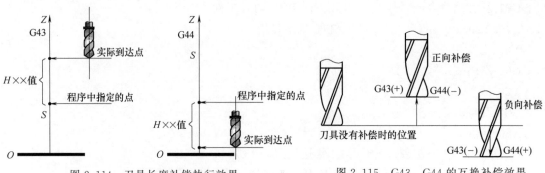

图 2.114　刀具长度补偿执行效果　　　　　图 2.115　G43、G44 的互换补偿效果

注意：无论是绝对坐标还是增量坐标编程，G43 指令都是将偏移量 *H* 值加到坐标值（绝对方式）或位移值（增量方式）上，G44 指令则是从坐标值（绝对方式）或位移值（增量方式）减去偏移量 *H* 值。

【例 2.35】 如图 2.116 所示，图中 A 为程序起点，加工路线为 ①→②…→⑨。刀具为 $\phi 10$ 的钻头，实际起始位置为 B 点，与编程的起点偏离了 3mm（相当于刀具长了 3mm），G43 指令进行补偿，按相对坐标编程，偏置量 3mm 存入 H01 的补偿号中。

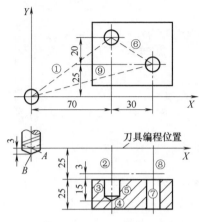

图 2.116 G43 编程实例

O0235；	程序名
N10 G91 G00 X70.Y45.；	增量移动到左侧孔中心，动作①，不需要建立工件坐标系，
N11 M03 S600；	主轴正转，转速 700r/min
N12 G43 Z−22.H01；	Z 向快速接近工件，建立刀具长度正向补偿，动作②
N13 G01 Z−18.F60 M08；	钻孔，开切削液，动作③
N14 G04 X2.；	孔底暂停 2 秒，动作④
N15 G00 Z18.；	快速抬刀，动作⑤
N16 X30.Y−20.；	定位到右侧孔中心，动作⑥
N17 G01 Z−33.；	钻孔，动作⑦
N18 G00 G49 Z55.M09；	快速抬刀，取消刀具长度补偿，动作⑧，关切削液
N19 X−100.Y−25.；	返回起到点，动作⑨
N20 M05；	停主轴
N21 M30；	程序结束并复位

2.5.5 刀具半径补偿功能

(1) 刀具半径补偿目的

数控机床在加工过程中，它所控制的是刀具中心轨迹，而为了方便（避免计算刀具中心轨迹）起见，用户可按零件图样上的轮廓尺寸编程，同时指定刀具半径和刀具中心偏离编程轮廓的方向。而在实际加工时，数控系统会控制刀具中心自动偏移零件轮廓一个半径值进行加工，如图 2.117 所示，这种偏移叫作刀具半径补偿。

(2) 刀具半径补偿的概念

当加工曲线轮廓时，对于有刀具半径补偿功能的数控系统，可不必求刀具中心的运动轨迹，只按被加工工件轮廓曲线编程，同时在程序中给出刀具半径的补偿指令，就可加工出具有轮廓曲线的零件，使编程工作大大简化。

ISO 标准规定，当刀具中心在编程轨迹前进方向的左侧时，称为左刀补。反之，当刀具中心处于轮廓前进方向的右侧时称为右刀补，如图 2.118 所示。

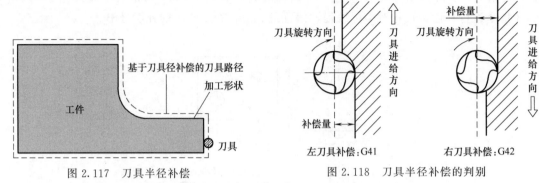

图 2.117　刀具半径补偿　　　　　　图 2.118　刀具半径补偿的判别

(3) 刀具半径补偿指令 G41、G42、G40

指令格式：G17 G41/G42 G00/G01 X ＿ Y ＿ D ＿；

　　　　　　G18 G41/G42 G00/G01 X ＿ Z ＿ D ＿；

　　　　　　G19 G41/G42 G00/G01 Y ＿ Z ＿ D ＿；

　　　　　　……

　　　　　　G40 G00/G01 X ＿ Y ＿/X ＿ Z ＿/Y ＿ Z ＿；

指令说明：

① 系统在所选择的平面 G17 到 G19 中以刀具半径补偿的方式进行加工，其中 G17 为系统默认值，可省略不写，一般的刀具半径补偿都是在 XY 平面上进行。

② G41 指定左刀补，G42 指定右刀补，G40 取消刀具半径补偿功能。它们都是模态代码，它们可以互相注销。

③ 刀具必须有相应的刀具补偿号 D 码（D00～D99）才有效，D 代码是模态码，指定后一直有效。

④ 改变刀补号或刀补方向时必须撤销原刀补，否则会重复刀补而出错。

⑤ 只有在线性插补时（G00、G01）才可以用 G41、G42 建立刀具半径补偿和使用 G40 取消刀具半径补偿。

⑥ 轮廓切削过程中，不能加刀补和撤销刀补，否则会造成轮廓的过切或少切，如图 2.119 所示。

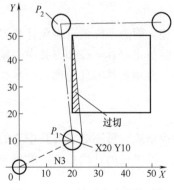

图 2.119　刀补不当造成的过切

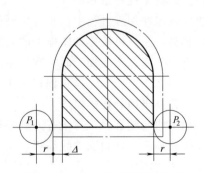

图 2.120　同一轮廓的粗精加工

⑦ 通过刀具半径补偿值的灵活设置,可以实现同一轮廓的粗精加工。如图 2.120 所示,铣刀半径为 r 单边精加工余量为 Δ,若将刀补值设为 $r+\Delta$,则为粗加工,而将刀补值设为 r,则为精加工。

注意: 如果偏移量使用正负号,则 G41 和 G42 可以互相取代。即 G41 的负值补偿=G42 的正值补偿,G42 的负值补偿=G41 的正值补偿。利用这一结论,可以对同一编程轮廓采用左刀补(或右刀补)正负值补偿,实现凸凹模加工,如图 2.121 所示。

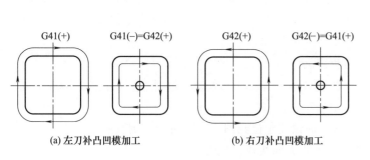

(a) 左刀补凸凹模加工　　　　　(b) 右刀补凸凹模加工

图 2.121　应用正负值补偿实现凸凹模加工

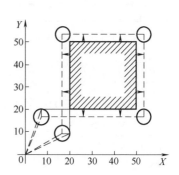

图 2.122　刀具半径补偿实例

【例 2.36】　刀具半径补偿编程。如图 2.122 所示,切削深度为 10mm,Z 向零点在工件上表面,刀补号为 D01。

O0236;	程序名
N11 G90 G17;	初始化
N12 G54 G00 X0 Y0 Z100.;	调用 G54 坐标系,刀具快速定位到编程原点上方 100mm 处
N13 M03 S800;	主轴正转,转速 800r/min
N14 G41 G00 X20. Y10. D01;	快速定位到(X20,Y10),建立刀具半径左补偿
N15 G01 Z-10. F50 M08;	下刀
N16 G01 Y50. F100;	直线插补,切向切入
N17 X50.;	
N18 Y20.;	
N19 X10.;	切向切出
N20 G00 Z10.;	快速抬刀
N21 G40 X0 Y0;	XY 面快速返回编程原点,取消刀具半径补偿
N22 M05;	主轴停
N23 M30;	程序结束并复位

(4) 刀具半径补偿指令的应用

【例 2.37】　轮廓编程实例。应用刀具半径补偿功能完成如图 2.123 所示零件凸台外轮廓精加工编程,毛坯为 70mm×50mm×20mm 长方块(其余面已经加工)。刀具为直径 10mm 的立铣刀,采用附加半圆的圆弧切入切出方式。走刀路线如图 2.124 所示,参考程序如下。

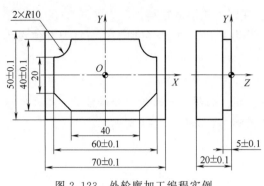

图 2.123 外轮廓加工编程实例

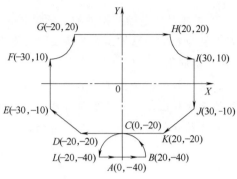

图 2.124 走刀路线

O0237；	程序名
N10 G54 G00 X0 Y0 Z100.；	调用 G54 坐标系,刀具快速定位到编程原点上方 100mm 处
N11 M03 S800；	主轴正转,转速 800r/min
N12 X0 Y−40.；	XY 面快速定位到图 2.124 所示半圆圆心
N13 G00 Z10.；	刀具 Z 方向快速接近工件
N14 G01 Z−5.F100；	Z 方向下刀,切入工件
N15 G41 G01 X20.；	建立刀具半径补偿,A→B
N16 G03 X0 Y−20.R20.；	圆弧切向切入 B→C
N17 G01 X−20.Y−20.；	直线插补 C→D
N18 X−30.Y−10.；	直线插补 D→E
N19 Y10.；	直线插补 E→F
N20 G03 X−20.Y20.R10.；	逆圆插补 F→G
N21 G01 X20.；	直线插补 G→H
N22 G03 X30.Y10.R10.；	逆圆插补 H→I
N23 G01 Y−10.；	直线插补 I→J
N24 X20.Y−20.；	直线插补 J→K
N25 X0；	直线插补 K→C
N26 G03 X−20.Y−40.R20.；	圆弧切向切出 C→L
N27 G40 G00 X0；	取消刀具半径补偿,L→A
N28 G00 Z100.；	
N29 X0 Y0；	
N30 M05；	主轴停
N31 M30；	程序结束并复位

2.5.6 孔加工固定循环

(1) 概述

数控加工中,某些加工动作循环已经典型化。例如,钻孔、镗孔的动作是孔位平面定位、快速引进、工作进给、快速退回等,这样一系列典型的加工动作已经预先编好程序,存储在内存中,可用包含 G 代码的一个程序段调用,从而简化编程工作。这种包含了典型动作循环的 G 代码称为循环指令。

通常固定循环由六个动作组成（如图 2.125 所示）：

① 在 X、Y 平面上定位；

② 快速运行到 R 平面；

③ 孔加工操作；

④ 暂停；

⑤ 返回到 R 平面；

⑥ 快速返回到起始点

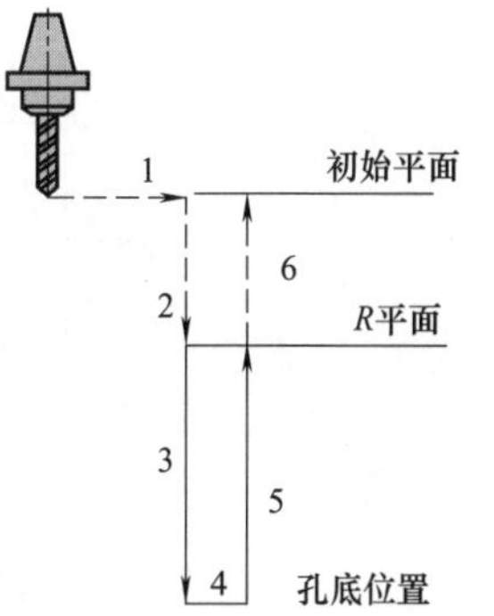

（2）编程格式

固定循环的程序格式包括数据形式、返回点位置、孔加工方式、孔位置数据、孔加工数据和循环次数，数据形式（G90 或 G91）在程序开始时就已指定（如图 2.126 所示），因此在固定循环程序格式中可不注出。

固定循环的程序格式如下：

G90（G91）G98（G99）（G73～G89）X ＿ Y ＿ Z ＿ R ＿ Q ＿ P ＿ F ＿ K ＿；

说明：G98 和 G99 决定加工结束后的返回位置，G98 为返回初始平面，G99 为返回 R 点平面，如图 2.127 所示；X、Y 为孔位数据，指被加工孔的位置；Z 为孔底平面相对于 R 点平面的 Z 向增量值（G91 时）或孔底坐标（G90 时）；R 为 R 点平面相对于初始点平面的 Z 向增量值（G91 时）或 R 点的坐标值（G90 时）；Q 在 G73 和 G83 中为每次切削的深度，在 G76 和 G87 中为偏移值，始终是增量值，用正值表示；P 指定刀具在孔底的暂停时间用整数表示，单位为 ms；F 为切削进给速度；K 为重复加工次数（1～6）。

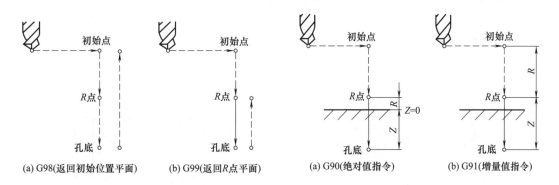

图 2.125　固定循环的组成

(a) G98(返回初始位置平面)　(b) G99(返回R点平面)

图 2.126　G90、G91 规定的 Z、R

(a) G90(绝对值指令)　(b) G91(增量值指令)

图 2.127　孔加工结束后的返回位置

（3）固定循环指令

① 简单钻孔循环指令 G81。

指令格式：G98（G99）X ＿ Y ＿ Z ＿ R ＿ F ＿ K ＿；

指令说明：G81 钻孔动作循环包括 X、Y 坐标定位、快进工进和快速返回等动作，该指令主要用于钻中心孔、通孔或螺纹孔。G81 指令动作循环见图 2.128。

【例 2.38】 如图 2.129 所示，编程原点在工件上表面中心，钻孔初始点距工件上表面 50mm，在距工件上表面 5mm 处（R 点）由快进转换为工进。用 G81 指令编程如下（注意重复次数 K 的使用）：

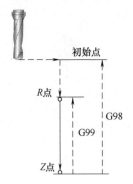

图 2.128 G81 固定循环

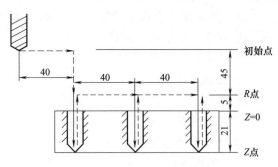

图 2.129 G81 指令编程实例

O0238；	程序名
G90 G40 G80 G49；	初始化
G54 G00 X0 Y0 Z100.；	调用 G54 坐标系，刀具快速定位到起始点
M03 S600；	主轴正转，转速 600r/min
Z50.；	快速下刀至钻孔初始平面
G91 G99 G81 X40.Z−26.R−45.K3 F60；	增量编程，将钻孔动作重复 3 次
G80 G90 G00 Z100.；	取消循环，绝对编程，快速抬刀
X0 Y0；	XY 面返回编程原点
M05；	停主轴
M30；	程序结束并复位

② 带停顿的钻孔（锪孔、镗孔）循环指令 G82。

指令格式：G98(G99) X ＿ Y ＿ Z ＿ R ＿ P ＿ F ＿ K ＿；

指令说明：G82 指令除了要在孔底暂停外，其他动作与 G81 相同。暂停时间由地址 P 给出。该指令主要用于扩孔、锪沉头孔或镗阶梯孔。G82 指令动作循环见图 2.130。

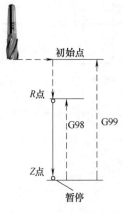

图 2.130 G82 固定循环

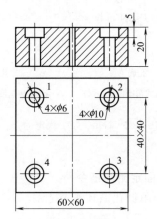

图 2.131 G82 编程实例

【例 2.39】 如图 2.131 所示，工件上 $\phi6$ 的通孔已加工完毕，需用锪孔刀加工 4 个直径为 $\phi10$、深度为 5mm 的沉头孔，试编写加工程序。编程原点在工件上表面中心，参考程序如下。

O0239；	程序名
G90 G40 G80 G49；	初始化

G54 G00 X0 Y0 Z100.;	调用 G54 坐标系,刀具快速定位到起始点
M03 S300;	主轴正转,转速 300r/min
Z20.	快速下刀至锪孔初始平面
G99 G82 X−20. Y20. Z−5. R5. P2000 F60;	锪孔循环,1 号孔,返回至 R 平面
X20.;	2 号孔,返回至 R 平面
Y−20.;	3 号孔,返回至 R 平面
G98 X−20.;	4 号孔,返回至初始平面
G80 G00 Z100.;	取消循环,快速抬刀
X0 Y0;	XY 面返回编程原点
M05;	停主轴
M30;	程序结束并复位

③ 高速啄式钻深孔循环指令 G73。

指令格式:G98(G99)G73 X __ Y __ Z __ R __ Q __ F __ K __;

指令说明:Q 为每次进给深度;每次退刀距离 d 由系统参数来设定。

G73 用于 Z 轴的间歇进给,使深孔加工时容易排屑,但每次不退出孔外,退刀距离短,所以孔的加工效率比 G83 高,但排屑和冷却效果没 G83 好。G73 指令动作循环见图 2.132。

④ 带排屑啄式钻深孔循环指令 G83。

指令格式:G98(G99)G83 X __ Y __ Z __ R __ Q __ F __ K __;

指令说明:Q 为每次进给深度;每次退刀后再次进给时,由快速进给转换为切削进给时距上次加工面的距离 d 由系统参数来设定。

G83 指令动作循环见图 2.133,与 G73 不同之处在于每次进刀后都返回安全平面高度处,即退出孔外,更有利于钻深孔时的排屑和钻头的冷却,但钻孔速度没 G73 快。

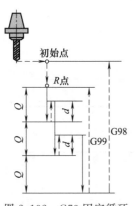

图 2.132 G73 固定循环

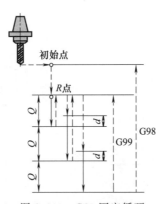

图 2.133 G83 固定循环

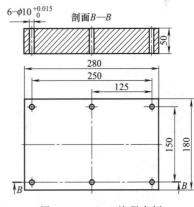

图 2.134 G73 编程实例

【例 2.40】 用 G73 指令钻削如图 2.134 所示的零件上的孔。由于孔有精度要求,所以钻孔时必须留有精加工余量,选刀具为直径 9.5mm 的麻花钻头。主轴转速为 600r/min,进给速度为 100mm/min。程序原点设在零件上表面中心。

O0240;	程序名
G90 G40 G80 G49;	初始化
G54 G00 X0 Y0 Z100.;	调用 G54 坐标系,刀具定位到起始点

M03 S600 M08;	主轴正转,切削液开
Z20.	快速下刀至钻孔初始平面
G99 G73 X−125. Y75. Z−60. R5. Q5. F100;	钻孔循环,第 1 个孔,返回至 R 平面
X0;	第 2 个孔,返回至 R 平面
X125.;	第 3 个孔,返回至 R 平面
X−125. Y−75.;	第 4 个孔,返回至 R 平面
X0;	第 5 个孔,返回至 R 平面
G98 X125.;	第 6 个孔,返回至初始平面
G80 G00 Z100.;	取消循环,快速抬刀
M05;	停主轴
M09;	关切削液
M30;	程序结束并复位

⑤ 攻螺纹循环指令 G74（左旋）和 G84（右旋）。

a. 反攻螺纹循环指令 G74。攻反螺纹时主轴反转,到孔底时主轴正转,然后退回。攻螺纹时速度倍率不起作用。使用进给保持时,在全部动作结束前也不停止。G74 指令动作循环见图 2.135。

指令格式:G98(G99)G74 X＿ Y＿ Z＿ R＿ F＿ K＿;

注意:攻螺纹时进给速度与主轴转速成严格的比例关系,其比例系数为螺纹的螺距,即:进给速度＝螺纹的螺距×主轴转速。编程时要根据主轴的转速计算出进给速度。

b. 攻螺纹循环指令 G84。

指令格式:G98(G99)G84 X＿ Y＿ Z＿ R＿ F＿ K＿;

图 2.136 为 G84 攻螺纹的动作循环图。从 R 点到 Z 点攻螺纹时,刀具正向进给,主轴正转。到孔底时,主轴反转,刀具以反向进给速度退出［这里的进给速度 F＝转速（r/min）×螺矩（mm）,R 应选在距工件表面7mm 以上的地方］。

G84 指令中进给倍率不起作用,进给保持只能在返回动作结束后执行。

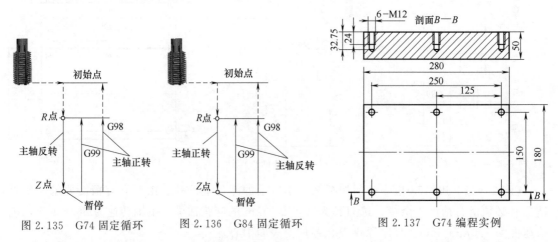

图 2.135　G74 固定循环　　图 2.136　G84 固定循环　　图 2.137　G74 编程实例

【例 2.41】　如图 2.137 所示的零件,孔已加工完毕,用 G74 指令攻螺纹,刀具为 M12 粗牙机用丝锥。主轴转速取为 100r/min,进给速度为 175mm/min。程序原点设在零件上表面中心处。

O0241；	程序名
N10 G90 G40 G80 G49；	初始化
N11 G54 G00 X0 Y0 Z100.；	调用 G54 坐标系,刀具定位到起始点
N14 Z20.	快速下刀至攻螺纹初始平面
N15 M04 S100 M08；	主轴反转,冷却液开
N16 G99 G74 X−125. Y75. Z−24. R5. P2000 F175；	攻螺纹循环,第 1 个孔,返回至 R 平面
N17 X0；	第 2 个孔,返回至 R 平面
N18 X125.；	第 3 个孔,返回至 R 平面
N19 X−125. Y−75.；	第 4 个孔,返回至 R 平面
N20 X0；	第 5 个孔,返回至 R 平面
N21 G98 X125.；	第 6 个孔,返回至初始平面
N22 G80 G00 Z100.；	取消循环,快速抬刀
N23 M05；	主轴停转
N24 M30；	程序结束并复位

⑥ 镗（铰）孔循环指令 G85。

指令格式：G98(G99)G85 X __ Y __ Z __ R __ F __ K __ ；

指令说明：该指令动作过程与 G81 指令相同，只是 G85 进刀和退刀都为工进速度，且回退时主轴不停转，G85 指令动作循环见图 2.138。由于 G85 循环的退刀动作是以进给速度退出的，因此可以用于铰孔。

⑦ 粗镗孔循环指令 G86。

指令格式：G98(G99)G86 X __ Y __ Z __ R __ F __ K __ ；

指令说明：此指令动作过程与 G85 相同，但在孔底时主轴停止，然后快速退回，如图 2.139 所示。

⑧ 镗阶梯孔循环指令 G89。

指令格式：G98(G99)G89 X __ Y __ Z __ R __ P __ F __ K __ ；

指令说明：此指令与 G85 指令基本相同，只是在孔底有暂停。G89 指令动作循环见图 2.140。

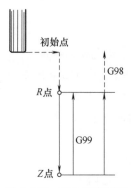

图 2.138　G85 固定循环

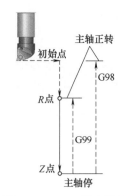

图 2.139　G86 固定循环

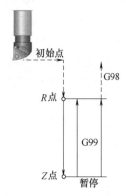

图 2.140　G89 固定循环

⑨ 镗孔循环指令（手动退刀）G88。

指令格式：G98(G99)G88X __ Y __ Z __ R __ P __ F __ K __ ；

指令说明：在孔底暂停，主轴停止后，转换为手动状态，即手动将刀具从孔中退出。到返回点平面后，主轴正转，再转入下一个程序段进行自动加工，如图 2.141 所示。

由于镗孔时手动退刀，所以不需主轴准停。

⑩ 精镗循环指令 G76。

指令格式：G98(G99)G76 X __ Y __ Z __ R __ Q __ P __ F __ K __；

指令说明：Q 为在孔底的偏移量，是在固定循环内保存的模态值，必须小心指定。

图 2.142 给出了 G76 指令的动作顺序。精镗时，主轴在孔底定向停止后，向刀尖反方向移动，然后快速退刀，退刀位置由 G98 或 G99 决定。这种带有让刀的退刀不会划伤已加工平面，保证了镗孔精度。刀尖反向偏移量用地址 Q 指定，其值只能为正值。Q 值是模态的，位移方向由 MDI 设定，可为 $\pm X$，$\pm Y$ 中的任一个。

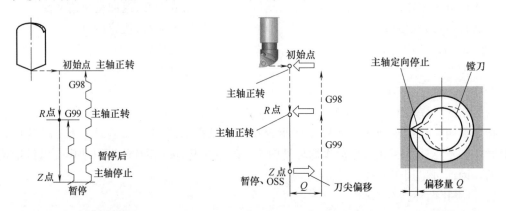

图 2.141 G88 固定循环   图 2.142 G76 固定循环及刀尖反向偏移

【例 2.42】 精镗如图 2.143 所示零件上的孔内表面，设零件材料为中碳钢，刀具材料为硬质合金。设程序原点在零件的上表面中心。参考程序如下：

O0242	程序名
N11 G90 G80 G49 G40；	初始化
N12 G54 G00 X0 Y0 Z100.；	G54 坐标系，刀具定位到起始点
N13 M03 S800；	主轴正转
N14 M08；	冷却液开
N15 Z20.；	快速下刀至镗孔初始平面
N16 G99 G76 X−130. Y75. Z−55. R5. Q3. P2000 F60；	精镗循环，镗孔 1，返回至 R 平面
N17 X0.；	镗孔 2，返回 R 平面
N18 X130.；	镗孔 3，返回 R 平面
N19 Y−75.；	镗孔 4，返回 R 平面
N20 X0.；	镗孔 5，返回 R 平面
N21 G98 X−130.；	镗孔 6，返回初始平面
N22 G80 G00 Z100.；	取消循环，快速抬刀
N23 M05；	主轴停转
N24 M30；	程序结束并复位

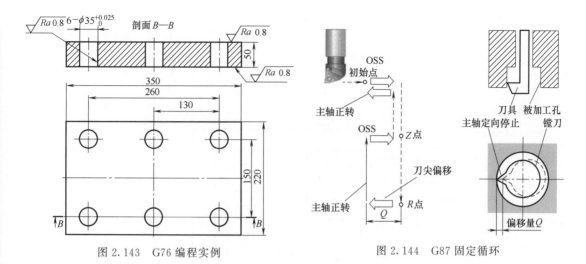

图 2.143 G76 编程实例   图 2.144 G87 固定循环

⑪ 反镗循环指令 G87。

指令格式：G98 G87 X __ Y __ Z __ R __ Q __ P __ F __ K __；

指令说明：G87 指令用于精密镗孔，参数意义同 G76 指令。

G87 指令动作循环见图 2.144。其动作过程为：在 X、Y 面上定位；主轴定向停止；在 $X(Y)$ 方向向刀尖的反方向移动 Q 值；定位到 R 点（孔底）；在 $X(Y)$ 方向向刀尖的方向移动 Q 值；主轴正转；在 Z 轴正方向上加工至 Z 点；主轴定向停止；在 $X(Y)$ 方向向刀尖的反方向移动 Q 值；返回到初始点（只能用 G98）；在 $X(Y)$ 方向向刀尖的方向移动 Q 值；主轴正转。

注意：①在固定循环中，定位速度由前面的指令决定。②各固定循环指令均为非模态值，因此每句指令的各项参数应写全。③固定循环中定位方式取决于上次是 G00 还是 G01，因此如果希望快速定位，则在上一行或本语句开头加 G00。

⑫ 取消固定循环 G80。

该指令能取消所有固定循环，同时 R 点和 Z 点也被取消。

使用固定循环时应注意以下几点：

a. 在固定循环指令前应使用 M03 或 M04 指令使主轴回转；

b. 在固定循环程序段中，X、Y、Z、R 数据应至少指令一个才能进行孔加工；

c. 在使用控制主轴回转的固定循环（G74、G84、G86）中，如果连续加工一些孔间距比较小或者初始平面到 R 点平面的距离比较短的孔时，会出现在进入孔的切削动作前时主轴还没有达到正常转速的情况，遇到这种情况时应在各孔的加工动作之间插入 G04 指令以获得足够的时间；

d. 当用 G00～G03 指令注销固定循环时，若 G00～G03 指令和固定循环出现在同一程序段，按后出现的指令运行；

e. 在固定循环程序段中，如果指定了 M，则在最初定位时送出 M 信号，等待 M 信号完成，才能进行孔加工循环。

2.5.7 子程序

数控铣床及加工中心子程序的编程格式及调用格式和前面讲的数控车床的完全一样，这里不再详述，只举例来说明。

【例 2.43】 加工图 2.145 所示零件上的 4 个相同尺寸的长方形槽，槽深 2mm，槽宽 10mm，未注圆角 $R5$。刀具为 $\phi10$mm 键槽铣刀，用子程序功能编程（不考虑刀具半径补偿）。

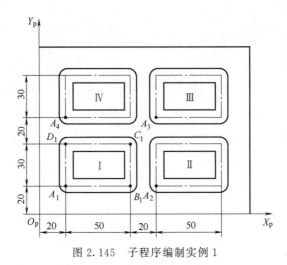

图 2.145 子程序编制实例 1

参考程序如下：

O0243;	主程序名
N09 G17 G40 G80 G90;	初始化
N10 G54 G00 X0 Y0 Z100.;	调用 G54 坐标系,刀具快速定位到 Z100
N11 M03 S800;	主轴正转,转速 800r/min
N13 G00 X20.0 Y20.0;	XY 面快速定位到 A_1 点
N14 Z2.0;	快速接近工件至上方 2mm 处
N15 M98 P0002;	调用 2 号子程序,完成槽 I 加工
N16 G90 G00 X90.0;	快速移动到 A_2 点上方 2mm 处
N17 M98 P0002;	调用 2 号子程序,完成槽 II 加工
N18 G90 G00 Y70.0;	快速移动到 A_3 点上方 2mm 处
N19 M98 P0002;	调用 2 号子程序,完成槽 III 加工
N20 G90 G00 X20.0;	快速移动到 A_4 点上方 2mm 处
N21 M98 P0002;	调用 2 号子程序,完成槽 IV 加工
N22 G90 G00 X0 Y0;	回到工件原点
N23 Z10.0;	
N24 M05;	主轴停
N25 M30;	主程序结束并复位
O0002;	子程序名
N10 G91 G01 Z−4.0 F100;	刀具 Z 向工进 4mm(切深 2mm)
N20 X50.0;	$A \rightarrow B$
N30 Y30.0;	$B \rightarrow C$
N40 X−50.0;	$C \rightarrow D$

N50 Y－30.0;	$D{\to}A$
N60 G00 Z4.0;	Z 向快退 4mm
N70 M99;	子程序结束,返回主程序

2.5.8　简化编程

(1) 镜像指令

镜像功能可以实现坐标轴的对称加工。

指令格式：G17/G18/G19 G51.1 X ＿ Y ＿ Z ＿;

　　　　　 M98 P ＿;

　　　　　 G50.1;

指令说明：G51.1 为建立镜像功能，G50.1 为取消镜像功能。G17、G18、G19 选择镜像平面，X、Y、Z 指定镜像的对称轴或中心，立式数控铣床通常是在 X、Y 面上镜像，所以 G17 和 Z 均可省略。P 指定镜像加工所调用的子程序号。

注意：①使用镜像功能后，G02 和 G03，G42 和 G41 指令互换；②在可编程镜像方式中，与返回参考点有关指令和改变坐标系指令（G54～G59）等有关代码不许指定。

如图 2.146 所示，（1）为原刀路径，执行 G51.1 X50，以 $X=50$ 为对称轴镜像加工，得到路径（2）；执行 G51.1 Y50，以 $Y=50$ 为对称轴镜像加工，得到路径（4）；执行 G51.1 X50 Y50，以点（50，50）为对称中心镜像加工，得到路径（3）。

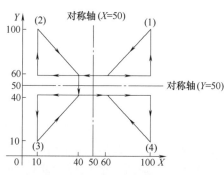

图 2.146　镜像指令功能示意

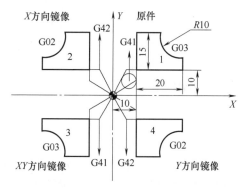

图 2.147　镜像指令编程实例

【**例 2.44**】　使用镜像功能编制如图 2.147 所示轮廓的加工程序，编程坐标系如图所示，切削深度 5mm。刀具为 ϕ10 的 3 刃高速钢立铣刀，参考程序如下。

O0244;	主程序
G54 G90 G00 X0 Y0 Z100.;	调用 G54 坐标系,绝对值编程,刀具快速定位到起始点
M03 S800;	主轴正转,转速 800r/min
Z5.;	刀具快速接近工件
M98 P1000;	加工①
G51.1 X0;	Y 轴镜像,镜像位置为 $X=0$
M98 P1000;	加工②
G51.1 X0 Y0;	X 轴、Y 轴(原点)镜像,镜像位置为(0,0)
M98 P1000;	加工③

G50.1 X0；　　　　　　　　　　　取消 Y 轴镜像

G51.1 Y0；　　　　　　　　　　　X 轴镜像，镜像位置为 Y＝0

M98 P1000；　　　　　　　　　　加工④

G50.1 Y0；　　　　　　　　　　　取消 X 轴镜像

G00 Z100.；　　　　　　　　　　快速抬刀

M05；　　　　　　　　　　　　　主轴停转

M30；　　　　　　　　　　　　　主程序结束并复位

O1000；　　　　　　　　　　　　子程序

G41 G00 X10. Y4. D01；　　　　快速定位,建立刀具半径补偿

G01 Z－5. F100；　　　　　　　　下刀

Y25.；

X20.；

G03 X30. Y15. R10.；

G01 Y10.；

X4.；

G00 Z5.

G40 X0 Y0；　　　　　　　　　　取消刀具半径补偿

M99；　　　　　　　　　　　　　子程序结束

（2）比例缩放指令（G50、G51）

①各轴以相同的比例放大或缩小。

指令格式：G51 X ＿ Y ＿ Z ＿ P ＿；

　　　　　　M98 P ＿；

　　　　　　G50；

指令说明：G51 为比例缩放功能生效，G50 为取消比例缩放。X、Y、Z 指定缩放中心，G51 后的 P 指定缩放比例系数，最小输入量为 0.001，比例系数范围为 0.001～999.999。如果比例系数 P 未在程序段中指定，则使用参数 No.5411 设定的比例，如果省略 X、Y 和 Z，则 G51 指令的刀具位置作为缩放中心。M98 后的 P 指定缩放加工所调用的子程序号。

如图 2.148 所示，以 P_0 为缩放中心，将矩形 $P_1P_2P_3P_4$ 沿 X、Y 轴以相同比例缩放 0.5 倍，得到矩形 $P_1'P_2'P_3'P_4'$。

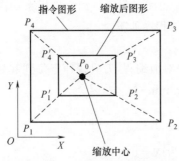

图 2.148　各轴以相同比例缩放　　　　　　图 2.149　各轴以不同比例缩放

② 各轴以不同比例放大或缩小。

指令格式：G51 X ＿ Y ＿ Z ＿ I ＿ J ＿ K ＿；

M98 P ＿；

G50；

指令说明：I、J、K 分别为 X、Y、Z 轴对应的比例缩放系数，在 ±0.001～±9.999 范围内。FANUC 0i 系统设定 I、J、K 不能带小数点，比例为 1 时，应输入 1000，并在程序中都应输入，不能省略。

如图 2.149 所示，以 O 为缩放中心，X、Y 轴的缩放比例系数分别为 b/a、d/c。

注意：①G51 需在单独程序段指定，比例缩放之后必须用 G50 取消；②在使用 G51 时，当不指定 P 而是用参数设定指定比例系数时，其他任何指令不能改变这个值；③比例缩放对刀具偏置值无效。

【例 2.45】　如图 2.150 所示零件，设零件材料为铝合金，零件已经过粗加工。刀具为 $\phi10$ 的 3 刃高速钢立铣刀，选择主轴转速为 800r/min，进给速度为 100mm/min，刀具长度补偿值为 H01＝3mm，刀具沿顺时针路线进给。

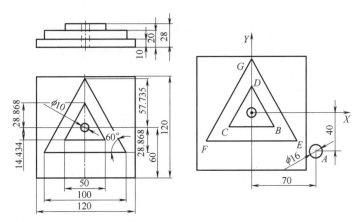

图 2.150　缩放指令编程实例

中间层三角形凸台尺寸是顶层三角形尺寸的 2 倍，因此，本例先编制顶层三角形程序，在加工中间层三角形时用顶层程序放大 2 倍。

设工件坐标系原点在零件中间，起刀点坐标为（70，－40），加工顶层三角形的走刀路线为 A→B→C→D→B→A 程序如下，加工中间层三角形的走刀路线为 A→E→F→G→E→A，BCD 三点的坐标分别为 B（25，－14.434）、C（－25，－14.434）、D（0，28.868）。参考程序如下。

O0245；	主程序
N10 G90 G40 G49；	初始化
N11 G00 G54 X70.Y－40.；	调用 G54 坐标系，快速移动到起刀点
N12 G91 G28 Z0	Z 轴返回参考点
N13 T01 M06；	换 1 号刀
N14 M03 S800；	主轴正转，转速 800r/min
N15 G43 H01 G00 Z5.；	快速接近至 Z5 处，建立刀具长度补偿
N16 Z－8.M08；	下刀，开切削液
N17 M98 P1000；	调用小三角形子程序
N18 G00 Z－18.；	下刀，准备切下一层三角形

N19 G51 X0 Y0 P2	利用缩放功能放大 2 倍
N20 M98 P1000；	调用小三角形子程序
N21 G50；	取消缩放
N22 G00 Z100.；	抬刀
N23 M30；	主程序结束,关切削液,停主轴
O1000；	子程序
N11 G41 G01 X25. Y-14.434 F100；	左刀补,$A \to B$
N12 X-25.；	$B \to C$
N13 X0 Y28.868；	$C \to D$
N14 X25. Y-14.434；	$D \to B$
N15 G40 G00 X70. Y-40.	$B \to A$,取消刀补
N16 M99；	子程序结束,返回主程序

（3）旋转指令

旋转指令的功能是把编程位置（轮廓）旋转某一角度。具体功能：①可以将编程形状旋转某一指定的角度。②如果工件的形状由许多相同的轮廓单元组成,且分布在由单元图形旋转便可达到的位置上,则可将图形单元编子程序,然后用主程序通过旋转指令旋转图形单元,可以得到工件整体形状。

指令格式：G17/G18/G19 G68 X ＿ Y ＿ Z ＿ R ＿；
　　　　　M98 P ＿；
　　　　　G69；

指令说明：G68 为建立坐标系旋转,G69 为取消坐标系旋转。G17、G18、G19 选择旋转平面,X、Y、Z 指定旋转中心,立式数控铣床通常是在 X、Y 面上旋转,所以 G17 和 Z 均可省略。R 指定旋转角度,以度为单位,一般逆时针旋转角度为正。P 指定旋转加工所调用的子程序号。

注意：①坐标系旋转 G 代码（G68）的程序段之前要指定平面选择代码（G17、G18 或 G19）,平面选择代码不能在坐标系旋转方式中指定。②当 X、Y 省略时,G68 指令认为当前的刀具位置即为旋转中心。③若程序中未编 R 值。则参数 5410 中的值被认为是角度位移值。④取消坐标旋转方式的 G 代码（G69）可以指定在其他指令的程序段中。

【例 2.46】 图 2.151 中有四个形状完全相同的槽,用坐标旋转指令完成程序编制。XY 面的编程原点在工件中心,Z 轴原点在工件上表面,刀具为 $\phi 20$ 的键槽铣刀,刀具长度补偿值为 $H01=-3mm$。参考程序如下。

O0246；	
G54 G90 G00 X0 Y0 Z100.；	调用 G54 坐标系,绝对值编程,刀具快速定位到起始点
M03 S800；	主轴正转,转速 800r/min
G43 H01 Z10.；	快速接近至 Z10 处,建立刀具长度补偿
X20. Y20.	快速定位至 $X20$、$Y20$ 处
M98 P1000；	加工右上角轮廓
G00 X-20. Y20.；	快速定位至 $X-20$、$Y20$ 处
G68 X0 Y0 R90	以坐标原点为旋转中心,旋转 90°

M98 P1000；	加工左上角轮廓
G69；	取消旋转
G00 X−20. Y−20. ；	快速定位至 X−20、Y−20 处
G68 X0 Y0 R180. ；	以坐标原点为旋转中心，旋转 180°
M98 P1000；	加工左下角轮廓
G69；	取消旋转
G00 X20. Y−20. ；	快速定位至 X20、Y−20 处
G68 X20. Y−20. R270；	以坐标原点为旋转中心，旋转 270°
M98 P1000；	加工右下角轮廓
G69；	取消旋转
G49 G00 Z100. ；	快速抬刀，取消刀具长度补偿
M05；	主轴停转
M30；	主程序结束并复位
O1000；	子程序
G01 Z−5. F60；	下刀至 Z−5 处
G91 G01 X14. 14. Y14. 14 F100；	X、Y 向分别增量移动 14.14mm
G90 G01 Z5. ；	抬刀至 Z5 处
M99；	子程序结束

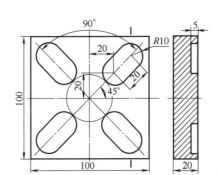

图 2.151　旋转编程实例

2.5.9　宏程序

宏指令编程的基本知识已在车削编程部分讲述，这里不再赘述，只举具体实例。

(1) 球面加工

其编程思想为以若干个不等半径的整圆代替曲面。

【例 2.47】　平刀加工凸半球。已知凸半球的半径 R，刀具半径 r，建立如图 2.152 所示几何模型，数学变量表达式为：

$\sharp 1 = \theta = 0$（$0° \sim 90°$，设定初始值 $\sharp 1 = 0$）

$\sharp 2 = X = R * SIN[\sharp 1] + r$（刀具中心坐标）

$\sharp 3 = Z = R − R * COS[\sharp 1]$

编程时以圆球的顶面为 Z 向原点，参考程序如下。

O0247；	程序名
M03 S800；	主轴正转,转速 800r/min
G90 G54 G00 X0 Y0 Z100.；	绝对坐标编程,调用 G54 坐标系,刀具快速定位到起始点
G00 Z3.；	Z 向快速下刀
♯1＝0；	定义角度变量♯1,初值为 0°
WHILE[♯1LE90]DO1；	设定循环条件
♯2＝R＊SIN[♯1]＋r；	刀具动点的 X 坐标值(几何坐标系中)
♯3＝R－R＊COS[♯1]；	刀具动点的 Z 坐标值(几何坐标系中)
G01 X♯2 Y0 F100；	随着角度变化,刀具在 XY 面上不断偏移
G01 Z－♯3 F60；	刀具在 Z 方向不断下刀
G02 X♯2 Y0 I－♯2 J0 F100；	XY 面上圆弧插补
♯1＝♯1＋1；	角度变量递增
END1；	循环结束
G00 Z100.；	快速抬刀
M05；	主轴停转
M30；	程序结束并复位

注意：当加工的球形的角度为非半球时，可以通过调整♯1，也就是 θ 角变化范围来改变程序。

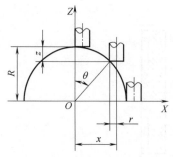

图 2.152　平刀加工凸球程序编制实例

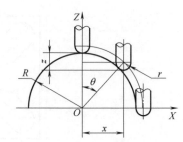

图 2.153　球刀加工凸程序编制实例

【例 2.48】 球刀加工凸半球。已知凸半球的半径 R，刀具半径 r，建立如图 2.153 所示几何模型，设定变量表达式

♯1＝θ＝0 (0°～90°,设定初始值♯1＝0)

♯2＝X＝[R＋r]＊SIN[♯1](刀具中心坐标)

♯3＝Z＝R－[R＋r]＊COS[♯1]＋r＝[R＋r]＊[1－COS[♯1]]

编程时以圆球的顶面为 Z 向原点，参考程序如下。

O0248；	程序名
M03 S800；	主轴正转,转速 800r/min
G90 G54 G00 X 0 Y0Z100.；	绝对坐标编程,调用 G54 坐标系,刀具快速定位到起始点
Z3.；	Z 向快速下刀
♯1＝0；	定义角度变量♯1,初值为 0°
WHILE[♯1LE90]DO1；	设定循环条件
♯2＝[R＋r]＊SIN[♯1]；	刀具动点的 X 坐标值(几何坐标系中)

#3＝[R＋r]＊[1－COS[#1]];	刀具动点的 *Z* 坐标值(几何坐标系中)
G01 X#2 Y0 F100;	随着角度变化,刀具在 *XY* 面上不断偏移
G01 Z－#3 F60;	刀具在 *Z* 方向不断下刀
G02 X#2 Y0 I－#2 J0 F100;	*XY* 面上圆弧插补
#1＝#1+1;	角度变量递增
END1;	循环结束
G00 Z100.;	快速抬刀
M05;	主轴停转
M30;	程序结束并复位

2.6　华中世纪星 HNC-21/22M 编程指令简介

华中世纪星 HNC-21M 系统大部分编程指令的格式、含义与 FANUC 0i 系统一样,这里只介绍不同的部分。

2.6.1　HNC-21M 的基本编程指令

(1) 局部坐标设定指令 G52

指令格式:G52 X__ Y__ Z__ A__ B__ C__ U__ V__ W__

指令说明:①X、Y、Z、A、B、C、U、V、W 为局部坐标系原点在工件坐标系中的坐标值。G52 指令能在所有的工件坐标系(G54～G59)内形成子坐标系,即设定局部坐标系。含有 G52 指令的程序段中,绝对值方式(G90)编程的移动指令就是在该局部坐标系中的坐标值。即使设定了局部坐标系,工件坐标系和机床坐标系也不变化。②G52 指令仅在其被规定的程序段中有效。③在缩放及坐标系旋转状态下,不能使用 G52 指令,但在 G52 下能进行缩放及坐标系旋转。

(2) 脉冲当量输入指令 G22

G22 指令用来指定坐标轴的尺寸字以脉冲当量的形式输入,与 G20、G21 一样,都属于坐标尺寸选择指令。如果在程序中使用了 G22,则坐标字的尺寸或进给速度的单位以脉冲当量来度量。

(3) 单方向定位指令 G60

指令格式:G60 X__ Y__ Z__ A__ B__ C__ U__ V__ W__

指令说明:X、Y、Z、A、B、C、U、V、W 为定位终点,在 G90 时为终点在工件坐标系中的坐标;在 G91 时为终点相对于起点的位移量。

在单向定位时,每一轴的定位方向是由机床参数确定的。在 G60 中,先以 G00 速度快速定位到一中间点,然后以一固定速度移动到定位终点。中间点与定位终点的距离(偏移值)是一常量,由机床参数设定,且从中间点到定位终点的方向即为定位方向。

G60 指令仅在其被规定的程序段中有效。

(4) 暂停功能指令 G04

指令格式:G04 P__

指令说明:P 为暂停时间,单位为 s。

G04 在前一程序段的进给速度降到零之后才开始暂停动作，在执行含 G04 指令的程序段时，先执行暂停功能。

G04 为非模态指令，仅在其被规定的程序段中有效。

【例 2.49】 编制图 2.154 所示零件的钻孔加工程序。

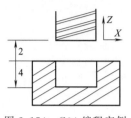

图 2.154　G04 编程实例

%0249

G54 G00 X0 Y0 Z10

M03 S500

G01 Z−4 F100

G04 P5

G00 Z10 M05 M30

G04 可使刀具作短暂停留，以获得圆整而光滑的表面。如对不通孔作深度控制时，在刀具进给到规定深度后，用暂停指令使刀具作非进给光整切削，然后退刀，保证孔底平整 。

(5) 准停检验指令 G09

指令格式：G09

指令说明：一个包括 G09 的程序段，在继续执行下个程序段前，准确停止在本程序段的终点。该功能能用于加工尖锐的棱角。

G09 为非模态指令，仅在其被规定的程序段中有效。

(6) 段间过渡方式指令 G61、G64

指令格式：G64/G61

指令说明：G61 为精确停止检验；G64 为连续切削方式。

在 G61 后的各程序段编程轴都要准确停止在程序段的终点，然后再继续执行下一程序段。

在 G64 之后的各程序段，编程轴刚开始减速时（未到达所编程的终点）就开始执行下一程序段，但在定位指令（G00，G60）或有准停校验（G09）的程序段中，以及在不含运动指令的程序段中，进给速度仍减速到零，才执行定位校验。

G61 方式的编程轮廓与实际轮廓相符。G61 与 G09 的区别在于 G61 为模态指令。G64 方式的编程轮廓与实际轮廓不同，其不同程度取决于 F 值的大小及两路径间的夹角，F 越大其区别越大。

G61、G64 为模态指令，可相互注销，G64 为缺省值。

【例 2.50】 编制如图 2.155 所示轮廓的加工程序，要求编程轮廓与实际轮廓相符。

%0250	程序名
G54 G00 X0 Y0 Z100	调用 G54 坐标系,刀具定位到起始点
M03 S800	S800 主轴正转,转速 800r/min
G91 G00 Z−10	增量编程,快速下刀
G41 X50 Y20 D01	快速定位,建立刀具半径左补偿
G01 G61 Y80 F100	直线插补,精确停止检验
X100	
…	

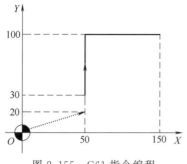

图 2.155　G61 指令编程

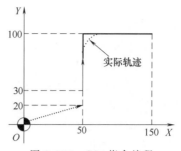

图 2.156　G64 指令编程

【例 2.51】　编制如图 2.156 所示轮廓的加工程序，要求程序段间不停顿。

%0251	程序名
G54 G00 X0 Y0 Z100	调用 G54 坐标系，刀具定位到起始点
M03 S800	S800 主轴正转，转速 800r/min
G91 G00 Z－10	增量编程，快速下刀
G41 X50 Y20 D01	快速定位，建立刀具半径左补偿
G01 G64 Y80 F100	直线插补，连续切削（程序段间不停顿）
X100	
...	

2.6.2　固定循环功能

(1) 概述

HNC-21/22M 系统固定循环功能的编程格式和前面述及的 FANUC 0i 系统的基本一样，这里只重点说明与其不同的部分。

HNC-21/22M 系统固定循环的程序格式如下：

G98(G99)(G73~G88)X ＿ Y ＿ Z ＿ R ＿ Q ＿ P ＿ I ＿ J ＿ K ＿ F ＿ L ＿

说明：G98 和 G99 决定加工结束后的返回位置，G98 为返回初始平面，G99 为返回 R 点平面；X、Y 为孔位数据，指被加工孔的位置；Z 为 R 点到孔底的距离（G91 时）或孔底坐标（G90 时）；R 为初始点到 R 点的距离（G91 时）或 R 点的坐标值（G90 时）；Q 指定每次进给深度（G73 或 G83 时），是增量值，Q＜0；K 指定每次退刀量（G73 或 G83 时），K＞0；I、J 指定刀尖向反方向的移动量（负值，分别在 X、Y 轴向上）；P 指定刀具在孔底的暂停时间；F 为切削进给速度；L 指定固定循环的次数。

(2) 固定循环指令

① 高速深孔加工循环指令 G73 和深孔加工循环指令 G83。

a. 高速深孔加工循环指令 G73。

指令格式：G98(G99)G73 X ＿ Y ＿ Z ＿ R ＿ Q ＿ P ＿ K ＿ F ＿ L ＿

指令说明：Q 为每次进给深度（负值）；K 为每次退刀距离（正值）。

注意：Z、K、Q 移动量均为零时，该指令不执行。

b. 深孔加工循环指令 G83。

指令格式：G98(G99)G83 X ＿ Y ＿ Z ＿ R ＿ Q ＿ P ＿ K ＿ F ＿ L ＿

指令说明：Q 为每次进给深度（负值）；K 为每次退刀后再次进给时，由快速进给转换为切削进给时距上次加工面的距离（正值）。

② 钻孔循环指令 G81 和 G82。

a. 一般钻孔循环指令 G81。

指令格式：G98(G99)G81 X＿Y＿Z＿R＿F＿L＿

b. 带停顿的钻孔循环指令 G82。

指令格式：G98(G99)G82 X＿Y＿Z＿R＿P＿F＿L＿

③ 攻螺纹循环指令 G74（左旋）和 G84（右旋）

a. 反攻螺纹循环指令 G74。

攻反螺纹时主轴反转，到孔底时主轴正转，然后退回。攻螺纹时速度倍率不起作用。使用进给保持时，在全部动作结束前也不停止。

指令格式：G98(G99)G74 X＿Y＿Z＿R＿P＿F＿L＿

b. 攻螺纹循环指令 G84。

指令格式：G98(G99)G84 X＿Y＿Z＿R＿P＿F＿L＿

G84 指令中进给倍率不起作用，进给保持只能在返回动作结束后执行。

④ 镗孔循环指令 G85、G86 和 G89。

a. 镗孔（铰孔）循环指令 G85。

指令格式：G98(G99)G85 X＿Y＿Z＿R＿F＿L＿

b. 粗镗孔循环指令 G86。

指令格式：G98(G99)G86 X＿Y＿Z＿R＿F＿L＿

c. 镗阶梯孔循环指令 G89。

指令格式：G98(G99)G89 X＿Y＿Z＿R＿P＿F＿L＿

⑤ 镗孔循环（手动退刀）指令 G88。

指令格式：G98(G99)G88 X＿Y＿Z＿R＿P＿F＿L＿

注意：以上指令与 FANUC 0i 系统的差别是参数形式不一样，循环指令及循环功能的执行过程都是一样的，所以以上只给出了 HNC-21/22M 系统的指令格式，具体的循环过程及注意事项可参考前面所讲的。

⑥ 精镗循环指令 G76。

指令格式：G98(G99)G76 X＿Y＿Z＿R＿P＿I(J)＿F＿L＿

指令说明：I 为 X 轴刀尖反向位移量；J 为 Y 轴刀尖反向位移量。

图 2.157 给出了 G76 指令的循环动作及刀尖反向偏移示意。

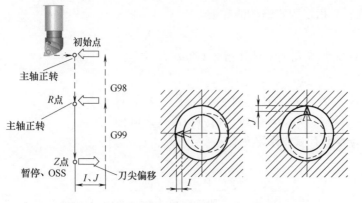

图 2.157　G76 固定循环动作及刀尖反向偏移

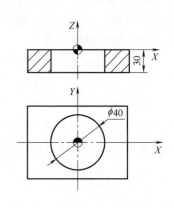

图 2.158　G76 指令编制精镗加工程序

【例 2.52】　使用 G76 指令编制如图 2.158 所示精镗加工程序。刀具起点为（0，0，100），循环起点为（0，0，20），安全高度为 5mm。

%0252	程序名
G54 G00 X0 Y0 Z100	调用 G54 坐标系，刀具定位到起始点
M03 S600 S1200	主轴正转，转速 1200r/min
G00 Z20	快速下刀至镗孔初始平面
G99 G76 R5 P2 I－5 Z－35 F60	精镗孔循环
G80 G00 Z100	取消循环，快速抬刀
M05	主轴停转
M30	程序结束并复位

⑦ 反镗循环指令 G87。

指令格式：G98 G87 X __ Y __ Z __ R __ P __ I __ J __ F __ L __

指令说明：I 为 X 轴刀尖反向位移量；J 为 Y 轴刀尖反向位移量。

G87 指令动作循环见图 2.159，其动作过程为：在 X、Y 面上定位；主轴定向停止；在 X(Y) 方向向刀尖的反方向移动 I(J) 值；定位到 R 点（孔底）；在 X(Y) 方向向刀尖的方向移动 I(J) 值；主轴正转；在 Z 轴正方向上加工至 Z 点；主轴定向停止；在 X(Y) 方向向刀尖的反方向移动 I(J) 值；返回到初始点（只能用 G98）；在 X(Y) 方向向刀尖的方向移动 I(J) 值；主轴正转。

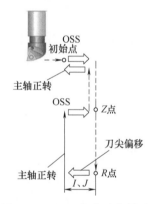

图 2.159　G87 指令动作循环

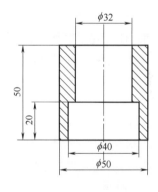

图 2.160　G87 编程实例

【例 2.53】　使用 G87 指令编制如图 2.160 所示阶梯孔加工程序。设编程原点在工件上表面中心。

%0253	程序名
G54 G00 X0 Y0 Z100	调用 G54 坐标系，刀具定位到起始点
M03 S800	主轴正转，转速 1200r/min
Z20	快速下刀至镗孔初始平面
G98 G87 Z－30 R－50 I－5 P2 F60	反镗孔循环
G80 G00 Z100	取消循环，快速抬刀
M05	主轴停转
M30	程序结束并复位

2.6.3 子程序及简化编程指令

(1) 子程序调用指令 M98 及从子程序返回指令 M99

M98 用来调用子程序；M99 表示子程序结束，执行 M99，使控制返回到主程序。

① 子程序的结构。

%××××

……

M99

在子程序开头必须规定子程序号，以作为调用入口地址，在子程序的结尾用 M99，以控制执行完该子程序后返回主程序。

② 调用子程序的格式。

指令格式：M98 P＿ L＿

指令说明：P 为被调用的子程序号；L 为重复调用次数。

(2) 镜像功能指令 G24、G25

当工件（或某部分）具有相对于某一轴对称的形状时，可以利用镜像功能和子程序的方法，简化编程。镜像指令能将数控加工刀具轨迹沿某坐标轴作镜像变换而形成对称零件的刀具轨迹。对称轴可以是 X 轴、Y 轴 或 X、Y 轴（即原点对称）。

指令格式：G24 X＿ Y＿ Z＿

     M98 P＿

     G25 X＿ Y＿ Z＿

指令说明：G24 建立镜像，由指令坐标轴后的坐标值指定镜像位置；G25 指令用于取消镜像；G24、G25 为模态指令，可相互注销，G25 为缺省值。

有刀补时，先镜像，然后进行刀具长度补偿、半径补偿。当某一轴的镜像有效时，该轴执行与编程方向相反的运动。

(3) 缩放功能指令 G50、G51

使用 G51 指令可用一个程序加工出形状相同、尺寸不同的工件。

指令格式：G51 X＿ Y＿ Z＿ P＿

     M98 P＿

     G50

指令说明：G51 中的 X、Y、Z 给出缩放中心的坐标值，P 后跟缩放倍数。G51 既可指定平面缩放，也可指定空间缩放。用 G51 指定缩放开，G50 指定缩放关。有刀补时，先缩放，然后进行刀具长度补偿、半径补偿。

在 G51 后，运动指令的坐标值以 (X, Y, Z) 为缩放中心，按 P 规定的缩放比例进行计算。G51、G50 为模态指令，可相互注销，G50 为缺省值。

(4) 旋转变换功能指令 G68、G69

该指令可使编程图形按照指定旋转中心及旋转方向旋转一定角度。通常和子程序一起使用，加工旋转到一定位置的重复程序段。

指令格式：G68 X＿ Y＿ Z＿ P＿

     M98 P＿

     G69

指令说明：$(X，Y，Z)$ 是由 G17、G18 或 G19 定义的旋转中心，P 为旋转角度，单位是（°），$0 \leqslant P \leqslant 360°$。G68 为坐标旋转功能，G69 为取消坐标旋转功能。G68、G69 为模态指令，可相互注销，G69 为缺省值。

在有刀具补偿的情况下，先进行坐标旋转，然后才进行刀具半径补偿、长度补偿。在有缩放功能的情况下，先缩放后旋转。

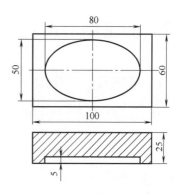

图 2.161 椭圆型腔编程实例

2.6.4 宏指令编程

华中系统宏程序的有关内容已在前面介绍，这里只举例说明 HNC-21/22M 系统如何使用宏程序编程。

【例 2.54】 椭圆的宏程序编制。如图 2.161 所示，毛坯为 $100 \times 60 \times 25$，加工椭圆型腔，其长半轴为 40mm，短半轴为 25mm，编制其粗精加工程序。刀具为 $\phi 10$ 的键槽铣刀，编程原点在工件表面中心，参考程序如下。

程序	说明
％0254	主程序
G90 G54 G00 X0 Y0 Z100	绝对坐标编程,调用 G54 坐标系,刀具快速定位到起始点
M03 S800	主轴正转,转速 800r/min
G00 Z10	刀具快速接近工件
G01 Z-5 F60	下刀
D01 M98 P1000	第一次刀补去余量(D01＝23)
D02 M98 P1000	第二次刀补去余量(D01＝14)
D03 M98 P1000	第三次刀补去余量(D01＝6)
D04 M98 P1000	第三次刀补(D01＝5),精加工
G00 Z100	快速抬刀
X0 Y0	XY 面返回编程原点
M05	主轴停转
M30	主程序结束并复位
％1000	子程序
G41 G01 X40 Y0	建立刀具半径补偿
＃1＝0	定义椭圆离心角 θ 为自变量,初值为 0°
WHILE ＃1 LE 360	设置循环条件
G01 X[＃3] Y[＃4] F100	直线插补,逼近椭圆
＃3＝40＊COS[＃1＊PI/180]	刀具动点的 X 坐标(华中系统需要转换为弧度,下同)
＃4＝20＊SIN[＃1＊PI/180]	刀具动点的 Y 坐标
＃1＝＃1＋1	自变量递增
ENDW	循环结束
G40 G01 X0	
M99	子程序结束

2.7 加工中心编程

2.7.1 多把刀长度补偿

如图 2.162 所示，图中有三把长度不一样的刀具，为了避免加工时对每把刀分别对刀，选 2 号刀为标刀，1 号刀比标刀短 10mm，3 号刀比标刀长 10mm。实际加工时，只需用 2 号标刀进行对刀，1 号刀和 3 号刀分别相对于 2 号刀加长度补偿即可。具体的补偿指令和编程格式和与单把刀的完全一样，这里不再赘述。如果用三把刀加工同一个孔，则采用绝对和增量方式编制的程序分别见图 2.162 的右侧 [补偿值均为 10mm（正值）]。

这样通过多把刀的长度补偿，可以用长度不同的刀具来执行同一程序，而不需要根据刀具长度分别编程程序，从而编程人员在编程时就可以不考虑刀具的实际长度。

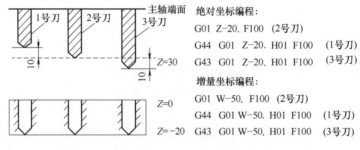

图 2.162 刀具长度补偿实例

2.7.2 刀具的选择与交换

① 刀具的选择。刀具的选择是指把刀库上指令了刀号的刀具转到换刀的位置，为下次换刀做好准备。这一动作的实现，是通过选刀指令——T 功能指令实现的。T 功能指令用 T×× 表示。若刀库装刀总容量为 24 把，编程时，可用 T01～T24 来指令 24 把刀具。在刀库刀具排满时，如果再在主轴上装一把刀，则刀具总数可以增加到 25 把，即 T00～T24。此外，也可以把 T00 作为空刀定义。

② 换刀点。一般立式加工中心规定换刀点的位置在 Z 轴机床零点处，即加工中心规定了固定的换刀点（定点换刀），主轴只有走到这一位置，换刀机构才能执行换刀动作。

③ 刀具交换。刀具交换是指刀库上位于换刀位置的刀具与主轴上的刀具进行自动交换。这一动作的实现是通过换刀指令 M06 实现的。

指令格式：T×× M06

例如，T01 M06 则是将当前主轴刀具更换为刀库 1 号位置刀具。

M06 为非模态后作用 M 功能。

注意：在执行 M06 指令前，一定要用 G28 指令让机床返回参考点（对大多数加工中心来说也即换刀点），这样才能保证换刀动作的可靠性。否则，换刀动作可能无法完成。

各把刀的长度可能不一样，换刀时一定要考虑刀具的长度补偿，以免发生撞刀或危及人身安全的事故。图 2.162 所示三把刀换刀的参考程序如下。

……

N10 G91 G28 Z0 M05；	Z 轴回到参考点（换刀位置），停主轴
N20 T02 M06；	换 2 号刀到主轴，其为标刀，不需加补偿
……	2 号刀的加工程序
N50 G91 G28 Z0 M05；	Z 轴回到参考点（换刀位置）
N60 T03 M06；	换 3 号刀到主轴，其比标刀长 10mm
N70 M03 S600；	启动主轴正转，转速为 600r/min
N80 G90 G43 G00 Z50. H03；	刀具快速移动到工件表面以上 50mm 处（Z 轴原点在工件上表面），加长度正向补偿（补偿值为正，补偿号为 H03）
……	3 号刀的加工程序
N100 G49 G91 G28 Z0 M05；	Z 轴回到参考点（换刀位置），取消 3 号刀的刀补
N110 T01 M06；	换 1 号刀到主轴，其比标刀短 10mm
N130 M03 S600；	启动主轴正转，转速为 600r/min
N140 G90 G44 G00 Z50. H01；	刀具快速移动到工件表面以上 50mm 处，加长度负向补偿（补偿值为正，补偿号为 H01）
……	1 号刀的加工程序

训练题

2.1　数控加工编程的主要内容有哪些？

2.2　何谓绝对坐标与增量坐标？

2.3　什么是"字地址程序段格式"，为什么现在数控系统常用这种格式？

2.4　数控加工工艺分析包括哪些内容？

2.5　数控加工工序的划分有几种方式？

2.6　数控加工切削用量的选择原则是什么？它们与哪些因素有关？应如何进行确定？

2.7　确定数控加工路线的一般原则是什么？

2.8　环切法和行切法各有何特点？分别适用于什么场合？

2.9　什么是数控编程的数值计算？什么是基点？

2.10　G 代码表示什么功能？M 代码表示什么功能？

2.11　什么是模态 G 代码？什么是非模态 G 代码？

2.12　在恒线速度控制车削过程中，为什么要限制主轴的最高转速？

2.13　多重复合循环指令（G71、G72、G73）能否实现圆弧插补循环？各指令适合于加工哪类毛坯？

2.14　为什么要进行刀尖圆弧半径补偿？请写出刀尖圆弧半径补偿的编程指令格式。

2.15　刀具长度补偿有什么作用？何谓正向补偿？何谓负向补偿？

2.16　钻孔循环指令 G73 和 G83 有什么区别？

2.17　精镗孔循环指令 G76 在退刀前为什么要进行刀尖反向偏移，在 FANUC 0i 系统和 HNC-21/22M 系统中分别如何实现?

2.18　什么是宏程序? 宏程序有哪些特点?

2.19　什么叫赋值? 请举例说明。

2.20　以 FNAUC 0i 系统为例, 请分别写出关于 X、Y 轴镜像的编程指令。

2.21　使用镜像功能时, 所调用子程序中的刀具半径补偿会不会发生变化? 如何变化?

2.22　请写出华中 HNC-21/22M 系统的缩放编程格式, 并说明各参数的具体含义。

2.23　请写出 FNAUC 0i 系统的旋转编程格式, 并说明各参数的具体含义。

2.24　根据零件特征, 请选择合适的单一固定循环指令, 分别按 FANUC 0i 及 HNC-21/22T 系统程格式, 完成图 2.163、2.164、2.165 所示零件车削编程。毛坯分别为 $\phi27\times80mm$、$\phi60\times50mm$、$\phi62\times60mm$, 所用刀具均为 T01 (93 度外圆车刀)。

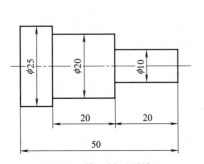 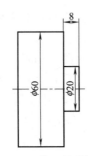 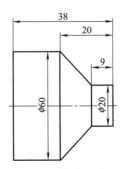

图 2.163　单一循环训练 1　　　图 2.164　单一循环训练 2　　　图 2.165　单一循环训练 3

2.25　根据零件特征, 分别用多重复合循环指令 G71、G72、G73 及 G70 按 FANUC 0i 系统编程格式完成图 2.166、2.167、2.168 所示零件外轮廓车削编程 (粗、精加工)。毛坯分别为 $\phi35mm\times80mm$、$\phi45mm\times50mm$、$\phi30mm\times100mm$, 所用刀具均为 T01 (93 度外圆车刀, 其中加工图 2.168 零件的车刀副偏角要大, 以避免干涉)。

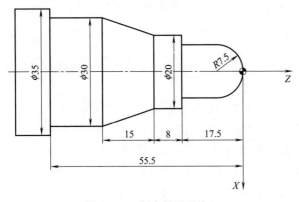 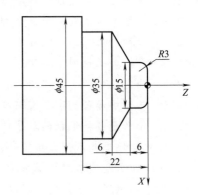

图 2.166　复合循环训练 1　　　　　　图 2.167　复合循环训练 2

2.26　用 G71 指令按 HNC-21/22T 系统编程格式完成图 2.169 所示零件内轮廓车削编程。加工前钻出直径为 $\phi26mm$ 的毛坯孔, 所用刀具为 T01 (93 度内孔镗刀)。

2.27　完成图 2.170 所示零件车削编程, 注明所用数控系统。毛坯为 $\phi40mm\times90mm$。所用刀具为 T01 (93 度外圆车刀)、T02 (4mm 宽切槽切断刀)、T03 (60 度螺纹刀)。

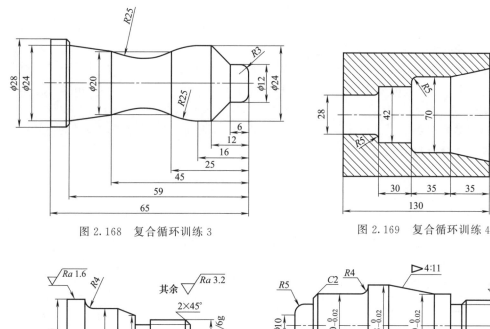

图 2.168　复合循环训练 3

图 2.169　复合循环训练 4

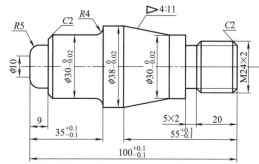

图 2.170　车床综合编程训练 1

图 2.171　车床综合编程训练 2

2.28　完成图 2.171 所示零件车削编程（需调头加工），注明所用数控系统。毛坯为 $\phi40\times102$mm。所用刀具为 T01（93° 外圆车刀）、T02（4mm 宽切槽切断刀）、T03（60° 螺纹刀）。

2.29　完成图 2.172 所示零件内轮廓车削编程，注明所用数控系统。加工前钻出直径为 $\phi18$mm 的毛坯孔。所用刀具为 T01（93° 内孔镗刀）、T02（3mm 宽内切槽刀）、T03（60° 内螺纹刀）。

2.30　按 HNC-21/22T 系统编程格式，完成图 2.173 所示零件椭圆轮廓的粗精加工编程，粗加工用 G71 指令，毛坯为 $\phi52$mm$\times90$mm。

2.31　编写如图 2.174 所示字母槽的加工程序。字槽深为 2mm，字槽宽为 5mm。编程原点在工件左下角，刀具为 $\phi5$mm 的键槽铣刀。

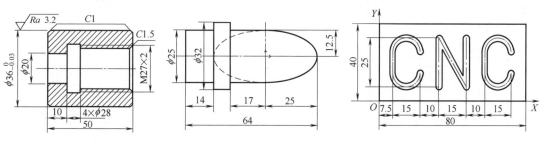

图 2.172　车床综合编程训练 3　　图 2.173　车床宏程序编程训练　　图 2.174　字母槽铣削训练

2.32　编写如图 2.175 所示零件外轮廓的精加工程序。使用刀具半径补偿，按顺时针路线走刀，刀具为 ϕ10mm 的立铣刀。主轴转速 800r/min，下刀进给速度 60mm/min，切削进给速度 100mm/min。

2.33　编写如图 2.176 所示零件内轮廓的精加工程序。使用刀具半径补偿，按顺时针路线走刀，刀具为 ϕ10mm 的立铣刀。主轴转速 800r/min，下刀进给速度 60mm/min，切削进给速度 100mm/min。

2.34　编写如图 2.177 所示轮廓槽的加工程序。毛坯分别如图所示，刀具为 ϕ10mm 的键槽铣刀，选择合适的切削参数。

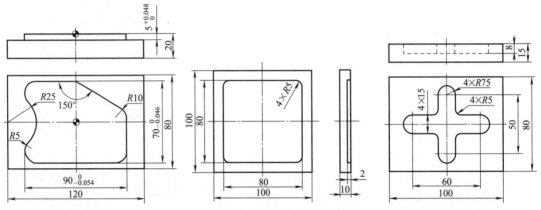

图 2.175　外轮廓精加工编程训练　　图 2.176　内轮廓精加工编程训练　　图 2.177　轮廓槽编程训练

2.35　编写如图 2.178 所示零件的加工程序。毛坯尺寸为 80mm×80mm×18mm，刀具为 ϕ10mm 的带中心刃立铣刀，选择合适的切削参数。

2.36　编写如图 2.179 所示零件的加工程序。毛坯尺寸为 100mm×100mm×23mm，所用刀具为 ϕ10mm 的带中心刃立铣刀、ϕ10mm 的钻头，选择合适的切削参数。

2.37　使用镜像功能，完成图 2.180 所示零件的加工编程。

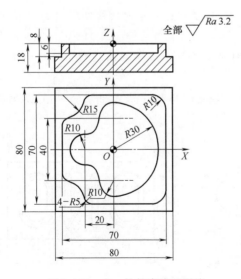

图 2.178　内、外轮廓编程训练

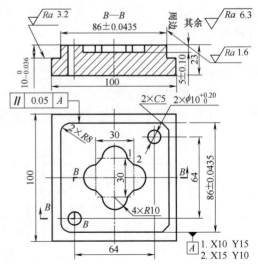

图 2.179　铣床综合编程训练

2.38　使用缩放功能，编制如图 2.181 所示零件的加工程序，上面的三角形台可由下面的三角形台缩放得到，缩放中心如图所示，缩放系数为 0.5。

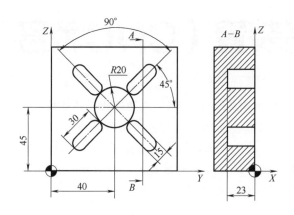

图 2.180　镜像编程训练

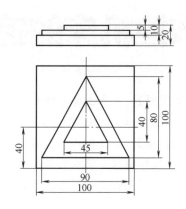

图 2.181　缩放编程训练

2.39　使用旋转功能，编制如图 2.182 所示槽的加工程序。

2.40　使用宏程序功能，编制如图 2.183 所示椭圆台的加工程序。

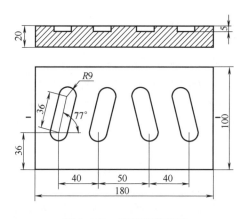

图 2.182　旋转编程训练

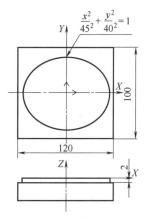

图 2.183　宏程序编程训练

第3章
数控机床的控制装置（CNC装置）

【知识提要】 本章主要介绍 CNC 系统的基本概念及组成，CNC 装置的软、硬件结构，CNC 装置的 I/O 接口，数控系统的插补原理，数控机床用 PLC 的特点及功能等内容。

【学习目标】 通过本章内容的学习，学习者应对计算机数控系统有全面认识，对 CNC 装置的软、硬件结构有深入理解，对数控系统的插补原理有全面掌握，对数控机床用 PLC 的特点及功能有全面了解，最后掌握 CNC 装置的工作过程及原理。

3.1 CNC 系统的基本构成

3.1.1 CNC 系统的概念及基本组成

计算机数控系统（简称 CNC 系统）是在硬件数控的基础上发展起来的，它用一台计算机代替先前的数控装置所完成的功能。所以，它是一种包含有计算机在内的数字控制系统，根据计算机存储的控制程序执行部分或全部数控功能。依照 EIA 所属的数控标准化委员会的定义，CNC 系统是用一个存储程序的计算机，按照存储在计算机内的控制程序去执行数控装置的一部分或全部功能，对机床运动进行实时控制的系统。在计算机之外的唯一装置是接口。目前在计算机数控系统中所用的计算机已不再是小型计算机，而是微型计算机，用微机控制的系统称为 MNC 系统，亦统称为 CNC 系统。

计算机数控系统由程序、输入/输出装置、计算机数字控制装置（CNC 装置）、可编程控制器（PLC）、主轴驱动装置和进给驱动装置等组成，如图 3.1 所示。CNC 装置的核心是CNC 装置，由于使用了计算机，系统具有了软件功能，又用 PLC 代替了传统的机床电器逻辑控制装置，使系统更小巧，其灵活性、通用性、可靠性更好，易于实现复杂的数控功能，使用、维护也方便，并具有与上位机连接及进行远程通信的功能。

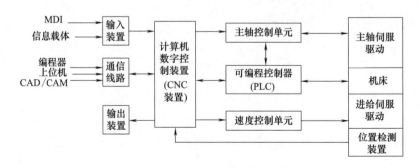

图 3.1 计算机数控系统组成

3.1.2 CNC 装置的组成及其工作过程

CNC 装置是由软件和硬件组成的，软件在硬件的支持下工作，二者缺一不可。CNC 装置的硬件除具有一般计算机所具有的微处理器、存储器、输入输出接口外，还具有数控机床所要求的专用接口和部件，即位置控制器、主轴控制器、纸带阅读机接口、MDI（手动数据输入）接口和显示器接口以及其他和 CNC 装置连接的外部设备的接口，也就是说，CNC 装置是一种专用计算机。

CNC 装置的软件是为了实现 CNC 装置各项功能而编制的专用软件，称为系统软件。在系统软件的控制下，CNC 装置对输入的零件加工程序自动进行处理并发出相应的控制命令。系统软件由管理软件和控制软件组成。管理软件完成零件加工程序的输入和输出、I/O 处理、系统的显示和诊断等功能；控制软件完成从译码、刀具补偿、速度处理到插补运算和位置控制等实时性要求比较高的工作。

CNC 装置的硬件为软件的运行提供支持环境。在信息处理方面，软件与硬件在逻辑上是等价的，即硬件能完成的功能从理论上讲也可以由软件来完成。但硬件和软件在实现这些功能时各有不同的特点，硬件处理速度快，但灵活性差，实现复杂控制的功能困难。软件设计灵活，适应性强，但处理速度相对较慢。如何合理确定软硬件的功能分配是 CNC 装置结构设计的重要任务。

CNC 装置中软、硬件的分配比例是由性能价格比决定的。这也在很大程度上涉及到软、硬件的发展水平。一般说来，软件结构首先要受到硬件的限制，软件结构也有独立性。对于相同的硬件结构，可以配备不同的软件结构。实际上，现代 CNC 装置中软、硬件界面并不是固定不变的，而是随着软、硬件的水平和成本，以及 CNC 装置所具有的性能不同而发生变化。图 3.2 给出了不同时期和不同产品中的三种典型的 CNC 装置软、硬件界面。

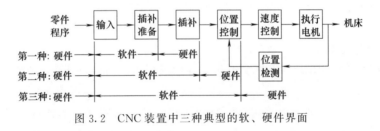

图 3.2 CNC 装置中三种典型的软、硬件界面

3.1.3 CNC 装置的特点及可执行的功能

(1) CNC 装置的特点

计算机数控系统的核心是 CNC 装置，它不同于以前的 NC 装置。NC 装置由各种逻辑元件、记忆元件等组成数字逻辑电路，由硬件来实现数控功能，是固定接线的硬件结构。CNC 装置采用专用计算机，由软件来实现部分或全部数控功能，具有良好的"柔性"，容易通过改变软件来更改或扩展其功能。CNC 装置由硬件和软件组成，软件在硬件的支持下运行，离开软件硬件便无法工作，两者缺一不可。CNC 装置具有如下优点：

① 灵活性大。这是 CNC 装置的突出优点。对于传统的 NC 系统，一旦提供了某些控制功能，就不能被改变，除非改变相应的硬件。而对于 CNC 装置，只要改变相应的控制程序就可以补充和开发新的功能，并不必制造新的硬件。CNC 装置能够随着制造业的发展而发

展，也能适应将来改变工艺的要求。在 CNC 设备安装之后，新的技术还可以补充到系统中去，这便可以完善和扩展系统的功能。因此，CNC 装置具有很大的灵活性，也叫"柔性"。

② 通用性强。在 CNC 装置中，硬件系统采用模块结构，依靠软件变化来满足被控设备的各种不同要求。采用标准化接口电路，给机床制造厂和数控用户带来了许多方便。于是，用一种 CNC 装置就可能满足大部分数控机床（包括车床、铣床、加工中心、钻镗床等）的要求，还能满足某些别的设备应用。当用户要求某些特殊功能时，仅仅是改变某些软件而已。由于在工厂中使用同一类型的控制系统，培训和学习也十分方便。

③ 可靠性高。在 CNC 装置中，加工程序常常是一次送入计算机存储器内，避免了在加工过程中由于纸带输入机的故障而产生的停机现象（普通数控装置的故障有一半以上发生在逐段光电输入时）。同时，由于许多功能都由软件实现，硬件系统所需元器件数目大为减少，整个系统的可靠性大大改善，特别是随着大规模集成电路和超大规模集成电路的采用，系统可靠性更为提高。据美国第 13 届 NCS 年会的统计，世界上数控系统平均无故障时间是：硬线 NC 系统为 136h，小型计算机 CNC 装置为 984h，而微处理机 CNC 装置已达 23000h。

④ 易于实现许多复杂的功能。CNC 装置可以利用计算机的高度计算能力，实现一些高级的复杂的数控功能。刀具偏移、公英制转换、固定循环等都能用适当的软件程序予以实现；复杂的插补功能，例如抛物线插补、螺旋线插补等也能用软件方法来解决；可在加工过程中进行刀具补偿计算；大量的辅助功能都可以被编程；子程序概念的引入，大大简化了程序编制。

⑤ 使用维修方便。CNC 装置的一个显著特点是有一套诊断程序，当数控系统出现故障时，能显示出故障信息，使操作和维修人员能了解故障部位，减少了维修的停机时间。另外，还可以备有数控软件检查程序，防止输入非法数控程序或语句，这就给编程带来许多方便。有的 CNC 装置还有对话编程、蓝图编程，使程序编制简便，不需很高水平的专业编程人员。零件程序编好后，可显示程序，甚至通过程序校验，将刀具轨迹显示出来，检验程序是否正确。

(2) CNC 装置的功能

CNC 装置的功能是指满足用户操作和装备控制要求的方法和手段。CNC 装置的主要功能有：

① 控制功能。CNC 装置能控制的轴数和能同时控制（联动）的轴数是其主要性能指标之一。控制轴有移动轴和回转轴，有基本轴和附加轴。通过轴的联动可以完成轮廓轨迹的加工。数控车床只需二轴控制，二轴联动；数控铣床需要三轴控制、三轴联动或两轴半联动；加工中心为多轴控制，三轴联动。控制轴数越多，特别是同时控制的轴数越多，要求 CNC 装置的功能就越强，同时 CNC 装置也就越复杂，编制程序也越困难。

② 准备功能。准备功能也称 G 指令代码，它用来指定机床的运动方式，包括基本移动、平面选择、坐标设定、刀具补偿、固定循环等功能。对于点位式的加工机床，如钻床、冲床等，需要点位移动控制系统。对于轮廓控制的加工机床，如车床、铣床、加工中心等，需要控制系统有两个或两个以上的进给坐标联动功能。

③ 插补功能。CNC 装置是通过软件插补来实现刀具运动轨迹控制的。由于轮廓控制的实时性很强，软件插补的计算速度难以满足数控机床对进给速度和分辨率的要求，同时由于 CNC 不断扩展其他方面的功能也要求减少插补计算所占用的 CPU 时间。因此，CNC 的插补功能实际上被分为粗插补和精插补，插补软件把编程轮廓按插补周期分割为若干小段称为

粗插补，伺服系统根据粗插补的结果，将小线段密化成单个脉冲当量输出称为精插补。精插补一般由硬件实现。

④ 进给功能。根据加工工艺要求，CNC 装置用 F 指令代码直接指定数控机床加工的进给速度。

a. 切削进给速度　以每分钟进给的毫米数指定刀具的进给速度，如 100mm/min。对于回转轴，表示每分钟进给的角度。

b. 同步进给速度　以主轴每转进给的毫米数指定的进给速度，如 0.02mm/r。只有主轴上装有位置编码器的数控机床才能指定同步进给速度，用于切削螺纹的编程。

c. 进给倍率设定　操作面板上设置了进给倍率开关，倍率可以从 0～200％之间变化，不同规格的机床，倍率的每挡间隔是不一样的。使用倍率开关不用修改程序就可以改变进给速度，并可以在试切零件时随时改变进给速度或在发生意外时随时停止进给。

⑤ 主轴功能。主轴功能就是指定主轴转速的功能。

a. 恒线速度控制功能。该功能指定刀具的切削速度恒定，目的是为了达到恒定的切削效率。

b. 主轴定向准停功能。该功能使主轴在径向的某一位置准确停止，有自动换刀功能的机床必须选取有这一功能的 CNC 装置。

⑥ 辅助功能。辅助功能用来指定主轴的启、停和转向，切削液的开和关，刀库的启和停等，一般是开关量的控制，它用 M 代码指定。各种型号的数控装置具有的辅助功能差别很大，而且有许多是自定义的。

⑦ 刀具功能。刀具功能用来选择所需的刀具，可使刀具或刀库回转换取所需刀具。

⑧ 补偿功能。补偿功能是通过输入到 CNC 装置存储器的补偿量，根据编程轨迹重新计算刀具的运动轨迹和坐标尺寸，从而加工出符合要求的工件。补偿功能主要有以下种类：

a. 刀具的尺寸补偿。如刀具长度补偿、刀具半径补偿和刀尖圆弧半径补偿。这些功能可以补偿刀具磨损以及加工中心多把刀换刀时的长度差异，从而简化编程。

b. 丝杠的螺距误差补偿和反向间隙补偿。事先检测出丝杠螺距误差和反向间隙，并输入到 CNC 装置中，在实际加工中进行补偿，从而提高数控机床的加工精度。

⑨ 字符、图形显示功能。CNC 控制器可以配置单色或彩色 CRT 或 LCD，通过软件和硬件接口实现字符和图形的显示。通常可以显示程序、参数、各种补偿量、坐标位置、故障信息、人机对话编程菜单、零件图形及刀具实际移动轨迹的坐标等。

⑩ 自诊断功能。为了防止故障的发生或在发生故障后可以迅速查明故障的类型和部位，以减少停机时间，CNC 装置中设置了各种诊断程序。不同的 CNC 装置设置的诊断程序是不同的，诊断的水平也不同。诊断程序一般可以包含在系统程序中，在系统运行过程中进行检查和诊断；也可以作为服务性程序，在系统运行前或故障停机后进行诊断，查找故障的部位；有的 CNC 可以进行远程通信诊断。

⑪ 通信功能。为了适应柔性制造系统（FMS）和计算机集成制造系统（CIMS）的需求，CNC 装置通常具有 RS232C 通信接口，有的还备有 DNC 接口，也有的 CNC 还可以通过制造自动化协议（MAP）接入工厂的通信网络。

⑫ 人机交互图形编程功能。为了进一步提高数控机床的编程效率，对于 NC 程序的编制，特别是较为复杂零件的 NC 程序都要通过计算机辅助编程，尤其是利用图形进行自动编程，以提高编程效率。因此，对于现代 CNC 装置来说，一般要求具有人机交互图形编程功

能。有这种功能的 CNC 装置可以根据零件图直接编制程序，即编程人员只需送入图样上简单表示的几何尺寸就能自动地计算出全部交点、切点和圆心坐标，生成加工程序。有的 CNC 装置可根据引导图和显示说明进行对话式编程，并具有自动工序选择、刀具和切削条件的自动选择等智能功能。有的 CNC 装置还备有用户宏程序功能（如日本 FANUC 系统）。这些功能有助于那些未受过 CNC 编程专门训练的机械工人能够很快地进行程序编制工作。

3.2 CNC 装置的硬件结构

3.2.1 CNC 装置的硬件构成特点

随着大规模集成电路技术和表面安装技术的发展，CNC 装置硬件模块及安装方式也在不断改进。

从 CNC 装置的总体安装结构看，有整体式结构和分体式结构两种。

所谓整体式结构是把 CRT 和 MDI 面板、操作面板以及功能模块板组成的电路板等安装在同一机箱内。这种方式的优点是结构紧凑，便于安装，但有时可能造成某些信号连线过长。分体式结构通常把 CRT 和 MDI 面板、操作面板等做成一个部件，而把功能模块组成的电路板安装在一个机箱内，两者之间用导线或光纤连接。许多 CNC 机床把操作面板也单独作为一个部件，这是由于所控制机床的要求不同，操作面板相应地要改变，做成分体式的有利于更换和安装。CNC 操作面板在机床上的安装形式有吊挂式、床头式、控制柜式、控制台式等多种。

从组成 CNC 装置的电路板的结构特点来看，有两种常见的结构，即大板式结构和模块化结构。

大板式结构的特点是，一个系统一般都有一块大板，称为主板。主板上装有主 CPU 和各轴的位置控制电路等。其他相关的子板（完成一定功能的电路板），如 ROM 板、零件程序存储器板和 PLC 板都直接插在主板上面，组成 CNC 系统的核心部分。由此可见，大板式结构紧凑，体积小，可靠性高，价格低，有很高的性能/价格比，也便于机床的一体化设计。大板结构虽有上述优点，但它的硬件功能不易变动，不利于组织生产。

另外一种柔性比较高的结构就是总线模块化的开放系统结构，其特点是将微处理机、存储器、输入输出控制分别做成插件板（称为硬件模块），甚至将微处理机、存储器、输入输出控制组成独立于微计算机的硬件模块，相应的软件也是模块结构，固化在硬件模块中。硬软件模块形成一个特定的功能单元，称为功能模块。功能模块间有明确定义的接口，接口是固定的，称为工厂标准或工业标准，彼此可以进行信息交换。于是可以积木式组成 CNC 装置，使设计简单，有良好的适应性和扩展性，试制周期短，调整维护方便，效率高。

从 CNC 装置使用的微机及结构来分，CNC 装置的硬件结构一般分为单微处理机和多微处理机结构两大类。

初期的 CNC 装置和现有一些经济型 CNC 装置采用单微处理机结构。而多微处理机结构可以满足数控机床高进给速度、高加工精度和实现许多复杂功能的要求，也适应于并入 FMS 和 CIMS 运行的需要，从而得到了迅速的发展，它反映了当今数控系统的新水平。

3.2.2 CNC 装置的典型硬件结构

(1) 单微处理器结构

单微处理器结构 CNC 装置一般是专用型的，其硬件由系统制造厂家专门设计、制造，不具备通用性。这种结构中，只有一个微处理器，以集中控制、分时处理系统的各个任务。某些 CNC 装置虽然有两个以上的微处理器，但其中只有一个微处理器能够控制系统总线，占有总线资源，而其他微处理器只作为专用控制部件，不能控制系统总路线，不能访问主存储器，它们组成主从结构。如图 3.3 所示为单微处理器结构框图。

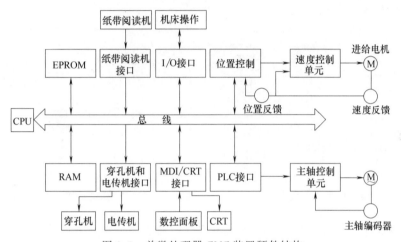

图 3.3　单微处理器 CNC 装置硬件结构

单 CPU 结构 CNC 装置的特点是：CNC 的所有功能都是通过一个 CPU 进行集中控制、分时处理来实现的；该 CPU 通过总线与存储器、I/O 控制元件等各种接口电路相连，构成 CNC 的硬件；结构简单，易于实现；由于只有一个 CPU 的控制，功能受字长、数据宽度、寻址能力和运算速度等因素的限制。

(2) 多微处理器结构

多 CPU 结构 CNC 装置是指在 CNC 装置中有两个或两个以上的 CPU 能控制系统总线或主存储器进行工作的系统结构。该结构有紧耦合和松耦合两种形式。紧耦合是指两个或两个以上的 CPU 构成的处理部件之间相关性强，有集中的操作系统，能够共享资源。松耦合是指两个或两个以上的 CPU 构成的功能模块之间相关性弱或具有相对的独立性，有多重操作系统实现并行处理。

现代的 CNC 装置大多采用多 CPU 结构。在这种结构中，每个 CPU 完成系统中规定的一部分功能，独立执行程序，它比单 CPU 结构提高了计算机的处理速度。多 CPU 结构的 CNC 装置采用模块化设计，将软件和硬件模块化形成一定的功能模块。模块间有明确的符合工业标准的接口，彼此间可以进行信息交换。这样可以形成模块化结构，缩短了设计制造周期，并且具有良好的适应性和扩展性，结构紧凑。多 CPU 的 CNC 装置由于每个 CPU 分管各自的任务，形成若干个模块，如果某个模块出了故障，其他模块仍能照常工作。并且插件模块更换方便，可以使故障对系统的影响减少到最小程度，提高了可靠性。其性能价格比高，适合于多轴控制、高进给速度、高精度的数控机床。

① 多微处理器装置的典型结构。

a. 共享总线结构。在这种结构的 CNC 装置中，只有主模块有权控制系统总线，且在某一时刻只能有一个主模块占有总线，如有多个主模块同时请求使用总线，会产生总线竞争问题。

共享总线结构的各模块之间的通信，主要依靠存储器实现，采用公共存储器的方式。公共存储器直接插在系统总线上，有总线使用权的主模块都能访问，可供任意两个主模块交换信息。其结构如图 3.4 所示。

b. 共享存储器结构。如图 3.5 所示，在该结构中，采用多端口存储器来实现各 CPU 之间的互联和通信，每个端口都配有一套数据、地址、控制总线，以供端口访问。由多端控制逻辑电路解决访问冲突。

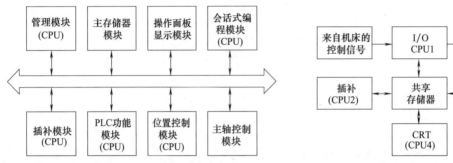

图 3.4 多微处理器共享总线结构　　　　图 3.5 多微处理器共享存储器结构

当 CNC 装置功能复杂要求 CPU 数量增多时，会因争用共享存储器而造成信息传输的阻塞，降低系统的效率，其功能扩展较为困难。

② 多微处理器装置基本功能模块。

a. 管理模块。该模块是管理和组织整个 CNC 装置工作的模块，主要功能包括：初始化、中断管理、总线裁决、系统出错识别和处理、系统硬件与软件诊断等功能。

b. 插补模块。该模块是在完成插补前，进行零件程序的译码、刀具补偿、坐标位移量计算、进给速度处理等预处理，然后进行插补计算，并给定各坐标轴的位置值。

c. 位置控制模块。该模块对坐标位置给定值与由位置检测装置检测到的实际位置值进行比较并获得差值，完成自动加减速、回基准点、对伺服系统滞后量的监视和漂移补偿等功能，最后得到速度控制的模拟电压（或速度的数字量），去驱动进给电动机。

d. PLC 模块。零件程序的开关量（M、S、T）和机床面板来的信号在这个模块中进行逻辑处理，实现机床电气设备的启停、刀具交换、转台分度、工件数量和运转时间的计数等。

e. 命令与数据输入输出模块指零件程序、参数和数据、各种操作指令以及显示所需要的各种数据的输入输出。

f. 存储器模块是程序和数据的主存储器，或是功能模块数据传送用的共享存储器。

(3) 大板式结构与功能模块式结构

① 大板式结构。大板式结构的 CNC 装置由主电路板、位置控制板、PLC 板、图形控制板和电源单元等组成，如图 3.6 所示。主电路板是大印刷电路板，其他电路是小印刷电路板，它们插在大印刷电路板上的插槽内，共同构成 CNC 装置。这种结构类似于微型计算机的结构，FANUC 6MB 数控系统就采用这种结构。

② 功能模块式结构。在采用功能模块式结构的 CNC 装置中，整个 CNC 装置按功能划分为模块，硬件和软件的设计都采用模块化设计方法，即每个功能模块被做成尺寸相同的印刷电路板（称功能模块），而相应功能模块的控制软件也模块化。这样形成一个"交钥匙"CNC 装置产品系列，用户只要按需要选用各种控制单元母板及所需功能模板，再将各功能模板插入控制单元母板的槽内，就搭成了自己需要的 CNC 装置控制装置。

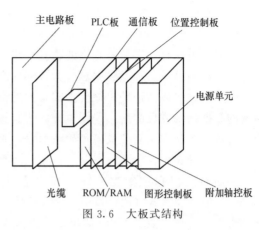

图 3.6　大板式结构

常见的功能模块有 CNC 控制板、位置控制板、PLC 板、图形控制板、通信板及主存储器模板等 6 种。另外，机床操作面板的按钮箱（台）也是标准化的，上面有由用户定义的按键。用户只要按产品的型号、功能把各功能模块、外设、相应的电缆（带插头）及按钮箱（机床操作面板及 MDI/CRT）购买回来，经组装连接便可，从而大大方便了用户。

(4) NC 嵌入 PC 式结构

NC 嵌入 PC 式结构由开放体系结构运动控制卡 PC 机构成。这种运动控制卡通常选用高速 DSP 作为 CPU，具有很强的运动控制和 PLC 控制能力。它本身就是数控系统，可以单独使用。它开放的函数库能提供用户在 Windows 平台下自行开发构造所需的控制系统，因此这种结构被广泛应用于制造业自动化控制的各个领域。如美国 DeltaTau 公司用 PMAC 多轴运动控制卡构造的 PMAC-NC 和日本 MAZAK 公司用三菱电动机的 MELDASMAGIC 64 构造的 MAZATROL 640 CNC 等都是这种结构的数控系统。

(5) 软件型开放式结构

软件型开放式结构的数控系统是一种最新开放体系结构的数控系统。它能提供给用户最大的选择和灵活性。它的 CNC 软件全部装在计算机中，而硬件部分仅是计算机与伺服驱动和外部 I/O 之间的标准化通用接口，就像计算机中可以安装各种品牌的声卡、CD-ROM 和相应的驱动程序一样。用户可以在 WindowsNT 平台上，利用开放的 CNC 内核开发所需的各种功能，以构成各种类型的高性能数控系统。与前几种数控系统相比，软件型开放式结构的数控系统具有最高的性能价格比，因而最有生命力。其典型产品有美国 MDSI 公司的 OpenCNC 和德国 PowerAutomation 公司的 PA8000NT 等。

3.2.3　CNC 装置硬件各组成部分的功能与原理

CNC 装置（单 CPU 结构，如图 3.3 所示）的基本硬件结构包括：CPU、总线、I/O 接口、存储器、串行接口和 CRT/MDI 接口等，还包括数控系统控制单元部件和专用接口电路，如位置控制单元、PLC 接口、主轴控制单元、速度控制单元、穿孔机和纸带阅读机接口以及其他接口等。下面分述每部分的功能与原理。

(1) 微处理器（CPU）和总线

CPU 主要完成控制和运算两方面的任务。控制功能包括：内部控制，对零件加工程序的输入、输出控制，对机床加工现场状态信息的记忆控制等。运算任务是完成一系列的数据处理工作：译码、刀补计算、运动轨迹计算、插补运算和位置控制的给定值与反馈值的比较运算等。在经济型 CNC 装置中，常采用 8 位微处理器芯片或 8 位、16 位的单片机芯片。中高档的 CNC 通常采用 16 位、32 位甚至 64 位的微处理器芯片。

总线是由赋予一定信号意义的物理导线构成，按信号的物理意义，可分为数据总线、地址总线、控制总线三种。数据总线为各部件之间传送数据，数据总线的位数和传送的数据相等，采用双方向线。地址总线传送的是地址信号，与数据总线结合使用，以确定数据总线上传输的数据来源或目的地，采用单方向线。控制总线传输的是管理总线的某些信号，如数据传输的读写控制中断复位及各种确认信号，采用单方向线。

(2) 存储器

存储器用以存放数据、参数和程序等，包括只读存储器（ROM、EPROM、EEP-ROM）、随机存储器（RAM）。系统控制程序放在只读存储器中，即使系统断电控制程序也不会丢失，程序只能被 CPU 读出，不能随机写入，必要时可用紫外线擦除，再重新写入。运算的中间结果、需显示的数据、运行状态、标志信息等存放在 RAM 中，可以随机写入或读取，断电后消失。加工的零件程序、机床参数等存放在有后备电池的 CMOS RAM 或磁泡存储器中，这些信息可以根据操作需要写入和修改，断电后信息仍保留。

(3) I/O（输入、输出）接口

它是 CNC 装置和机床之间来往传递信息的通道，主要用于接收机械操作面板上的各种开关、按钮以及机床上各行程限位开关等的信号；或将 CNC 装置发出的控制信号送到强电柜，以及将各工作状态指示灯信号送到操作面板等。

CNC 装置和机床之间一般不直接连接，而是通过 I/O 接口电路连接。I/O 接口电路的主要任务：一是进行必要的电气隔离，防止干扰信号引起错误动作。主要用光电耦合器或断电器将 CNC 装置与机床之间的信号在电气上加以隔离；二是进行电平转换和功率放大。一般 CNC 装置的信号是 TTL 电平，而机床控制信号通常不是 TTL 电平，并且负载较大，需要进行必要的电平转换和功率放大。

(4) MDI/CRT 接口

MDI 接口即手动数据输入接口，数据通过数控操作面板上的键盘输入。CRT 接口是在 CNC 软件配合下，在显示器上实现字符和图形显示。显示器有电子阴极射线管（CRT）和液晶显示器（LCD）两种，使用液晶显示器可缩小 CNC 装置的体积。

(5) 位置控制单元

CNC 装置中的位置控制单元又称为位置控制器或位置控制模块。位置控制主要是对数控机床的进给运动的坐标轴位置进行控制。例如工作台前、后、左、右移动，主轴箱的上、下移动，围绕某一直线轴的旋转运动等。

每一进给轴对应一套位置控制单元，是一种同时具有位置控制和速度控制两种功能的反馈控制系统。主要用来控制数控机床各进给坐标轴的位移量，需要时将插补运算所得的各坐标位移指令与实际检测的位置反馈信号进行比较，并结合补偿参数，适时地向各坐标伺服驱动控制单元发出位置进给指令，使伺服控制单元驱动伺服电机转动。轴控制是数控机床上要求最高的位置控制，不仅对单个轴的运动和位置的精度有严格要求，而且在多轴联动时，还要求各移动轴有很好的动态配合。

对主轴的控制要求在很宽的范围内速度连续可调，并且每一种速度下均能提供足够的切削所需的功率和转矩。在某些高性能的 CNC 机床上还要求主轴位置可任意控制（即 C 轴位置控制）。

(6) 可编程序控制器（PLC）

它是用来代替传统机床强电部分的继电器逻辑控制，利用 PLC 的逻辑运算功能实现各种开关量的控制。数控机床中使用的 PLC 可以分为两类：一类是"内装型"PLC，另一类是"独立型"PLC。"内装型"PLC 从属于 CNC 装置，PLC 与 CNC 之间的信号传送在CNC 装置内部实现。PLC 与机床间则通过 CNC 输入/输出接口电路实现信号传输。数控机床中的 PLC 多采用内装式，它已成为 CNC 装置的一个部件。"独立型"PLC 又称"通用型"PLC，它不属于 CNC 装置，可以独立使用，具有完备的硬件和软件结构。

(7) 通信接口

通信接口用来与上级计算机、移动磁盘等外设进行信息传输，包括串行通信接口和网络通信接口。

I/O 接口、MDI/CRT 接口和通信接口将在 3.4 节中具体介绍。可编程控制器（PLC）在数控机床上的具体应用将在 3.6 节中重点介绍。

3.2.4　华中数控系统硬件结构简介

华中数控系统是我国为数不多具有自主版权的高性能数控系统之一。它以通用的工业PC 机（IPC）和 DOS、WINDOWS 操作系统为基础，采用开放式的体系结构，使华中数控系统的可靠性和质量得到了保证。它适合多坐标（2～5）数控镗铣床和加工中心，在增加相应的软件模块后，也能适应于其他类型的数控机床（如数控磨床、数控车床等）以及特种加工机床（如激光加工机、线切割机等）。

华中数控装置的硬件基本结构如图 3.7 所示，各组成部分介绍如下。

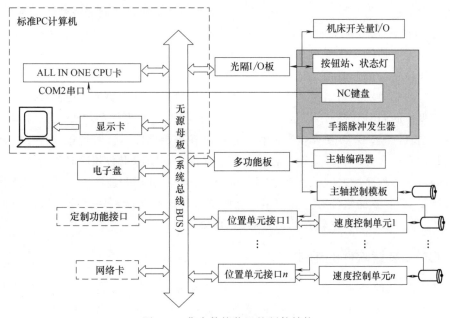

图 3.7　华中数控装置的硬件结构

① 图中的左上方虚线框为一台 IPC 的基本配置，其中 ALL-IN-ONE CPU 卡的配置是CPU（80386 以上）、内存（2MB 以上）、cache（128KB 以上），带有键盘接口、二串一并通信接口、DMA 控制器、中断控制器和定时器；外存是包括软驱、硬驱和电子盘在内的存

储器件。

② 系统总线是一块由四层印刷电路板制成的无源母板。

③ 图中阴影框内的是机床控制面板，其中 NC（数控）键盘通过 COM2 口直接写入标准键盘的缓冲区。

④ 图中左下角的虚线框为可根据用户特殊要求而定制的功能模块接口和网络卡。

⑤ 位置单元接口根据伺服单元的不同而有不同的具体实施方案；当伺服单元为数字交流伺服单元时，位置单元接口可采用标准 RS232C 串口；当伺服单元为模拟式交/直流伺服单元时，位置单元接口采用位置环板；当用步进电机为驱动元件时（教学型或经济型数控机床），位置单元接口采用多功能板。

⑥ 光隔 I/O 板主要处理控制面板上以及机床侧的开关量信号。

⑦ 多功能板主要处理主轴单元的模拟或数字控制信号，并接收来自主轴编码器、手摇脉冲发生器的脉冲信号。

3.3 CNC 装置的软件结构

3.3.1 概述

CNC 装置是一个典型而又复杂的实时控制系统，即能对信息快速处理和响应。一个实时控制系统包括受控系统和控制系统两大部分。受控系统由硬件设备组成，如电机及其驱动；控制系统（在此为 CNC 装置）由软件及其支持硬件组成，共同完成数控的基本功能。

CNC 装置的许多控制任务，如零件程序的输入与译码、刀具半径的补偿、插补运算、位置控制以及精度补偿等都是由软件实现。从逻辑上讲，这些任务可看成一个个的功能模块，模块之间存在着耦合关系；从时间上来讲，各功能模块之间存在一个时序配合。在许多情况下，某些功能模块必须同时运行，同时运行的模块是由具体的加工控制要求所决定。例如，在加工零件的同时，要 CNC 装置能显示其工作状态，如零件程序的执行过程、参数变化和刀具运动轨迹等，以方便操作者操作。这时，在控制软件运行时管理软件中的显示模块也必须同时运行；在控制软件运行过程中，其本身的一些功能也必须同时运行。为使刀具运行连续进行，在各程序段之间无停顿，则要求译码、刀具补偿和速度处理必须与插补同时进行。在设计 CNC 装置的软件时，如何组织和协调这些这些功能模块，使之满足一定的时序和逻辑关系，就是 CNC 装置软件结构要考虑的问题。

3.3.2 CNC 装置软件的组成

CNC 装置的软件是为实现 CNC 机床各项功能所编制的专用软件，称为系统软件，存放在计算机 EPROM 内存中。各种 CNC 装置的功能设置和控制方案各不相同，它们的系统软件在结构上和规模上差别很大，但是一般都包括输入数据处理程序、插补运算程序、速度控制程序、管理程序和诊断程序。目前，CNC 装置软件可分为管理软件与控制软件两部分。管理软件包括零件程序的输入、输出，显示，诊断和通信功能软件；控制软件包括译码、刀具补偿、速度处理、插补运算和位置控制等功能软件，如图 3.8 所示。

3.3.3　CNC 装置软件各部分的功能

(1) 输入程序

输入程序有两个作用：一是把零件程序从阅读机或键盘经相应的缓冲器输入到零件程序存储器；二是将零件程序从零件程序存储器取出送入缓冲器，以便译码时使用。

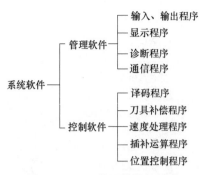

图 3.8　CNC 装置软件的组成

CNC 装置中一般通过纸带阅读机、磁带机、磁盘及键盘等输入零件程序，且其输入大都采用中断方式。在系统程序中有相应的中断服务程序，如纸带阅读机中断服务程序及键盘中断服务程序等。当纸带阅读机读入一个字符至接口中时，就向主机发出中断，由中断服务程序将该字符送入内存。同样，每按一个键则表示向主机申请一次中断，调出一次键盘服务程序，对相应的键盘命令进行处理。

从阅读机及键盘输入的零件程序，一般是经过缓冲器以后，才进入零件程序存储器的。零件程序存储器的规模由系统设计员确定。一般有几 K 字节，可以存放许多零件程序。例如 7360 系统的零件程序存储器为 5K，可存放 20 多个零件程序。

键盘中断服务程序负责将键盘上打入的字符存入 MDI 缓冲器，按一下键就是向主机申请一次中断，其框图如图 3.9 所示。

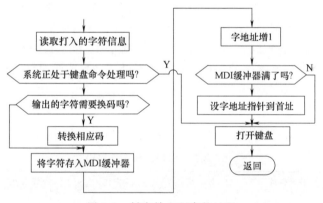

图 3.9　键盘输入程序的过程

(2) 译码程序

在输入的零件加工程序中，含有零件的轮廓信息（线型，起点、终点坐标值）、工艺要求的加工速度及其他辅助信息（换刀、冷却液开/关等）。这些信息在计算机作插补运算与控制操作之前，需按一定的语法规则解释成计算机容易处理的数据形式，并以一定的数据格式存放在给定的内存专用区间，即把各程序段中的数据根据其前面的文字地址送到相应的缓冲寄存器中。译码就是从数控加工程序缓冲器或 MDI 缓冲器中逐个读入字符，先识别出其中的文字码和数字码，然后根据文字码所代表的功能，将后续数字码送到相应译码结果缓冲器单元中，其执行过程如图 3.10 所示。译码主要包括代码识别和功能码译码两部分。

① 代码识别。就是通过软件将取出的字符与内部码数字相比较，若相等则说明输入了该字符，并设置相应标志或转去相应处理，是一种串行工作方式。即逐个进行比较，直到相等为止，如图 3.11 所示。

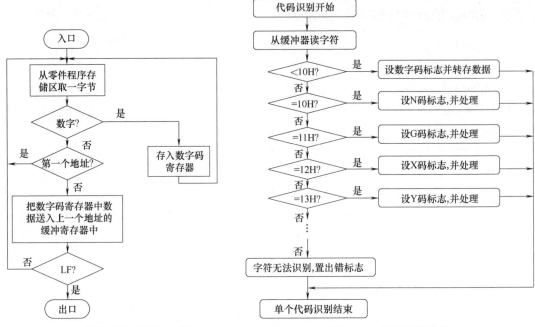

图 3.10 译码程序的执行过程　　　　图 3.11 代码识别流程

② 功能码的译码。经代码识别设立了各功能码的标志后，就可以分别对各功能码进行处理了。对于不同的 CNC 装置来说，编程格式有各自的规定。现以数控加工程序段 "N005 G90 G01 X106 Y-60 F50 M05;" 为例来说明译码程序的工作过程。可以将译码结果缓冲器设计成与零件程序段格式相对应，如表 3.1 所示。对于 16 位字长的计算机来说，一般的功能地址码只要一个地址单元就够了。对于坐标值等以二进制数形式存放数据的功能字，需准备两个单元。考虑到 CNC 装置允许在一个程序段中出现多个 M 代码和 G 代码，所以 M 代码和 G 代码分别设了多组，但没必要给每个 M 代码或 G 代码准备一个单元，因为某些 M 代码或 G 代码是不允许出现在同一程序段中的，这样就可以缩小缓冲器容量。

表 3.1　译码结果缓冲器格式

地址码	字节数	数据存放形式	地址码	组内代码	字节数	数据存放形式
N	1	二—十进制	MA	M01、M02、M30	1	特征字
X	2	二进制	MB	M03、M04、M05	1	特征字
Y	2	二进制	MC	M06	1	特征字
Z	2	二进制	GA	G00、G01、G02、G03	1	特征字
I	2	二进制	GB	G04	1	特征字
J	2	二进制	GC	G28、G29	1	特征字
K	2	二进制	GD	G40、G41、G42	1	特征字
F	2	二进制	GE	G80、G81~G89	1	特征字
S	2	二进制	GF	G90、G91	1	特征字
T	2	二—十进制	GG	G92	1	特征字

对于各功能码的处理各不相同。由表 3.1 可知，除 M 代码和 G 代码外，其余各功能码均只有一项，其地址在内存中是指定的。译码程序根据代码识别时设置的各功能码的标志，

确定存放其相应数码的地址，以便送入数据。对于数字码的处理，也需要判别功能码标志，不同的功能码，其后面的数字位数和存放形式也有区别。有的需转换成二进制数，有的则以二—十进制（BCD 码）形式存放。每个功能码后数字位数都有规定，如 N 后可接 4 位，坐标值（X、Y、Z 等）后可接 7 位，均因系统而异。在系统 ROM 中有一个格式字表，表中每个字符均有相应的地址偏移量、数据位数等。处理时可根据功能码格式字中的标志决定是否需要进行数制转换，数字有多少位等，并将数字经拼装后暂存起来，等到下一个功能码到来后，将这些数字送入上一个功能码指定的地址单元中去。功能码的译码过程如图 3.12 所示。

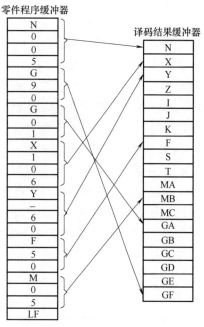

图 3.12　功能码译码示意

对于分组的 M 代码和 G 代码，则在译码结果缓冲器中以特征字形式表示。识别出 M 或 G 后，尚不能立即分组，需根据其后的两位数字组合来判别。

由于译码结果缓冲器中各单元的地址是固定的，只是根据各功能字所在单元的地址才置数据，因此在编程时，允许采用可变地址字格式，这也是目前 CNC 装置普遍采用字地址程序段格式的原因。

经译码程序处理后，一个程序段中的所有功能码连同其后面的数字码存入相应的译码结果缓冲器中，得到图中的结果。

（3）刀具半径补偿程序

刀具半径补偿的主要任务是把零件的轮廓轨迹转换成刀具中心轨迹。

① 刀具半径补偿的概念。在连续进行轮廓加工过程中，由于刀具总有一定的半径（例如铣刀的半径或线切割机的钼丝（或铜丝）半径等），所以刀具中心运动轨迹并不等于加工零件的轮廓。如图 3.13 所示，在进行内轮廓加工时，要使刀具中心偏移零件的内轮廓表面一个刀具半径值，而在进行外轮廓加工时，要使刀具中心偏移零件的外轮廓表面一个刀具半径值。这种偏移即称为刀具半径补偿。

ISO 标准规定，当刀具中心轨迹在编程轨迹（零件轮廓）前进方向的左边时，称为左刀补，用 G41 代码指定，图中所示零件轮廓内部的虚线轨迹。反之，当刀具处于编程轨迹前进方向的右边时，称右刀补，用 G42 代码指定，如图中所示零件轮廓外部的虚线轨迹。当不需要进行刀补时，用 G40 代码指定。

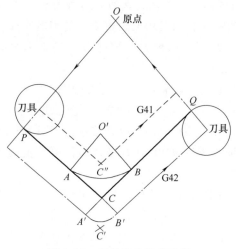

图 3.13　刀具半径补偿示意

在早期的硬件数控系统中，由于其内存容量和数据处理能力的限制，不可能完成很复杂的大量计算，相应的刀具半径补偿功能较为简单，一般采用 B 功能刀具补偿方法。这种方法仅根据本段程序的轮廓尺寸进行刀补，不能解决程序段之间的过渡问题，这样编程人员必须事先估计出刀补后可能出现的间断点和交叉点的情况，进行人为处理，将工件轮廓转接处处理成圆弧过渡形式。如图 3.13 所示，在 G42 刀补后出现间断点时，可以在两个间断点之间增加一个半径为刀具半径的过渡圆弧 $A'B'$。而在 G41 刀补后出现交叉点时，C'' 点不易求得，可事先在两个程序段之间增加一个过渡圆弧 AB，其半径需大于刀具半径，以免过切。显然，这种 B 功能刀补对于编程员来讲是很不方便的。

② 刀具半径补偿的执行过程。

a. 刀补建立。刀具从起刀点接近工件，在原来的程序轨迹基础上伸长或缩短一个刀具半径值，即刀具中心从与编程轨迹重合过渡到与编程轨迹距离一个刀具半径值。在该段中，动作指令只能用 G00 或 G01，有缩短型建立和伸长型建立两种形式，如图 3.14 所示。

b. 刀补进行。刀具补偿进行期间，刀具中心轨迹始终偏离编程轨迹一个刀具半径的距离。在此状态下，G00、G01、G02、G03 指令都可使用。

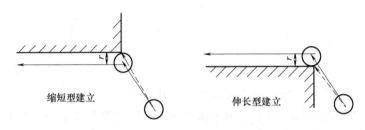

缩短型建立   伸长型建立

图 3.14　刀具半径补偿的建立

c. 刀补撤销。刀具撤离工件，返回起刀点。即刀具中心轨迹从与编程轨迹相距一个刀具半径值过渡到与编程轨迹重合。此时也只能用 G00、G01。

③ C 功能刀具半径补偿。

a. C 刀具半径补偿的原理。以往 C' 和 C'' 点不易求得，主要是受到数控装置的运算速度和硬件结构的限制。随着 CNC 技术的发展，数控系统的工作方式、运算速度及存储器容量都有了很大的改进和增加，采用直线或圆弧过渡，直接求出刀具中心轨迹交点的刀具半径补偿方法已经能够实现了，这种方法被称为 C 功能刀具半径补偿，简称 C 刀补。

b. C 刀补的过程。先看 CNC 之前的刀补情况。图 3.15（a）是普通 NC 装置的工作方法，程序轨迹作为输入数据送到工作寄存器 AS 后，由运算器进行刀具补偿运算，运算结果送输出寄存器 OS，直接作为伺服系统的控制信号。

图 3.15（b）是改进后的 NC 装置的工作方式。与图 3.15（a）相比，增加了一组数据输入的缓冲寄存器 BS，节省了数据读入时间。往往是 AS 中存放着正在加工的程序段信息，而 BS 中已经存放了下一段所要加工的信息。

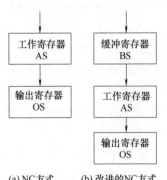

(a)NC方式　　(b)改进的NC方式

图 3.15　CNC 之前的刀补过程

C 刀补时数控装置的工作方式如图 3.16 所示。在 CNC 装置中设置工作寄存器 AS，存放正在加工的程序段信息，刀具半径补偿缓冲区 CS 存放下一个加工程序段的信息，缓冲寄存区 BS 存放再下一个加工程序段的信息，输出寄存器 OS 存放进给伺服系统的控制信息。当系统启动后，第一段程序先被 BS 读入，在 BS 中算得其编程轨迹被送到 CS 暂存；又将第二段程序读入 BS，算出其编程轨迹，并对第一、第二段程序的编程轨迹连接方式进行判别，按判别结果对第一段编程轨迹作相应修正。修正结束后，顺序地将修正后的第一段编程轨迹由 CS 送到 AS，第二段编程轨迹由 BS 送到 CS。随后，由 CPU 将 AS 中的内容送到 OS 进行插补运算，运算结果送伺服机构执行。

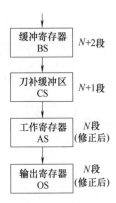

图 3.16　C 刀补的过程

当修正了的第一段编程轨迹执行时，CPU 又命令 BS 读入第三段程序，再根据 BS、CS 中的第二、第三段编程轨迹的连接方式，对 CS 中的第二段编程轨迹进行修正，如此下去。可见 C 刀具半径补偿工作状态下 CNC 装置内总是同时存有三个程序段的信息，以保证 C 刀具半径补偿的实现。

c. C 刀补转接类型

常见的数控装置一般只具有直线和圆弧两种插补功能，因此，根据它们的相互连接关系可组成四种连接形式，即直线接直线、直线接圆弧、圆弧接直线、圆弧接圆弧。

首先定义转接角 α，它指两个相邻零件轮廓线段交点处在工件侧的夹角，如图 3.17 所示，其变化范围为 $0° \leqslant \alpha < 360°$。图中所示为直线接直线在刀补进行时的转接情形，而对于轮廓线段为圆弧时，只要用其在交点处的切线作为角度定义的对应直线即可。

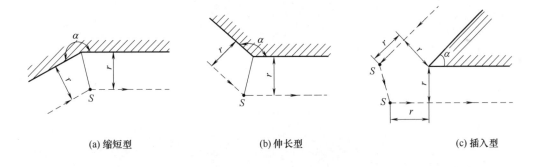

(a) 缩短型　　　　　　　(b) 伸长型　　　　　　　(c) 插入型

图 3.17　C 刀补的转接形式

根据转接角的不同，可以将 C 刀补转接形式划分为如下三类（如图 3.17 所示）：当 $180° < \alpha < 360°$ 时，为缩短型转接；当 $90° \leqslant \alpha < 180°$ 时，为伸长型转接；当 $0° \leqslant \alpha < 90°$ 时，为插入型转接。

刀具半径补偿的各种转接形式和过渡方式的具体情况，如表 3.2 和表 3.3 所示。表中实线表示编程轨迹；虚线表示刀具中心轨迹；α 为转接角；r 为刀具半径；箭头为走刀方向。表中是以右刀补（G42）为例进行说明的，左刀补（G41）的情况与右刀补相似，这里不再重复。

对于插入型刀补，可以插入一个圆弧段转接过渡，插入圆弧的半径为刀具半径；也可以插入 1～3 个直线段转接过渡。前者使转接路径最短，但尖角加工的工艺性比较差；后者能保证在尖角加工时有良好的工艺性。

表 3.2　刀具半径补偿的建立和撤销

矢量夹角	转换形式				过渡方式
	刀补建立(G42)		刀补撤销(G42)		
	直线—直线	直线—圆弧	直线—直线	圆弧—直线	
$\alpha \geqslant 180°$					缩短型
$90° \leqslant \alpha < 180°$					伸长型
$\alpha < 90°$					插入型

表 3.3　刀具半径补偿的执行

矢量夹角	刀补进行(G42)				过渡方式
	直线—直线	直线—圆弧	圆弧—直线	圆弧—圆弧	
$\alpha \geqslant 180°$					缩短型
$90° \leqslant \alpha < 180°$					伸长型
$\alpha < 90°$					插入型

(4) 速度控制程序

速度控制的任务是为插补提供必要的速度信息。由于各种 CNC 装置采用的脉冲增量插补和数据采样插补计算方法不同，其速度控制方法也有不同。

① 脉冲增量插补算法的进给速度控制。脉冲增量插补方式用于以步进电动机为执行元件的系统中，坐标轴运动是通过控制步进电动机输出脉冲的频率来实现的。速度计算是根据编程的 F 值来确定脉冲频率值。步进电动机走一步，相应的坐标轴移动一个对应的距离 δ（脉冲当量，单位为 mm/个）。进给速度 v 与脉冲频率 f 成正比，即 $f = v_f / (60\delta)$。

两轴联动时，各坐标轴的进给速度分别为

$$v_{fx} = 60\delta f_x$$
$$v_{fy} = 60\delta f_y$$

式中，v_{fx}、v_{fy} 分别为 X 轴、Y 轴的进给速度，单位为（mm/min）；f_x、f_y 分别为

X 轴、Y 轴步进电动机的脉冲频率，单位为（个/秒）。

合成进给速度为 $v_f = \sqrt{v_{fx}^2 + v_{fy}^2}$。

② 数据采样插补算法的进给速度控制。数据采样法插补程序在每个插补周期内被调用一次，向坐标轴输出一个微小位移增量。

这个微小的位移增量被称为一个插补周期内的插补进给量，用 f_s 表示。根据数控加工程序中的进给速度 v 和插补周期 T，可以计算出一个插补周期内合成速度方向上的进给量。

$$f_s = KvT / (60 \times 1000)$$

式中，f_s 为系统在稳定进给状态下的插补进给量，称为稳定速度（mm/min）；v 为编程进给速度，mm/min；T 为插补周期，ms；K 为速度系数，包括快速倍率、切削进给倍率等。

刀具半径补偿程序、速度处理程序以及辅助功能的处理程序统称为数据处理程序。数据处理的目的是为插补程序提供必要的数据，减轻插补工作的负担，提高系统的实时处理能力，所以数据处理也叫作插补准备，其中辅助功能的处理将在 3.6.2 中讲述。

(5) 插补计算程序

CNC 装置根据工件加工程序中提供的数据，如曲线的种类、起点、终点等进行运算。根据运算结果，分别向各坐标轴发出进给脉冲。这个过程称为插补运算。插补计算是 CNC 装置中最重要的计算工作之一。

在传统的 NC 装置中，采用硬件电路（插补器）来实现各种轨迹的插补。为了在软件系统中计算所需的插补轨迹，这些数字电路必须由计算机的程序来模拟。利用软件来模拟硬件电路的问题在于：三轴或三轴以上联动的系统具有三个或三个以上的硬件电路（如每轴一个数字积分器），计算机是用若干条指令来实现插补工作的。但是计算机执行每条指令都须要花费一定的时间，而当前有的小型或微型计算机的计算速度难以满足 NC 机床对进给速度和分辨率的要求。因此，在实际的 CNC 装置中，常常采用粗、精插补相结合的方法，即把插补功能分为软件插补和硬件插补两部分，计算机控制软件把刀具轨迹分为若干段，而硬件电路再在段的起点和终点之间进行数据的"密化"，使刀具轨迹在允许的误差之内，即软件实现粗插补，硬件实现精插补。下面以三坐标直线插补为例来说明软件粗插补，如图 3.18 所示。

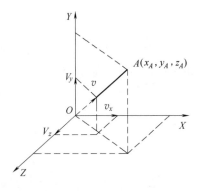

图 3.18 空间直线插补

① 插补计算的预计算，由 F 可计算出刀具每 8ms 的位移量 ΔL。

$$\Delta L = F \times (10^3 \times 8) / (60 \times 1000) = F/7.5 (0.001\text{mm})$$

从而各轴的位移量为：

$$\Delta X = \Delta L \times x_A / L$$
$$\Delta Y = \Delta L \times y_A / L$$
$$\Delta Z = \Delta L \times z_A / L$$

② 插补计算及输出。设 X_r、Y_r、Z_r 为程序中尚未插补输出的量，则它们的初值分别为 $X_r = X_e$，$Y_r = Y_e$，$Z_r = Z_e$。每进行一次插补运算，给伺服系统输出一组段值 ΔX、ΔY、ΔZ，同时进行一次下面的计算：

$$X_r - \Delta X \rightarrow X_r$$

$$Y_r - \Delta Y \rightarrow Y_r$$
$$Z_r - \Delta Z \rightarrow Z_r$$

当 $|X_r| \leqslant |\Delta X|$，$|Y_r| \leqslant |\Delta Y|$，$|Z_r| \leqslant |\Delta Z|$ 都成立时，说明为本程序段的最后一次插补，这时输出到伺服系统的段值为剩余值 X_r、Y_r、Z_r。

插补运算的结果输出，经过位置控制部分（这部分工作既可由软件完成，也可由硬件完成），去带动伺服系统运动，控制刀具按预定的轨迹加工。

(6) 位置控制程序

位置控制一般处在伺服系统的位置环上，如图 3.19 所示。位置控制可以由软件完成，也可以由硬件完成。

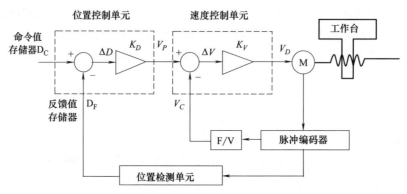

图 3.19　伺服系统的结构

位置控制程序的主要任务是在每个采样周期内，将插补计算出的理论位置与实际反馈位置相比较，用其差值去控制进给电机。在位置控制中，通常还要完成位置回路的增益调整、各坐标方向的螺距误差补偿和反向间隙补偿，以提高机床的定位精度。

位置控制主要完成以下几步计算（算法原理见图 3.20）：

① 计算新的指令位置坐标值。

$$X_{2新} = X_{2旧} + \Delta X_2, Y_{2新} = Y_{2旧} + \Delta Y_2$$

式中，$X_{2新}$ 和 $Y_{2新}$ 为指令位置，它是由本次插补周期的插补输出 ΔX_2、ΔY_2 与上次指令位置 $X_{2旧}$、$Y_{2旧}$ 相加得来。

② 计算新的实际位置坐标值。

$$X_{1新} = X_{1旧} + \Delta X_1, Y_{1新} = Y_{1旧} + \Delta Y_1$$

式中，$X_{1新}$、$Y_{1新}$ 为反馈的实际位置，它是由前一个插补周期指令执行后的反馈位置增量 ΔX_1、ΔY_1 和其实际位置 $X_{1旧}$、$Y_{1旧}$ 相加求得。

③ 计算跟随误差（指令位置值－实际位置值）。

$$\Delta X_3 = X_{2新} - X_{1新}, \quad \Delta Y_3 = Y_{2新} - Y_{1新}$$

式中，ΔX_3 和 ΔY_3 是本次插补输出转换来的位控输出，它是由本次插补周期的指令位置 $X_{2新}$、$Y_{2新}$ 分别和上次的实际位置 $X_{1新}$、$Y_{1新}$ 相减求得。

④ 计算速度指令值

$$V_X = f(\Delta X_3), V_Y = f(\Delta Y_3)$$

f 是位置环的调节控制算法，具体的算法视具体系统而定。这一步在有些系统中是采用硬件来实现的。V_X、V_Y 送给伺服驱动单元，控制进给电机运行，实现 CNC 装置的轨迹

（轮廓）控制。

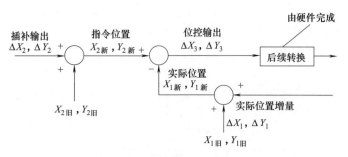

图 3.20　伺服控制软件的算法原理

(7) 输出程序

输出程序的流程见图 3.21，具体功能是：

① 进行伺服控制。

② 当进给脉冲改变方向时，要进行反向间隙补偿处理。

若某一轴由正向变成负向运动，则在反向前输出 Q 个负向脉冲；反之，若由负向变成正向运动，则在反向前输出 Q 个正向脉冲（Q 为反向间隙值，可由程序预置）。

③ 进行丝杠螺距补偿。当系统具有绝对零点时，软件可显示刀具在任意位置上的绝对坐标值。若预先对机床各点精度进行测量，作出其误差曲线，随后将各点修正量制成表格存入数控系统的存储器中。这样，数控

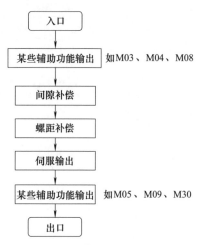

图 3.21　输出程序流程

系统在运行过程中就可对各点坐标位置自动进行补偿，从而提高了机床的精度。

④ M、S、T 等辅助功能的输出。在某些程序段中须要启动机床主轴、改变主轴速度、换刀等，因此要输出 M、S、T 代码，这些代码大多数是开、关量控制，由机床强电执行。但哪些辅助功能是在插补输出之后才执行，哪些辅助功能必须在插补输出前执行，需要在软件设计前预先确认。

(8) 管理程序

为数据输入、处理及切削加工过程服务的各个程序均由系统管理程序进行调度，因此，它是实现 CNC 装置协调工作的主体软件。管理程序还要对面板命令、时钟信号、故障信号等引起的中断进行处理。水平较高的管理程序可使多道程序并行工作，如在插补运算与速度控制的空闲时刻进行数据的输入处理，即调用各功能子程序，完成下一数据段的读入、译码和数据处理工作，且保证在本数据段加工过程中将下一数据段准备完毕。一旦本数据段加工完毕就立即开始下一数据段的插补加工。有的管理程序还安排进行自动编程工作，或对系统进行必要的预防性诊断。

(9) 诊断程序

诊断程序的功能是在程序运行中及时发现系统的故障，并指出故障的类型。也可以在运行前或故障发生后，检查系统各主要部件（CPU、存储器、接口、开关、伺服系统等）的功能是否正常，并指出发生故障的部位。还可以在维修中查找有关部件的工作状态，判别其

是否正常，对于不正常的部件给予显示，便于维修人员能及时处理。

数控系统的诊断可分为启动诊断、在线诊断、停机诊断、远程通信诊断等。

CNC 装置软件的总体工作过程如图 3.22 所示。

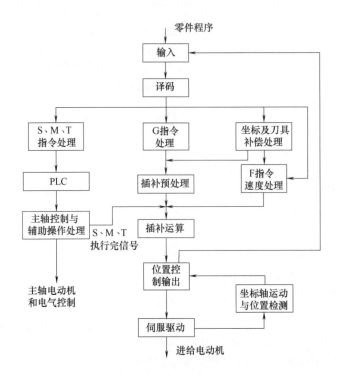

图 3.22　CNC 装置软件的工作过程

3.3.4　CNC 装置软件的结构形式

(1) 前后台型结构

该结构模式的 CNC 装置的软件分为前台程序和后台程序。前台程序是指实时中断服务程序，实现插补、伺服、机床监控等实时功能。这些功能与机床的动作直接相关。后台程序是一个循环运行程序，完成管理功能和输入、译码、数据处理等非实时性任务，也叫背景程序，管理软件和插补准备在这里完成。后台程序运行中，实时中断程序不断插入，与后台程序相配合，共同完成零件加工任务。

7360 数控系统是一种典型的数据采样实时过程控制系统。各种控制功能都被当作任务，编制成为相对独立的程序模块，通过系统程序将各种功能联系成为一个整体。系统程序的功能是处理中断、调度和监督各种任务的实施，该系统的软件结构如图 3.23 所示。

7360 的系统程序可分为背景程序（又称后台程序）和中断服务程序（又称前台程序）两部分。背景程序的主要作用是管理和调度，它的运行是循环的。实时中断服务程序执行包括插补在内的全部实时功能。

① 背景程序。当 A-B7360 数控系统接通电源或复位后，首先运行初始化程序，然后，设置系统有关的局部标志和全局性标志；设置机床参数；预清机床 I/O 逻辑信号在 RAM 中的映象区；设置中断向量；并开放 10.24ms 实时时钟中断，最后进入紧停状态。此时，机床的主轴和坐标轴伺服系统的强电是断开的，程序处于对"紧停复位"的等待循环中。由于

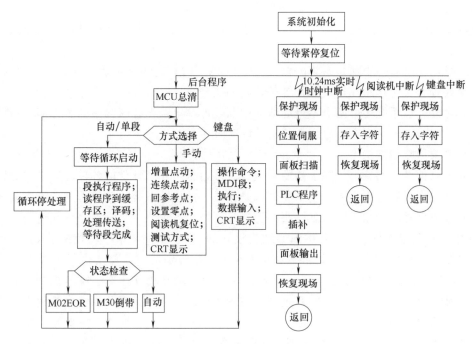

图 3.23　A-B7360 系统前后台型软件结构

10.24ms 时钟中断定时发生，控制面板上的开关状态随时被扫描，并设置了相应的标志，以供主程序使用。一旦操作者按了"紧停复位"按钮，接通机床强电时，程序下行，背景程序起动。首先进入 MCU 总清（即清除零件程序缓冲区、MDI 键盘缓冲区、暂存区、插补参数区等），并使系统进入约定的初始控制状态（如 G01、G90 等），接着根据面板上的方式进行选择，进入相应的方式服务环中。各服务环的出口又循环到方式选择环节，一旦 10.24ms 时钟中断程序扫描到面板上的方式开关状态发生了变化，背景程序便转到新的方式服务环中。无论背景程序处于何种方式服务环中，10.24ms 的时钟中断总是定时发生的。

在背景程序中，自动/单段是数控加工中的最主要的工作方式，在这种工作方式下的核心任务是进行一个程序段的数据预处理，即插补预处理。即一个数据段经过输入译码、数据处理后，就进入就绪状态，等待插补运行。所以图中段执行程序的功能是将数据处理结果中的插补用信息传送到插补缓冲器，并把系统工作寄存器中的辅助信息（M、S、T 代码）送到系统标志单元，以供系统全局使用。在完成了这两种传送之后，背景程序设立一个数据段传送结束标志及一个开放插补标志。在这两个标志建立之前，定时中断程序尽管照常发生，但是不执行插补及辅助信息处理等工作，仅执行一些例行的扫描、监控等功能。这两个标志的设置体现了背景程序对实时中断程序的控制和管理。这两个标志建立后，实时中断程序即开始执行插补、伺服输出、辅助功能处理，同时，背景程序开始输入下一程序段，并进行下一个数据段的预处理。在这里，系统设计者必须保证在任何情况下，在执行当前一个数据段的实时插补运行过程中必须将下一个数据段的预处理工作结束，以实现加工过程的连续性。这样，在同一时间段内，中断程序正在进行本段的插补和伺服输出，而背景程序正在进行下一段的数据处理。即在一个中断周期内，实时中断开销一部分时间，其余时间给背景程序。

② 中断服务程序。图 3.23 的右侧是实时中断程序处理的任务，主要的可屏蔽中断有 10.24ms 实时时钟中断、阅读机中断和键盘中断。其中阅读机中断优先级最低，仅在输入

零件程序时启动了阅读机后才发生，键盘中断也仅在键盘方式下发生，而 10.24ms 中断总是定时发生的。背景程序是一个循环执行的主程序，而实时中断程序按其优先级随时插入背景程序中。

10.24ms 实时时钟中断是系统的核心。CNC 的实时控制任务包括位置伺服、面板扫描、机床逻辑处理、实时诊断和轮廓插补等都在其中实现。

除此之外，该系统还有两个不可屏蔽的中断，即掉电及电源恢复中断和存储器奇偶校验错中断。非屏蔽中断只有在上电和系统出故障时发生。

(2) 多重中断型结构

中断型软件结构的特点是除了初始化程序之外，整个系统软件的各种功能模块分别安排在不同级别的中断服务程序中，整个软件就是一个大的中断系统。其管理的功能主要通过各级中断服务程序之间的相互通讯来解决。

① 中断优先级安排。一般在中断型结构模式的 CNC 软件体系中，控制 CRT 显示的模块为低级中断（1 级中断），只要系统中没有其他中断级别请求，总是执行 1 级中断，即系统进行 CRT 显示。其他程序模块，如译码处理、刀具中心轨迹计算、键盘控制、I/O 信号处理、插补运算、终点判别、伺服系统位置控制等处理，分别具有不同的中断优先级别。开机后，系统程序首先进入初始化程序，进行初始化状态的设置、ROM 检查等工作。初始化后，系统转入 1 级中断 CRT 显示处理。此后系统就进入各种中断的处理，整个系统的管理是通过每个中断服务程序之间的通信方式来实现的。

FANUC 6 系统是一个典型的中断型软件结构。与大多数 CNC 装置的工作流程相同，6 系统也经历输入零件程序、译码、数据处理、进给速度控制、插补运算、伺服输出等工作阶段。为了提高刀具运动的线速度，节省 CPU 的时间，6 系统也采用粗插补与精插补结合的方法，粗插补由软件完成，周期为 8ms，硬件完成精插补。

中断优先级如图 3.24 所示。共有 10 级中断优先级，其中 1 级为最低优先级，9 级为最高优先级。各级中断的功能如表 3.4 所示。由表 3.4 可知，0 级为初始化程序，此时还没有开中断，还没有中断时钟产生，当 0 级结束时进入 1 级，同时开中断。1 级是主程序，只要没有其他中断优先级的请求，就总是执行 1 级程序，即总是执行 CRT 显示和 ROM 校验。其中，1 级为主程序，2～9 级为中断服务程序。

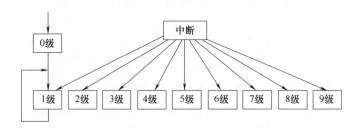

图 3.24 中断优先级

中断服务程序的中断有两种来源：一种是由时钟或其他外部设备产生的中断请求信号，称为硬件中断（如第 0、1，4，6，7，8，9，10 级）；另一种是由程序产生的中断信号，称为软件中断，这是由 2 ms 的实时时钟在软件中分频得出的（如第 2，3，5 级）。

硬件中断请求又称作外中断，要接受中断控制器（如 Intel8259A）的统一管理，由中断控制器进行优先排队和嵌套处理；而软件中断是由软件中断指令产生的中断，每出现 4 次

2ms 时钟中断时，产生第 5 级 8ms 软件中断，每出现 8 次 2ms 时钟中断时，分别产生第 3 级和第 2 级 16ms 软件中断，各软件中断的优先顺序由程序决定。因为软件中断有既不使用中断控制器，也不能被屏蔽的特点，因此为了将软件中断的优先级嵌入硬件中断的优先级中，在软件中断服务程序的开始，要通过改变 Intel8259A，屏蔽优先级比其低的中断，软件中断返回前，再恢复 Intel8259A 初始屏蔽状态。

表 3.4　FANUC 6 系统各级中断的功能

优先级	主要功能	中断源
0	初始化	开机后进入
1	CRT 显示,ROM 奇偶校验	由初始化程序进入
2	工作方式选择及预处理	16ms 软件定时
3	PLC 控制,M、S、T 处理	16ms 软件定时
4	参数、变量、数据存储器控制	硬件 DMA
5	插补运算,位置控制,补偿	8ms 软件定时
6	监控和急停信号,定时 2、3、5 级	2ms 硬件时钟
7	ARS 键盘输入及 RS232C 输入	硬件随机
8	纸带阅读机处理	硬件随机
9	串行 I/O 传送报警处理	串行传送报警

② 中断程序的功能。下面对各优先级中断服务程序分别作以介绍。

a. 0 级程序。即初始化程序，其作用是为整个系统的正常工作做准备，如图 3.25 所示。系统电源接通后便进入此程序，此时没有其他优先级中断。在初始化程序中，系统主要完成如下工作。

（a）进行一些接口芯片的初始化，包括定时/计数器 8253、可编程中断控制器 8259A、可编程通信接口 8251A、位置控制芯片 MB8739 等；

（b）清楚系统 RAM 工作区；

（c）初始化系统有关参数，如设置堆栈指针、设置中断矢量、设置系统正常运行所需的某些初始状态、设置系统默认的 G 代码、对某些参数进行预处理等。

b. 1 级程序。1 级程序是主程序，当没有优先级中断时，程序始终在 1 级运行，即进行 CRT 显示和 ROM 校验，如图 3.26 所示。

c. 2 级中断服务程序。其主要工作是为插补准备好数据和状态。针对机床操作人员所选择的各种工作方式，对各种工作方式进行处理，并完成实时插补前的各种准备工作，如零件加工程序的输入和编辑、机床调整、零件加工程序段的译码、刀补计算等。第 2 级中断服务程序的整体结构如图 3.27 所示，共有 7 种工作方式，系统根据操作者所选工作方式转向不同的处理分枝。

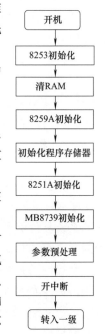

图 3.25　初始化程序

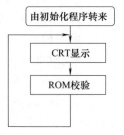

图 3.26　1 级中断

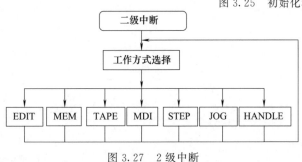

图 3.27　2 级中断

d. 3 级中断服务程序。每 16ms 进行一次，主要对机床操作面板的输入信号进行监视和处理，启动 PLC 控制程序，实现机床逻辑控制，并将机床状态通过 CRT 和机床操作面板及时输出。

e. 4 级中断服务程序。主要用于数据存储器读/写奇偶校验，读/写校验时，有错则报警，无错则结束。

f. 5 级中断服务程序。每 8ms 进行一次，主要完成插补运算、伺服位置控制、加减速控制及各种补偿。

g. 6 级中断服务程序。6 级中断为硬件定时中断，每 2ms 产生一次中断请求。其主要工作是产生 2 级、3 级的 16ms 软中断定时。

h. 7 级中断服务程序。主要用于从 RS-232C 接口读入数据，并存入相应的缓冲区。

i. 8 级中断服务程序。该程序的主要工作是将零件程序由带卷盘的纸带阅读机送入到零件程序缓冲器中。

j. 9 级中断服务程序。该程序是串行报警中断程序，当系统掉电、ROM 校验出错及其他报警信号出现时，导致此中断。

这种软件结构在 20 世纪 80 年代末期至 90 年代初期的数控机床上得到了广泛应用。

(3) 基于实时操作系统的结构模式

实时操作系统（RTOS）是操作系统的一个重要分支，它除了具有通用操作系统的功能外，还具有任务管理、多种实施任务调度机制（如优先级抢占调度、时间片轮转调度等）、任务间的通信机制等功能。它的优点是弱化了功能模块间的耦合关系，系统的开放性和可维护性好，能大大减少系统开发的工作量。目前，采用该模式开发数控系统软件的方法有两种：一是在商品化的实时操作系统下开发 CNC 装置软件；二是将通用的 PC 机操作系统（DOS、WINDOWS）扩展成实时操作系统，然后在此基础上开发 CNC 装置软件，后一种方法是国内厂家目前常采用的方法。

3.3.5　CNC 装置软件的特点

(1) 多任务并行处理

① 多任务。数控系统通常作为一个独立的过程控制单元用于工业自动化生产中，因此它的系统软件必须完成管理和控制两大任务。系统的管理部分包括输入、I/O 处理、显示和诊断。系统的控制部分包括译码、刀具补偿、速度处理、插补和位置控制。在许多情况下，管理和控制的某些工作必须同时进行。例如，当 CNC 装置工作在加工控制状态时，为了使操作人员能及时地了解 CNC 装置的工作状态，管理软件中的显示模块必须与控制软件同时运行。当 CNC 装置工作在 NC 加工方式时，管理软件中的零件程序输入模块必须与控制软件同时运行。而当控制软件运行时，其本身的一些处理模块也必须同时运行。例如，为了保证加工过程的连续性，即刀具在各程序段之间不停刀，译码、刀具补偿和速度处理模块必须与插补模块同时运行，而插补又必须与位置控制同时进行。

② 并行处理。并行处理是指计算机在同一时刻或同一时间间隔内完成两种或两种以上性质相同或不相同的工作。如图 3.28 所示，并行处理最显著的优点

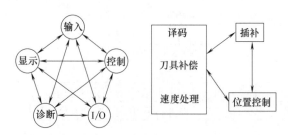

图 3.28　CNC 的多任务并行处理关系

是提高了运算速度。拿 n 位串行运算和 n 位并行运算来比较，在元件处理速度相同的情况下，后者运算速度几乎提高为前者的 n 倍。这是一种资源重复的并行处理方法，它是根据"以数量取胜"的原则大幅度提高运算速度的。但是并行处理不只是设备的简单重复，它还有更多的含义，如时间重叠和资源共享。所谓时间重叠是根据流水线处理技术，使多个处理过程在时间上相互错开，轮流使用同一套设备的几个部分。而资源共享则是根据"分时共享"的原则，使多个用户按时间顺序使用同一套设备。

目前在 CNC 装置的硬件设计中，已广泛使用资源重复的并行处理方法，如采用多 CPU 的系统体系结构来提高系统的速度。而在 CNC 装置的软件设计中则主要采用资源分时共享和资源重叠的流水线处理技术。

③ 资源分时共享。在单 CPU 的 CNC 装置中，主要采用 CPU 分时共享的原则来解决多任务的同时运行。一般来讲，在使用分时共享并行处理的计算机系统中，首先要解决的问题是各任务占用 CPU 时间的分配原则，这里面有两方面的含义：其一是各任务何时占用 CPU；其二是允许各任务占用 CPU 的时间长短。

在 CNC 装置中，对各任务使用 CPU 是用循环轮流和中断优先相结合的方法来解决。图 3.29是一个典型的 CNC 装置各任务分时共享 CPU 的时间分配图。

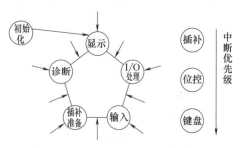

图 3.29　CPU 分时共享的并行处理

系统在完成初始化以后自动进入时间分配环中，在环中依次轮流处理各任务。而对于系统中一些实时性很强的任务则按优先级排队，分别放在不同中断优先级上，环外的任务可以随时中断环内各任务的执行。

每个任务允许占有 CPU 的时间受到一定限制，通常是这样处理的，对于某些占有 CPU 时间比较多的任务，如插补准备，可以在其中的某些地方设置断点，当程序运行到断点处时，自动让出 CPU，待到下一个运行时间里自动跳到断点处继续执行。

④ 资源重叠流水处理。当 CNC 装置处在自动工作方式时，其数据的转换过程将由零件程序输入、插补准备（包括译码、刀具补偿和速度处理）、插补、位置控制 4 个子过程组成。如果每个子过程的处理时间分别为 Δt_1、Δt_2、Δt_3、Δt_4，那么一个零件程序段的数据转换时间将是 $t = \Delta t_1 + \Delta t_2 + \Delta t_3 + \Delta t_4$，如果以顺序方式处理每个零件程序段，即第一个零件程序段处理完以后再处理第二个程序段，依此类推，这种顺序处理时的时间空间关系如图3.30（a）所示。从图上可以看出，如果等到第一个程序段处理完之后才开始对第二个程序段进行处理，那么在两个程序段的输出之间将有一个时间长度为 t 的间隔。同样在第二个程序段与第三个程序段的输出之间也会有时间间隔，依此类推。这种时间间隔反映在电机上就是电机的时转时停，反映在刀具上就是刀具的时走时停。不管这种时间间隔多么小，这种时走时停在加工工艺上都是不允许的。消除这种间隔的方法是用流水处理技术。采用流水处理后的时间空间关系如图 3.30（b）所示。

流水处理的关键是时间重叠，即在一段时间间隔内不是处理一个子过程，而是处理两个或更多的子过程。从图 3.30（b）可以看出，经过流水处理后，从时间 t_4 开始，每个程序段的输出之间不再有间隔，从而保证了电机转动和刀具移动的连续性。流水处理要求每一个处理子程序的运算时间相等。而在 CNC 装置中每一个子程序所需的处理时间都是不相等的，

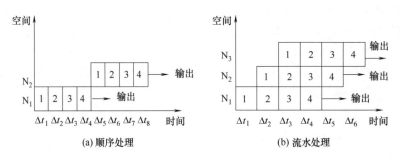

图 3.30 自动加工方式的程序执行过程

解决的办法是取最长的子程序处理时间为处理时间间隔。这样当处理时间较短的子程序时，处理完成之后就进入等待状态。

在多 CPU 的 CNC 装置中，由于每个子过程的处理是由不同的 CPU 来完成，所以可以实现真正意义上的时间重叠。在单 CPU 的 CNC 装置中，流水处理的时间重叠只有宏观的意义，即在一段时间内，CPU 处理多个子程序，但从微观上看，各子程序分时占用 CPU。

(2) 多重中断实时处理

所谓中断是指中止现行程序转而去执行另一程序、待另一程序处理完毕后，再转回来继续执行原程序。所谓多重中断，就是将中断按级别优先权排队，高级中断源能中断低级的中断处理，等高级中断处理完毕后，再返回来接着处理低级中断尚未完成的工作。所谓实时，是指在确定的有限时间里对外部产生的随机事件做出响应，并在确定的时间里完成这种响应或处理。

数控系统是一个实时控制系统，被控对象是一个并发活动的有机整体，对被控对象进行控制和监视的任务也是并发执行的，它们之间存在着各种复杂的逻辑关系。有时这些任务是顺序执行的，表现为一个任务结束后，激发另一个任务执行，如数控加工程序段的预处理、插补计算、位置控制和输入输出控制；有时这些任务是周期性地以连续反复的方式执行，如每隔一个插补周期进行一次插补计算，每隔一个采样周期进行一次位置控制等；有时一个任务执行到某处时，必须延时到某个时刻后才又继续执行，如必须等待换刀等有关辅助功能完成后，进一步的切削控制才能开始；有时是几个协同任务并发执行，如在加工控制中，人机交互处理及各种突发事件的处理等。

对于有实时要求，且各种任务互相交错并发的多任务控制系统，可采用多重中断的并行处理技术。各种实时任务被安排成不同优先级别的中断服务程序，或在同一个中断程序中按其优先级高低而顺序运行，任务主要按优先级进行调度，在任何时候 CPU 运行的都是当前优先级较高的任务。

无论采用哪种并行处理技术，各种协同任务都存在着逻辑联系，它们之间必须进行通信，以便共同完成对某个对象（如数控机床）的控制和监视。各任务之间可以采用设置标志、共同使用某一公共存储区及多处理器串行通信等方法进行联系。

目前，针对数控系统多任务性和实时性两大特点，一方面在硬件上越来越多地采用多微处理器系统，另一方面在软件上综合了前面所述的多种并行处理技术。常见的 CNC 装置软件结构有对应于单微处理器系统的前后台型和多重中断型，以及对应于多微处理器系统的功能模块软件结构。

3.3.6　华中数控系统的软件结构

(1)　软件结构说明

华中数控系统的软件结构如图 3.31 所示。图中虚线以下的部分称为底层软件，它是华中数控系统的软件平台，其中 RTM 模块为自行开发的实时多任务管理模块，负责 CNC 装置的任务管理管理调度。NCBIOS 模块为基本输入输出系统，管理 CNC 装置所有的外部控制对象，包括设备驱动程序（I/O）的管理、位置控制、PLC 控制、插补计算以及内部监控等。

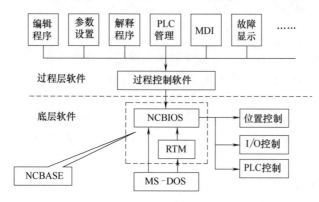

图 3.31　华中数控系统软件结构

RTM 和 NCBIOS 两模块合起来统称 NCBASE，如图中虚线框所示。图中虚线以上的部分称为过程控制软件（或上层软件），它包括编辑程序、参数设置、译码程序、PLC 管理、MDI、故障显示等与用户操作有关的功能子模块。对不同的数控系统，其功能的区别都在这一层，系统功能的增减均在这一层进行；各功能模块通过 NCBASE 的 NCBIOS 与底层进行信息交换。

(2)　NCBASE 的功能

① 实时多任务的调度。该功能由 RTM 模块实现。调度核心由时钟中断服务程序和任务调度程序组成如图 3.32 所示。根据任务要求的调度机制（采用优先抢占加时间片轮转调度）和任务的状态，调度核心对任务实行管理，即决定当前哪个任务获得 CPU 的控制权，并监控任务的状态。系统中各个任务只能通过调度核心才能运行和终止。图 3.32 描述了各个任务与调度核心的关系，图中的实线表示从调度核心进入任务或任务在一个时间片内未能运行完而返回调度核心的状态；图中虚线表示任务在时间片内运行完毕返回调度核心的状态。

② 设备驱动程序。对于不同的控制对象，如加工中心、数控铣床、数控车床、数控磨床等，硬件的配置可能不同，而不同的硬件模块其驱动程序也不同。华中数控系统就很好地解决了这个问题。在配置系统时，所有的硬件模块的驱动程序都要在 NCBIOS 的 NCBIOS.CFG 中说明（格式为：DEVICE＝驱动程序名）。系统在运行时，NCBIOS 根据 NCBIOS.CFG 的预先设置，调入对应模块的驱动程序，建立相应的接口通道。

③ 位置控制。位置控制是 NCBIOS 的一个固定程序，主要是接受插补运算程序送来的位置控制指令，经螺距误差补偿、传动间隙补偿、极限位置判别等处理后，输出速度指令值给位置控制模块。

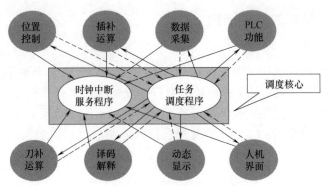

图 3.32　华中系统的多任务调度

④ 插补器。华中数控系统为多通道（可为四通道）数控系统，每个通道都有一个插补器，相应就创建一个插补任务。其任务主要是完成直线、圆弧、螺纹、攻螺纹及微小直线段（供自由曲线和自由曲面加工用）等插补运算。

⑤ PLC 调度。PLC 调度的主要任务是：故障的报警处理；M、S、T 处理；急停和复位处理；虚拟轴驱动处理；刀具寿命管理；操作面板的开关处理；指示灯及突发事件处理等。

⑥ 内部监控。实现对 CNC 装置各部分故障的监控。

3.4　CNC 装置的接口电路

3.4.1　概述

数控机床的 CNC 装置需要与下列设备进行数据传送和信息通信。

① 数据输入输出设备。如光电纸带阅读机（PTR）、纸带穿孔机（PP）、打印和穿孔复校设备（TTY）、零件加工程序的编程机和可编程控制器的编程机等。

② 外部机床控制面板。许多数控机床，特别是大型数控机床，为了操作方便，往往在机床侧设置一个外部机床控制面板。其结构可以是固定的，或者是悬挂式的，它远离 CNC 装置。早期采用专用的远距离输入输出接口，近来采用 RS232C（24V）/20mA 电流环接口。

③ 通用的手摇脉冲发生器。

④ 进给驱动线路和主轴驱动线路。

一般情况下，这两部分装置与 CNC 装置在同一机柜或相邻机柜内，通过内部连线相连，它们之间不设置通用输入输出接口。

接口是保证信息快速、正确传送的关键部分，接口技术发展很快，现代 CNC 装置都具有完备的数据传送和通信接口。例如，西门子公司的 SINUMERIK 3 或 8 系统设有 V24（RS-232C）/20mA 接口供程序输入输出之用。SINUMERIK 810/820 CNC 装置设有两个通用的 RS-232C/20mA 接口，可用以连接数据输入输出设备。而外部机床面板通过 I/O 模块相连。规定 RS-232C 接口传输距离不大于 50m，20mA 电流环接口可达 1000m。

随着工厂自动化（FA）和计算机集成制造系统（CIMS）的发展，CNC 装置作为 FA

或 CIMS 结构中一个基础层次，用作设备层或工作站层的控制器时，可以是分布式数控系统（DNC 亦称群控系统）、柔性制造系统（FMS）的有机组成部分，一般通过工业局部网络相连。

CNC 装置除了与数据输入输出设备相连接外，还要与上级计算机或 DNC 计算机直接通讯或通过工厂局部网络相连，具有网络通信功能。

3.4.2　CNC 装置常用外部设备及接口

CNC 装置的外部设备（简称外设）是指为了实现机床控制任务而设置的输入与输出装置。不同的数控设备配备外部设备的类型和数量都不一样。大体来说，外部设备包括输入设备和输出设备两种。输入设备常见的有自动输入的纸带阅读机、磁带机、磁盘驱动器等，手动输入的有键盘、手动操作的各种控制开关等。零件的加工程序、各种补偿的数据、开关状态等都要通过输入设备送入数控系统。输出设备常见的如指示灯、CRT 显示器、LED 显示器、纸带穿孔机、电传打字机、打印机等。

下面介绍一些常见的外部设备和相应接口。由于纸带阅读机现在已很少使用，这里不做介绍。

(1) 键盘输入及接口

键盘是数控机床最常用的输入设备，是实现人机对话的一种重要手段，通过键盘可以向计算机输入程序、数据及控制命令。键盘有两种基本类型：全编码键盘和非编码键盘。

全编码键盘每按下一键，键的识别由键盘的硬件逻辑自动提供被按键的 ASCII 代码或其他编码，并能产生一个选通脉冲向 CPU 申请中断，CPU 响应后将键的代码输入内存，通过译码执行该键的功能。此外还有消除抖动、多键和串键的保护电路。这种键盘的优点是使用方便，不占用 CPU 的资源，但价格昂贵。非编码键盘，其硬件上仅提供键盘的行和列的矩阵，其他识别、译码等全部工作都由软件来完成，所以非编码键盘结构简单，是较便宜的输入设备。这里主要介绍非编码键盘的接口技术和控制原理。

非编码键盘在软件设计过程中必须解决的问题是：识别键盘矩阵中被按下的键，产生与被按键对应的编码，消除按键时产生的抖动干扰，防止键盘操作中串键的错误（同时按下一个以上的键）。图 3.33 是一般微机系统常用的键盘结构线路。它由 8×8 的矩阵组成，有 64 个键可供使用。行线和列线的交点是单键按钮的触点，键按下，行线和列线接通。CPU 的 8 条低位地址线通过反相驱动器接至矩阵的列线，矩阵的行线经反相三态缓冲器接至 CPU 的数据总线上。CPU 的高位地址通过译码接至三态缓冲器的控制端，所以 CPU 访问键盘是通过地址线，与访问其他内存单元相同。键盘也占用内存空间，若高位地址译码的信号是 38H，则 3800H～38FFH 的存储空间为键盘所占用。

键盘输入信息的过程如下。

① 操作者按下一个键。

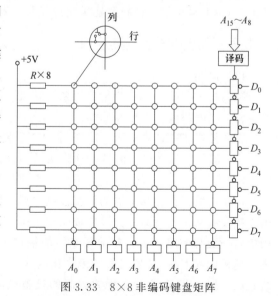

图 3.33　8×8 非编码键盘矩阵

② 查出按下的是哪一个键，称为键扫描。

③ 给出该键的编码，即键译码。在这种方式中，键的识别和译码是由软件来实现的，采用程序查询的方法来扫描键盘，其扫描的步骤如下。

平时三态缓冲器的输入端是高电平。扫描键盘是否有键按下时，首先访问键盘所占用的空间地址，高位地址选通，经译码器打开三态缓冲器的控制端，低位地址 $A_0 \sim A_7$ 全为高电平，然后检查行线，用读入数据的方法判断 $D_0 \sim D_7$ 是否全为零，若全为零，则表示没有键按下。程序再反复扫描，直到查出输入的信息不是零，某一根数据线为高电平，表示键盘中有一个键按下，根据数据的值知道按键是在哪一行。查到有键按下后，必须找出键在哪一列上，接着 CPU 再逐列扫描地址线，其方法是使第 1 列地址线为高电平，其他 7 列为低电平，然后再读入数据检查行线，是否有一根数据线为高电平，若不为高电平，则使第 2 列为高电平，其余列为低电平，再读入数据，看是否不全是零，以此类推一直到读入数据不全是零，即可找出所按下的键在哪一列。

找到按下的键所属的行列，就知道按下的是什么键，通过程序处理即可执行按键的功能。

(2) 显示器及其接口

CNC 装置接收到操作者输入的信息以后，往往还要把接收到的信息告知操作者，以便进行下一步的操作。例如，操作者用按键选择了 CNC 装置的某种工作方式，CNC 装置就要用文字把当前的状态显示出来，告知操作者是否已经接收到了正确的信息；在零件程序的输入过程中，每输入一个字符，CNC 装置也都要将其显示出来，操作者可以很方便地知道正在输入的当前位置；已经在内存的零件程序如果需要修改，也可以显示出来，以便操作者找到修改的位置。所有这些，都要求 CNC 装置具有显示数据和其他信息的功能。因此，显示器是数控机床最常用的输出设备，也是实现人机对话的一个重要手段。尤其是现代 CNC 系统采用的 CRT 显示器，大大扩展了显示功能，它不仅能显示字符，还能显示图形。

所以，在 CNC 装置中，常采用各种显示方式以简化操作和丰富操作内容，用来显示编制的零件加工程序、输入的数据与参数和加工过程的状态（动态坐标值等）以及加工过程的动态模拟等，使操作既直观又方便。早期的 CNC 装置多采用 LED 显示器，现代 CNC 装置都配有 CRT 显示器，最新的还采用液晶显示器（LCD）。

3.4.3 机床开关量及其接口

(1) 概述

数控机床"接口"指的是数控系统与机床电气控制设备（由继电器、接触器等组成的强电设备）之间的电气连接部分。

在数控机床中，由机床（MT）向 CNC 装置传送的信号称为输入信号；由 CNC 装置向 MT 传送的信号称为输出信号。这些输入/输出信号有：直流数字输入/输出信号、直流模拟输入/输出信号、交流输入/输出信号，而应用最多的是直流数字输入/输出信号。直流模拟信号用于进给坐标轴和主轴的伺服控制（或其他接收、发送模拟信号的设备）；交流信号用于直接控制功率执行器件。接收或发送模拟信号和交流信号，需要专门的接口电路，实际应用中，一般都采用 PLC，并配置专门的接口电路才能实现。通常，输入信号都先经光电隔离，使机床和 CNC 装置之间的信号在电气上实现隔离，防止干扰引起误动作。其次，CNC 装置内一般是 TTL 电平，而要控制的设备或电路不一定是 TTL 电平，故在接口电路中要进行电平转换和功率放大，以及实行 A/D 转换。此外为了减少控制信号在传输过程中的衰减、噪声、反射和畸变等影响，还要按信号类别及传输线质量，采取一些措施和限制传输距离。

（2）数控机床上的接口规范

根据国际标准 ISO 4336-1981（E）《机床数字控制—数控装置和数控机床电气设备之间的接口规范》的规定，接口分为四类。

第Ⅰ类：与驱动命令有关的连接电路；

第Ⅱ类：数控系统与检测系统和测量传感器间的连接电路；

第Ⅲ类：电源及保护电路；

第Ⅳ类：通断信号和代码信号连接电路。

第Ⅰ类和第Ⅱ类接口传送的信息是数控系统与伺服驱动单元（即速度控制环）、伺服电机、位置检测和速度检测之间的控制信息及反馈信息，它们属于数字控制及伺服控制。

第Ⅲ类接口电路由数控机床强电线路中的电源控制电路构成。强电线路由电源变压器、控制变压器、各种断路器、保护开关、接触器、功率继电器及熔断器等连接而成，以便为辅助交流电动机、电磁铁、离合器、电磁阀等功率执行元件供电。强电线路不能与低压下工作的控制电路或弱电线路直接连接，只能通过断路器、热动开关、中间继电器等器件转换成直流低压下工作触点的开、合动作，才能成为继电器逻辑电路和 PLC 可接收的电信号。反之，由 CNC 装置输出来的信号，应先去驱动小型中间继电器，（一般工作电压直流＋24V），然后用中间继电器的触点接通强电线路的功率继电器去直接激励这些负载（电磁铁、电磁离合器、电磁阀线图）。

第Ⅳ类开关信号和代码信号是数控系统与外部传送的输入输出控制信号。当数控系统带有 PLC 时，这些信号除极少数的高速信号外，均通过 PLC 传送。第Ⅳ类接口信号根据其功能的必要性又可分为两种：必需的信号以及为了保护人身和设备安全，或者为了操作、为了兼容性所必需的信号。如"急停""进给保持""NC 准备好"等。任选的信号，并非任何数控机床都必须有，而是在特定的数控系统和机床相配条件下才需要的信号：如"行程极限""JOG 命令（手动连续进给）""NC 报警""程序停止""复位""M 信号""S 信号""T 信号"等。

（3）数控机床典型的 I/O 接口

① 输入接口。输入接口接收机床操作面板各开关、按钮的信号及机床各种限位开关的信号，分为触点输入的接收电路和电压输入的接收电路两种，分别如图 3.34 和图 3.35 所示。

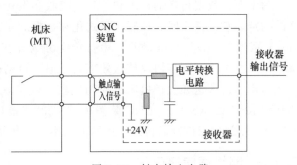

图 3.34　触点输入电路

② 输出接口。输出接口将机床各种工作状态灯的信息送到机床操作面板，把控制机床动作的信号送到强电柜。它分为继电器输出电路和无触点输出电路（光电隔离输出电路），分别如图 3.36 和图 3.37 所示。

光电隔离电路通过滤波吸收来抑制干扰信号的产生，采用光电隔离的办法使微机与机床强电部件不共地，从而阻断干扰信号的传导，同时实现电平转换。输入端为高电平时，由于反相器的作用，使发光二极管不通，从而光敏三极管也不通，输出为高电平，反之输出为低电平。

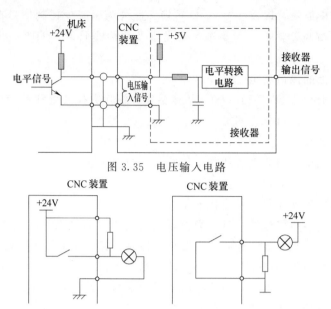

图 3.35 电压输入电路

图 3.36 继电器输出电路

3.4.4 串行接口

数据在设备间的传送可用串行方式或并行方式。相距较远的设备数据传送采用串行方式。串行接口需要有一定的逻辑，将机内的并行数据转换成串行信号后再传送出去，接收时也要将收到的串行 I/O 信号经过缓冲器转换成并行数据，再送至机内处理。常用芯片有 8251A、MC6850、6852 等，可以实现这些功能。

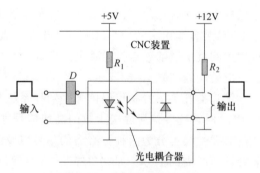

图 3.37 光电隔离输出电路

为了保证数据传送的正确和一致，接收和发送双方对数据的传送应确定一致的且互相遵守的约定，它包括定时、控制、格式化和数据表示方法等，这些约定称为通讯规则（procedure）或通信协议（protocol）。串行传送分为异步协议和同步协议两种，异步传送比较简单，但速度不快；同步协议传送效率高，但接口结构复杂，传送大量数据时使用。

异步串行传送在数控机床上应用比较广泛，现在主要的接口标准有 RS-232C/20mA 电流环和 RS-422/RS-449。CNC 装置中 RS-232C 接口用以连接输入输出设备（PTR、PP 或 TTY），外部机床控制面板或手摇脉冲发生器，传输速率不超过 9600bit/s。

3.4.5 网络通信接口

随着制造技术的不断发展，对网络通信要求越来越高，计算机网络是由通信线路，根据一定的通信协议互连起来的独立自主的计算机的集合，联网中的各设备应能保证高速和可靠的传送数据和程序。在这种情况下一般采取同步串行传送方式，在 CNC 装置中设有专用的微处理机的通信接口，完成网络通信任务。

现在网络通信协议都采用以 ISO 开放式互联系统参考模型的七层结构为基础的有关协议，或采用 IEEE802 局部网络有关协议。近年来 MAP（Manufacturing Automation Protocol）制造自动化协议已很快成为应用于工厂自动化的标准工业局部网络的协议。FANUC、Siemens、A-B 等公司表示支持 MAP，在它们生产的 CNC 装置中可以配置 MAP2.1，或 MAP3.0 的网络通信接口。工业局部网络（LAN）有距离限制（几公里），要求较高的传输速率，较低的误码率，可以采用各种传输介质（如电话线、双绞线、同轴电缆和光导纤维等）。

3.5　CNC 运动轨迹的插补原理

3.5.1　运动轨迹插补的概念

在数控机床中，刀具的最小移动单位是一个脉冲当量，而刀具的运动轨迹为折线，并不是光滑的曲线。刀具不能严格地沿着所加工的曲线运动，只能用折线轨迹逼近所加工的曲线。在数控加工中，根据给定的信息进行某种预定的数学计算，不断向各个坐标轴发出相互协调的进给脉冲或数据，使被控机械部件按指定路线移动（即产生 2 个坐标轴以上的配合运动），这就是插补。换言之，插补就是沿着规定的轮廓，在轮廓的起点和终点之间按一定算法进行数据点的密化，给出相应轴的位移量或用脉冲把起点和终点间的空白填补（逼近误差要小于 1 个脉冲当量）。一般数控机床都具备直线和圆弧插补功能。

（1）直线插补

按照规定的直线给出两端点间的插补数字信息，以控制刀具的运动，使之加工出理想的平面，称为直线插补。

（2）曲线插补

按照规定的圆弧或其他二次曲线、高次函数，给出两端点间的插补数字信息，以控制刀具的运动，使之加工出理想的曲面，称为曲线插补。

（3）NC 与 CNC 插补

NC 插补：早期 NC 系统采用的插补方法。插补功能主要由硬件插补器（数字电路装置）实现。

CNC 插补：现代 CNC 装置采用的插补方法。插补功能主要由软件（计算机程序）实现。

3.5.2　运动轨迹插补的方法

（1）脉冲增量法

把每次插补运算产生的指令脉冲输出到步进电动机等伺服机构，并且每次产生一个单位的行程增量，这就是脉冲增量插补，如逐点比较法、DDA 法及一些相应的改进算法等都属此类。这类插补法比较简单，仅需几次加法和移位操作就可完成，用硬件和软件模拟都可实现。进给速度指标和精度指标都难以满足现在零件加工的要求，因此，这种插补法只适用于中等精度和中等速度的机床 CNC 装置。主要用在早期的采用步进电机驱动的数控系统，现在的数控系统已很少采用这类算法了。

（2）数据采样法

在这种方法中，整个控制系统通过计算机而形成闭环，输出的不是单个脉冲，而是数据，即标准二进制字。数据采样插补算法中较常见的有时间分割法插补，也就是根据编程进给速度将零件轮廓曲线按插补周期分割为一系列微小直线段，然后将这些微小直线段对应的位置增量数据进行输出，用以控制伺服系统实现坐标轴的进给。这类插补算法适用于以直流或交流伺服电动机作为执行元件的闭环或半闭环

（3）软件/硬件相配合的两级插补法

软件：它是在给定起点和终点的曲线之间插入若干个点，即用若干条微小直线段来逼近给定曲线，粗插补在每个插补计算周期中计算一次。

硬件：它是在粗插补计算出的每一条微小直线段上再做"数据点的密化"工作，这一步相当于对直线的脉冲增量插补。

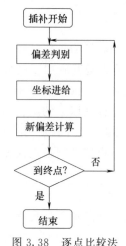

图 3.38　逐点比较法

3.5.3　逐点比较法

（1）逐点比较法的原理

它的原理是以区域判别为特征，每走一步都要将加工点的瞬时坐标与规定的图形轨迹相比较，判断其偏差，然后决定下一步的走向。如果加工点走到图形外面，那么下一步就要向图形里面走；如果加工点在图形里面，则下一步就要向图形外面走，以缩小偏差。每次只进行一个坐标轴的插补进给。通过这种方法能得到一个接近规定图形的轨迹，而最大偏差不超过一个脉冲当量。在逐点比较法中，每进给一步都要四个节拍，如图 3.38 所示。

① 偏差判别：判别偏差号，确定加工点是在图形的外面还是里面。

② 坐标进给：根据偏差情况，控制 X 坐标或 Y 坐标进给一步。

③ 新偏差计算：进给一步后，计算加工点与规定轮廓的新偏差，作为下一步偏差判别的依据。

④ 终点判别：根据这一步的进给结果，判定终点是否到达。

（2）逐点比较法 I 象限直线插补

① 基本原理。

a. 偏差判别。如图 3.39 所示，假设动点 N 刚好在直线 OE 上，则：

$Y_i/X_i=Y_e/X_e$，即 $X_eY_i-X_iY_e=0$

假设动点在 OE 的下方 N' 处，则

$$Y_i/X_i<Y_e/X_e，即 X_eY_i-X_iY_e<0$$

假设动点在 OE 的上方 N'' 处，则

$$Y_i/X_i>Y_e/X_e，即 X_eY_i-X_iY_e>0$$

为此取偏差判别函数为：

$$F=X_eY_i-X_iY_e$$

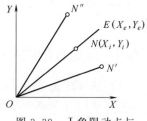

图 3.39　I 象限动点与直线之间的关系

从而有如下结论：

当 $F=0$ 时，点在直线上；当 $F>0$ 时，点在直线上方；当 $F<0$ 时，点在直线下方。

b. 坐标进给。当 $F>0$ 时，向$+X$ 方向进给一步；当 $F<0$ 时，向$+Y$ 方向进给一步；当 $F=0$ 时，既可以向$+X$ 方向发一脉冲，也可以向$+Y$ 方向前进一步。但通常将 $F=0$ 和 $F>0$ 做同样的处理，即都向$+X$ 方向发一脉冲，如图 3.40 所示。

c. 新偏差计算（采用递推法）。由偏差计算公式可以看出，每次求 F 时要做乘法和减法运算，而这在使用硬件或汇编语言软件实现插补时不大方便，还会增加运算的时间。因此，为了简化运算，通常采用递推法，即每进给一步后新加工点的加工偏差值通过前一点的偏差递推算出。

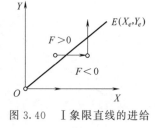

图 3.40　Ⅰ象限直线的进给

假设第Ⅰ次插补后动点坐标为 N (X_i, Y_i)，偏差函数为：

$$F_i = X_e Y_i - X_i Y_e$$

若 $F_i \geqslant 0$，则向 $+X$ 方向进给一步，新的动点坐标值为：

$$X_{i+1} = X_i + 1, Y_{i+1} = Y_i$$

这里，设坐标值单位是脉冲当量，进给一步即走一个脉冲当量的距离。则新的偏差函数为：

$$F_{i+1} = X_e Y_{i+1} - X_{i+1} Y_e = X_e Y_i - X_i Y_e - Y_e = F_i - Y_e$$

同理，若 $F < 0$，向 $+Y$ 方向进给一步，新的动点坐标值为：

$$X_{i+1} = X_i, Y_{i+1} = Y_i + 1$$

新的偏差函数为：

$$F_{i+1} = X_e Y_{i+1} - X_{i+1} Y_e = X_e Y_i - X_i Y_e + X_e = F_i + X_e$$

由此可见，采用递推算法后，偏差函数 F 的计算只与终点坐标值 (X_e, Y_e) 有关，而不涉及动点坐标 (X_i, Y_i) 的值，且不需要进行乘法运算，新动点的偏差函数可由上一个动点的偏差函数值递推出来（减 Y_e 或加 X_e）。因此，该算法相当简单，易于实现。但要一步步递推，且需知道开始加工点处的偏差值。一般是采用人工方法将刀具移到加工起点（对刀），这时刀具正好处于直线上，当然也就没有偏差，所以递推开始时偏差函数的初始值为 $F_0 = 0$。

d. 终点判别。从直线的起点 O 移动到终点 E，刀具沿 X 轴应走的步数为 X_e，沿 Y 轴应走的步数为 Y_e，沿 X，Y 两坐标轴应走的总步数 N 为

$$N = X_e + Y_e$$

刀具运动到点 N (X_i, Y_i) 时，沿 X，Y 轴已经走过的步数 n 为

$$n = X_i + Y_i$$

若 n 与 N 相等，说明直线已加工完毕，插补过程应该结束。否则，说明直线轮廓还没有加工完毕。

另外，对于逐点比较插补法，每进行一个插补循环，刀具或者沿 X 轴走一步，或者沿 Y 轴走一步，因此插补循环数与刀具沿 X，Y 轴已走的总步数相等。这样就可以根据插补循环数 i 与刀具沿 X，Y 轴应进给的总步数 N 是否相等判断终点，即直线加工结束的条件为

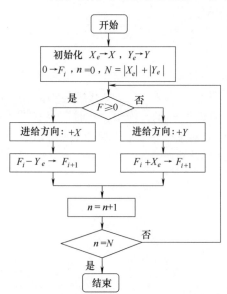

图 3.41　逐点比较法Ⅰ象限直线插补流程

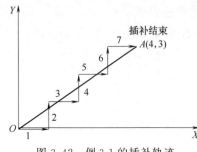

图 3.42 例 3-1 的插补轨迹

$$i = N$$

② 软件插补程序（如图 3.41 所示）。

【例 3.1】 设欲加工第一象限直线 OE，起点为坐标原点，终点坐标为 $X_e = 4$，$Y_e = 3$，用逐点比较法插补之，并画出插补轨迹。

解： 由于刚开始刀具在直线起点，所以 $F_0 = 0$，插补总步数为 $N = |X_e| + |Y_e| = 7$，具体插补过程见表 3.5，插补轨迹见图 3.42。

表 3.5 例 3.1 的插补过程

步数	偏差判别	进给方向	偏差计算	终点判别
0			$F_0 = 0, X_e = 4, Y_e = 3$	$i = 0$
1	$F_0 = 0$	$+X$	$F_1 = F_0 - Y_e = 0 - 3 = -3$	$i = 0 + 1 = 1$
2	$F_1 = -3 < 0$	$+Y$	$F_2 = F_1 + X_e = -3 + 4 = 1$	$i = 1 + 1 = 2$
3	$F_2 = 1 > 0$	$+X$	$F_3 = F_2 - Y_e = 1 - 3 = -2$	$i = 2 + 1 = 3$
4	$F_3 = -2 < 0$	$+Y$	$F_4 = F_3 + X_e = -2 + 4 = 2$	$i = 3 + 1 = 4$
5	$F_4 = 2 > 0$	$+X$	$F_5 = F_4 - Y_e = 2 - 3 = -1$	$i = 4 + 1 = 5$
6	$F_5 = -1 < 0$	$+Y$	$F_6 = F_5 + X_e = -1 + 4 = 3$	$i = 5 + 1 = 6$
7	$F_6 = 3 > 0$	$+X$	$F_7 = F_6 - Y_e = 3 - 3 = 0$	$i = 6 + 1 = 7$，到达终点

(3) 逐点比较法Ⅰ象限逆圆插补

① 基本原理。

a. 偏差判别。如图 3.43 所示，当动点 N（X_i，Y_i）位于圆弧上时有下式成立。

$$X_i^2 + Y_i^2 = X_e^2 + Y_e^2 = R^2$$

当动点 N（X_i，Y_i）在圆弧外侧时，有下式成立。

$$X_i^2 + Y_i^2 > X_e^2 + Y_e^2 = R^2$$

当动点 N（X_i，Y_i）在圆弧内侧时，有下式成立。

$$X_i^2 + Y_i^2 < X_e^2 + Y_e^2 = R^2$$

为此，可取圆弧插补偏差函数判别式为：

$$F = X_i^2 + Y_i^2 - R^2$$

从而有如下结论：

当 $F = 0$ 时，点在圆弧上；当 $F > 0$ 时，点在圆弧外；当 $F < 0$ 时，点在圆弧内。

b. 坐标进给。当 $F > 0$ 时，点在圆外，向 $-X$ 方向进给一步；当 $F = 0$ 时，点在圆上，向 $-X$ 方向进给一步；当 $F < 0$ 时，点在圆内，向 $+Y$ 方向进给一步，如图 3.44 所示。

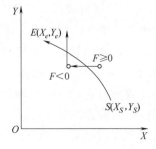

图 3.43 动点与圆弧之间的关系

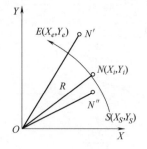

图 3.44 Ⅰ象限圆弧的进给

c. 新偏差计算（采用递推法）。假设第I次插补后动点坐标为 N (X_i,Y_i)，偏差函数为：

$$F=X_i^2+Y_i^2-R^2$$

若 $F_i \geqslant 0$，向 $-X$ 方向进给一步，新的动点坐标值为：

$$X_{i+1}=X_i-1,Y_{i+1}=Y_i$$

则新的偏差函数为：

$$F_{i+1}=X_{i+1}^2+Y_{i+1}^2-R^2=(X_i-1)^2+Y_i^2-R^2$$

从而，$F_{i+1}=F_i-2X_i+1$

同理，若 $F<0$，向 $+Y$ 方向进给一步，新的动点坐标值为：

$$X_{i+1}=X_i,Y_{i+1}=Y_i+1$$

新的偏差函数为：

$$F_{i+1}=X_{i+1}^2+Y_{i+1}^2-R^2=X_i^2+(Y_i+1)^2-R^2$$

从而，$F_{i+1}=F_i+2Y_i+1$

注意：进给后新点的偏差计算公式除与前一点偏差值有关外，还与动点坐标有关，动点坐标值随着插补的进行是变化的，所以在圆弧插补的同时，还必须修正新的动点坐标。

d. 终点判别。加工完圆弧刀具沿坐标轴应走的总步数 $N=|X_e-X_s|+|Y_e-Y_s|$，设插补循环数为 i，每插补循环一次，i 加一，若 i 与 N 相等，说明圆弧已加工完毕，插补结束。

也可将 X、Y 轴走的步数总和存入一个计数器 Σ，$\Sigma=|X_e-X_s|+|Y_e-Y_s|$，每走一步 Σ 减一，当 $\Sigma=0$ 发出停止信号，插补结束。

② 软件插补程序（如图 3.45 所示）。

【例 3.2】 现欲加工第一象限逆圆弧 AB，起点 A $(4,0)$，终点 B $(0,4)$，试用逐点比较法进行插补。

解：由于刚开始刀具在圆弧起点，所以 $F_0=0$，插补总步数为 $\Sigma=|X_e-X_s|+|Y_e-Y_s|=8$，具体插补过程见表 3.6，插补轨迹见图 3.46。

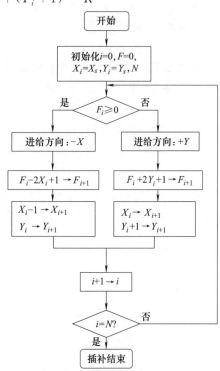

图 3.45 逐点比较法 I 象限逆圆插补流程

表 3.6 例 3.2 的插补过程

步数	偏差判别	坐标进给	偏差计算	坐标计算	终点判别
起点			$F_0=0$	$X_0=4,Y_0=0$	$\Sigma=8$
1	$F_0=0$	$-X$	$F_1=F_0-2X_0+1=-7$	$X_1=3,Y_1=0$	$\Sigma=7$
2	$F_1<0$	$+Y$	$F_2=F_1+2Y_1+1=-6$	$X_2=3,Y_2=1$	$\Sigma=6$
3	$F_2<0$	$+Y$	$F_3=F_2+2Y_2+1=-3$	$X_3=3,Y_3=2$	$\Sigma=5$
4	$F_3<0$	$+Y$	$F_4=F_3+2Y_3+1=2$	$X_4=3,Y_4=3$	$\Sigma=4$
5	$F_4>0$	$-X$	$F_5=F_4-2X_4+1=-3$	$X_5=2,Y_5=3$	$\Sigma=3$
6	$F_5<0$	$+Y$	$F_6=F_5+2Y_5+1=4$	$X_6=2,Y_6=4$	$\Sigma=2$
7	$F_6>0$	$-X$	$F_7=F_6-2X_6+1=1$	$X_7=1,Y_7=4$	$\Sigma=1$
8	$F_7>0$	$-X$	$F_8=F_7-2X_7+1=0$	$X_8=0,Y_8=4$	$\Sigma=0$ 插补结束

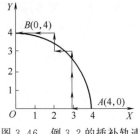

图 3.46 例 3.2 的插补轨迹

（4）插补象限和圆弧走向处理

① 4 个象限直线插补。先以第二象限直线为例来看，如图 3.47 所示，Ⅱ 象限直线的起点在原点 O（0，0），终点为 E（$-X_e$，Y_e）。

和第一象限直线一样，取偏差判别函数为 $F = X_e Y_i - X_i Y_e$，只是此时公式中的所有坐标值均为绝对值，则偏差判别结果如图 3.47 所示。

当 $F_i \geq 0$ 时，向 $-X$ 方向进给一步，则动点坐标绝对值变化为 $X_{i+1} = X_i + 1$，$Y_{i+1} = Y_i$，从而新的偏差函数仍然为：

$$F_{i+1} = F_i - Y_e$$

当 $F_i < 0$ 时，$+Y$ 方向进给一步，则动点坐标绝对值变化为 $X_{i+1} = X_i$，$Y_{i+1} = Y_i + 1$，从而新的偏差函数仍然为：

$$F_{i+1} = F_i + X_e$$

和第一象限的插补情况相比较，只需用 $|X|$ 代替 X，$|Y|$ 代替 Y，即可完全按 Ⅰ 象限直线插补的偏差计算公式进行。从而可得出四个象限的直线插补情况。四个象限直线的偏差符号和插补进给方向如图 3.48 所示，用 L_1、L_2、L_3、L_4 分别表示第 Ⅰ、Ⅱ、Ⅲ、Ⅳ 象限的直线。为适用于四个象限直线插补，插补运算时用 $|X|$，$|Y|$ 代替 X，Y，偏差符号确定可按第一象限进行，动点与直线的位置关系按第一象限判别方式进行判别。

由图 3.48 可见，靠近 Y 轴区域偏差大于零，靠近 X 轴区域偏差小于零。$F \geq 0$ 时，进给都是沿 X 轴，不管是 $+X$ 向还是 $-X$ 向，X 的绝对值增大；$F < 0$ 时，进给都是沿 Y 轴，不论 $+Y$ 向还是 $-Y$ 向，Y 的绝对值增大。

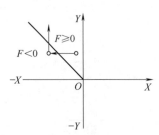

图 3.47　逐点比较法 Ⅱ 象限直线插补

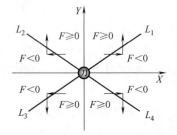

图 3.48　四个象限直线插补的进给方向

② 4 个象限圆弧插补。

a. Ⅰ 象限顺圆。如图 3.49 所示，为 Ⅰ 象限顺圆插补。同样取偏差判别函数为：

$$F_i = X_i^2 + Y_i^2 - R^2$$

当 $F_i \geq 0$ 时，向 $-Y$ 方向进给一步，新的偏差函数为：

$$F_{i+1} = X_{i+1}^2 + Y_{i+1}^2 - R^2 = X_i^2 + (Y_i - 1)^2 - R^2$$

即

$$F_{i+1} = F_i - 2Y_i + 1$$

当 $F_i < 0$ 时，$+X$ 方向进给一步，新的偏差函数为：

$$F_{i+1} = X_{i+1}^2 + Y_{i+1}^2 - R^2 = (X_i + 1)^2 + Y_i^2 - R^2$$

即

$$F_{i+1} = F_i + 2X_i + 1$$

注意：和第一象限的插补情况相比较，只需用 $|X|$ 代替 X，$|Y|$ 代替 Y，即可完全按 Ⅰ 象限直线插补的偏差计算公式进行。

【例 3.3】　现欲加工第一象限顺圆弧 AB，起点 A $(0，4)$，终点 B $(4，0)$，试用逐点比较法进行插补。

解： 由于刚开始刀具在圆弧起点，所以 $F_0=0$，插补总步数为 $\sum=|X_e-X_s|+|Y_e-Y_s|=8$，具体插补过程见表 3.7，插补轨迹见图 3.50。

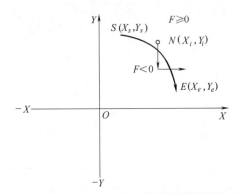

图 3.49　逐点比较法 I 象限顺圆插补

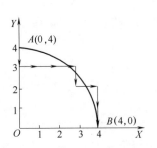

图 3.50　例 3.3 的插补轨迹

表 3.7　例 3.3 的插补过程

步数	偏差判别	坐标进给	偏差计算	坐标计算	终点判别
起点			$F_0=0$	$X_0=0，Y_0=4$	$\sum=8$
1	$F_0=0$	$-Y$	$F_1=F_0-2Y_0+1=-7$	$X_1=0，Y_1=3$	$\sum=7$
2	$F_1<0$	$+X$	$F_2=F_1+2X_1+1=-6$	$X_2=1，Y_2=3$	$\sum=6$
3	$F_2<0$	$+X$	$F_3=F_2+2X_2+1=-3$	$X_3=2，Y_3=3$	$\sum=5$
4	$F_3<0$	$+X$	$F_4=F_3+2X_3+1=2$	$X_4=3，Y_4=3$	$\sum=4$
5	$F_4>0$	$-Y$	$F_5=F_4-2Y_4+1=-3$	$X_5=3，Y_5=2$	$\sum=3$
6	$F_5<0$	$+X$	$F_6=F_5+2X_5+1=4$	$X_6=4，Y_6=2$	$\sum=2$
7	$F_6>0$	$-Y$	$F_7=F_6-2Y_6+1=1$	$X_7=4，Y_7=1$	$\sum=1$
8	$F_7>0$	$-Y$	$F_8=F_7-2Y_7+1=0$	$X_8=4，Y_8=0$	$\sum=0$ 插补结束

b. 4 个象限的不同情况。如果插补计算都用坐标的绝对值，将进给方向另做处理，四个象限插补公式可以统一起来，当对第一象限顺圆插补时，将 X 轴正向进给改为 X 轴负向进给，则走出的是第二象限逆圆，若将 X 轴沿负向、Y 轴沿正向进给，则走出的是第三象限顺圆，以此类推。如果用 SR_1、SR_2、SR_3、SR_4 分别表示第 I、II、III、IV 象限的顺时针圆弧，用 NR_1、NR_2、NR_3、NR_4 分别表示第 I、II、III、IV 象限的逆时针圆弧，四个象限圆弧的进给方向表示在图 3.51 中。图中横向虚线框内的为一组，以 NR_1 为代表，偏差计算公式均为 NR_1 的偏差计算公式，进给方向都可由 NR_1 的进给方向变换得到；竖向虚线框内的为一组，以 SR_1 为代表，偏差计算公式均为

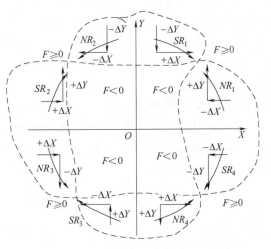

图 3.51　四个象限圆弧插补的进给方向

SR_1 的偏差计算公式，进给方向都可由 SR_1 的进给方向变换得到。四个象限的圆弧进给方向和偏差计算公式见表 3.8。

线型	进给	偏差计算	进给	偏差计算
		$F \geqslant 0$		$F < 0$
SR_1	$-Y$		$+X$	
SR_3	$+Y$	$F_{i+1} = F_i - 2Y_i + 1$	$-X$	$F_{i+1} = F_i + 2X_i + 1$
NR_2	$-Y$		$-X$	
NR_4	$+Y$		$+X$	
SR_2	$+X$		$+Y$	
SR_4	$-X$	$F_{i+1} = F_i - 2X_i + 1$	$-Y$	$F_{i+1} = F_i + 2Y_i + 1$
NR_1	$-X$		$+Y$	
NR_3	$+X$		$-Y$	

规定 $F = 0$ 时，进给方向和 $F > 0$ 时相同。为便于记忆偏差判别公式，可将上表归纳为如下两个公式：

$$F_{i+1} = F_i \pm 2|X_i| + 1$$
$$F_{i+1} = F_i \pm 2|Y_i| + 1$$

当某一时刻动点沿 X 轴进给，则取上面的偏差公式，反之，当动点沿 Y 轴进给，则取下面的偏差公式。当动点坐标的绝对值增大时，偏差公式取"＋"，反之，当动点坐标的绝对值减小时，偏差公式取"－"。例如，第三象限的顺圆弧 SR_3，当 $F \geqslant 0$ 时，向 $+Y$ 方向进给一步，绝对值在减小，则偏差公式为 $F_{i+1} = F_i - 2Y_i + 1$。

3.5.4　DDA 法——数字积分法

数字积分法又称数字微分分析法 DDA（Digital Differential Analyzer），是在数字积分器的基础上建立起来的一种插补算法。数字积分法的原理就是将插补元素分割成微小的段（小于坐标轴一次进给的量，也就是小于一个脉冲当量）然后将这些小段进行累加，累加到大于或等于一个脉冲当量时，产生一个进给脉冲，控制坐标轴进给一步。当元素分割得无限小时，这个累加的过程就是积分，所以这种插补方法就叫作数字积分法。数字积分法的优点是，易于实现多坐标联动，较容易地实现二次曲线、高次曲线的插补，并具有运算速度快，应用广泛等特点。

（1）DDA 法的原理

用数字累加原理，保证在编程规定的进给速度下获得所需轨迹。

① 数学原理。如图 3.52 所示，函数 $Y = f(t)$ 求积分的运算就是求此曲线所包围的面积，即面积 S 为：

$$S = \int_a^b Y\mathrm{d}t = \lim_{n \to \infty} \sum_{i=0}^{n-1} Y_i (t_{i+1} - t_i)$$

如果取 Δt 为最小单位"1"，即 1 个脉冲当量，则上式可化简为：

$$S = \sum_{i=0}^{n-1} Y_i$$

由此看出，当 Δt 足够小时，函数的积分运算便转化为求和运算积累加运算。

② 脉冲分配原理。设坐标轴的最小脉冲当量为 δ，则 X 轴每走一个 δ，Y 轴相应走 0.4δ，如图 3.53 所示，脉冲分配过程如表 3.9 所示。

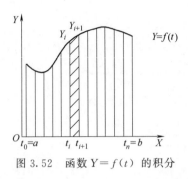

图 3.52　函数 $Y=f(t)$ 的积分

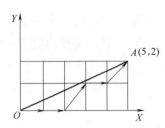

图 3.53　DDA 法的脉冲分配原理

表 3.9　**脉冲分配过程**

坐标轴	脉冲分配				
X 轴	δ	δ	δ	δ	δ
Y 轴	0.4δ	0.8δ	δ（溢出）$+0.2\delta$（寄存）	0.6δ	δ（溢出）

(2) 数字积分法直线插补

① 插补原理。

a. 被积函数与余数（积分函数），如图 3.54 所示，刀具在 X、Y 方向上移动的微小增量为

$$\Delta X = V_x \Delta t$$
$$\Delta Y = V_y \Delta t$$

又由图中的几何关系可得：

$$\frac{V}{L} = \frac{V_x}{X_e} = \frac{V_y}{Y_e} = K（常数）$$

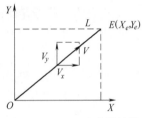

图 3.54　DDA 法直线插补

从而，

$$\Delta X = V_x \Delta t = kX_e \Delta t$$
$$\Delta Y = V_y \Delta t = kY_e \Delta t$$

各坐标轴的位移量为：

$$X = \int_0^t kX_e \, \mathrm{d}t = \sum_{i=1}^{N} \Delta X_i = \sum_{i=1}^{N} kX_e \Delta t_i = NkX_e$$

$$Y = \int_0^t kY_e \, \mathrm{d}t = \sum_{i=1}^{N} \Delta Y_i = \sum_{i=1}^{N} kY_e \Delta t_i = NkY_e$$

数字积分法是求上式从 O 到 E 区间的定积分。此积分值等于由 O 到 E 的坐标增量，因积分是从原点开始的，所以坐标增量即是终点坐标。即

$$X = kNX_e = X_e$$
$$Y = kNY_e = Y_e$$

可见累加次数与比例系数之间有如下关系

$$kN = 1 \text{ 或 } N = 1/k$$

两者互相制约，不能独立选择，N 是累加次数，只能取整数，从而 k 取小数。即先将

直线终点坐标 (X_e, Y_e) 缩小到 (kX_e, kY_e)，然后再经 N 次累加到达终点。另外还要保证沿坐标轴每次进给脉冲不超过一个，保证插补精度，应使下式成立

$$\Delta X = kX_e < 1$$
$$\Delta Y = kY_e < 1$$

如果存放 (X_e, Y_e) 寄存器的位数是 n，对应最大允许数字量为（各位均为1）$2^n - 1$，所以 (X_e, Y_e) 最大寄存数值为 $2^n - 1$，则

$$k(2^n - 1) < 1$$

即

$$k < \frac{1}{2^n - 1}$$

为使上式成立，不妨取 $k = \frac{1}{2^n}$，代入得

$$\frac{2^n - 1}{2^n} < 1$$

满足精度要求。

从而，累加次数

$$N = \frac{1}{k} = 2^n$$

上式表明，若寄存器位数是 n，则直线整个插补过程要进行 2^n 次累加才能到达终点。

很明显，被积函数为：

$$\begin{cases} f_X = KX_e = \dfrac{1}{2^n} X_e \\ f_Y = KY_e = \dfrac{1}{2^n} Y_e \end{cases}$$

积分函数为：

$$\begin{cases} S_X = \sum f_X \\ S_Y = \sum f_Y \end{cases}$$

累加器中的值满"1"则溢出，不足"1"的部分则作为余数寄存。

对于二进制数来说，一个 n 位寄存器中存放 X_e 和存放 kX_e 的数字是一样的，只是小数点的位置不同罢了，X_e 除以 2^n，只需把小数点左移 n 位，小数点出现在最高位数 n 的前面。采用 kX_e 进行累加，累加结果大于1，就有溢出。若采用 X_e 进行累加，超出寄存器容量 2^n 有溢出。将溢出脉冲用来控制机床进给，其效果是一样的。所以，为了计算的方便，在被寄函数寄存器里可只存 X_e，而省略 k。

例如，$X_e = 100101$ 在一个 6 位寄存器中存放，若 $k = 1/2^6$，$kX_e = 0.100101$ 也存放在 6 位寄存器中，数字是一样的，若进行一次累加，都有溢出，余数数字也相同，只是小数点位置不同而已，因此可用 X_e 替代 kX_e 作为被积函数。

若以 X_e 和 Y_e 作为被积函数，则累加器中的值满"2"则溢出。

b. 终点判别。DDA 直线插补的终点判别较简单，因为直线程序段需要进行 2^n 次累加运算，进行 2^n 次累加后就一定到达终点，故可由一个与积分器中寄存器容量相同的终点计数器 J_L 实现，其初值为零。每累加一次，J_L 加 1，当累加 2^n 次后，产生溢出，使 $J_L = N$，完成插补。

c. 寄存器位数的选取。由于直线插补的被积函数为直线的终点坐标（X_e、Y_e），因此寄存器位数的选取应保证寄存器容量大于等于直线的终点坐标中的最大值，即

$$2^n \geqslant \max(X_e, Y_e)$$

② 软、硬件插补的实现。

a. 软件流程图。用 DDA 法进行插补时，X 和 Y 两坐标可同时进给，即可同时送出 ΔX、ΔY 脉冲，同时每累加一次，要进行一次终点判断。软件流程如图 3.55 所示，其中 J_{Vx}、J_{Vy} 为积分函数寄存器，J_{Rx}、J_{Ry} 为余数寄存器，J_L 为终点计数器。

b. 硬件插补器（如图 3.56 所示）。直线插补器由两个数字积分器组成，每个坐标的积分器由累加器和被积函数寄存器组成。终点坐标值存在被积函数寄存器中，Δt 相当于插补控制脉冲源发出的控制信号。每发生一个插补迭代脉冲（即来一个 Δt），被积函数 X_e 和 Y_e 向各自的累加器里累加一次，累加的结果有无溢出脉冲 ΔX（或 ΔY），取决于累加器的容量和 X_e（或 Y_e）的大小。

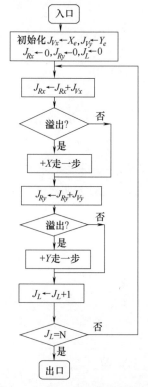

图 3.55　DDA 法直线插补流程

图 3.56　DDA 直线插补器

【例 3.4】 设要插补Ⅰ象限直线 OE，起点 O 为坐标原点，终点 E 的坐标为（3，5）。请用 DDA 法对其进行插补，并画出插补轨迹。

解：选取寄存器位数为 $n=3$，则累加次数 $N=2^3=8$。插补前进行初始化，使 $J_L=0$，$X_e=3$，$Y_e=5$。具体插补过程见表 3.10，插补轨迹如图 3.57 所示。

(3) 数字积分法圆弧插补

数字积分法圆弧插补原理如下。

a. 被积函数与余数，如图 3.58 所示，由图中的几何关系，可得

$$\frac{V}{R} = \frac{V_x}{Y_i} = \frac{V_y}{X_i} = k$$

表 3.10 　例 3.4 的插补过程

累加次数 (Δt)	X 积分器			Y 积分器			终点计数器
	$J_{Vx}(X_e)$	J_{Rx}	溢出 (ΔX)	$J_{VY}(Y_e)$	J_{Ry}	溢出 (ΔY)	J_L
0	3	0	0	5	0	0	0
1	3	3+0=3	0	5	5+0=5	0	1
2	3	3+3=6	0	5	5+5=8+2	1	2
3	3	6+3=8+1	1	5	2+5=7	0	3
4	3	1+3=4	0	5	7+5=8+4	1	4
5	3	4+3=7	0	5	4+5=8+1	1	5
6	3	7+3=8+2	1	5	1+5=6	0	6
7	3	2+3=5	0	5	6+5=8+3	1	7
8	3	5+3=8+0	1	5	3+5=8+0	1	8,插补结束

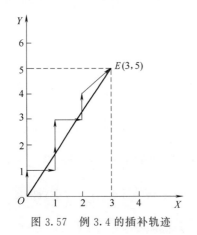

图 3.57　例 3.4 的插补轨迹

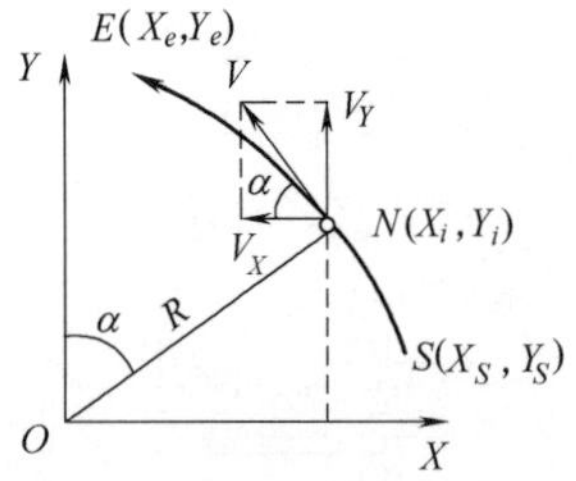

图 3.58　DDA 圆弧插补（NR_1）

对应于时间增量 Δt，X，Y 轴上的位移增量分别为：

$$\Delta X = -V_x \Delta t = -kY_i \Delta t$$
$$\Delta Y = V_y \Delta t = kX_i \Delta t$$

从而各坐标轴的位移量为：

$$X = \int_0^t -kY_i \, dt = \sum_{i=1}^N \Delta X_i = \sum_{i=1}^N -kY_i \Delta t = -k\sum_{i=1}^N Y_i \Delta t$$

$$Y = \int_0^t kX_i \, dt = \sum_{i=1}^N \Delta Y_i = \sum_{i=1}^N kX_i \Delta t = k\sum_{i=1}^N X_i \Delta t$$

由此看出，数字积分法圆弧插补的被积函数为

$$f_X = Y_i$$
$$f_Y = X_i$$

积分函数为：

$$S_X = \sum Y_i$$
$$S_Y = \sum X_i$$

DDA 圆弧插补原理如图 3.59 所示。

注意：DDA 圆弧插补与直线插补的主要区别有两点。一是坐标值（X，Y）存入被积函数器 J_{Vx}、J_{Vy} 的对应关系与直线不同，即 X 不是存入 J_{Vx} 而是存入 J_{Vy}，Y 不是存入 J_{Vy} 而是存入 J_{Vx}；二是 J_{Vx}、J_{Vy} 寄存器中寄存的数值与 DDA 直线插补有本质的区别：直线插补时，

J_{Vx}（或 J_{Vy}）寄存的是终点坐标 X_e（或 Y_e），是常数，而在 DDA 圆弧插补时寄存的是动点坐标，是变量。

因此在插补过程中，必须根据动点位置的变化来改变 J_{Vx} 和 J_{Vy} 中的内容。在起点时，J_{Vx} 和 J_{Vy} 分别寄存起点坐标 Y_S、X_S。对于第一象限逆圆来说，在插补过程中，J_{Ry} 每溢出一个 ΔY 脉冲，J_{Vx} 应该加 1；J_{Rx} 每溢出一个 ΔX 脉冲，J_{Vy} 应该减 1。对于其他各种情况的 DDA 圆弧插补，J_{Vx} 和 J_{Vy} 是加 1 还是减 1，取决于动点坐标所在象限及圆弧走向。

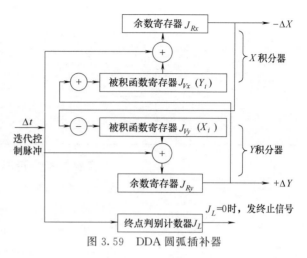

图 3.59　DDA 圆弧插补器

b. 寄存器位数的选取。由于圆弧插补的被积函数为刀具的动点坐标（X_i，Y_i），而（X_i，Y_i）在圆弧的起点 S（X_S，Y_S）和终点 E（X_e，Y_e）之间变化，因此寄存器位数的选取应保证寄存器容量大于圆弧起、终点坐标中的最大值，即

$$2^n \geqslant \max(X_S, Y_S, X_e, Y_e)$$

c. 终点判别。DDA 圆弧插补时，由于 X、Y 方向到达终点的时间不同，需对 X、Y 两个坐标分别进行终点判断。实现这一点可利用两个终点计数器 J_{Lx} 和 J_{Ly}，把 X、Y 坐标所需输出的脉冲数 $|X_e - X_s|$、$|Y_e - Y_s|$ 分别存入这两个计数器中，X 或 Y 积分累加器每输出一个脉冲，相应的减法计数器减 1，当某一个坐标的计数器为零时，说明该坐标已到达终点，停止该坐标的累加运算。当两个计数器均为零时，圆弧插补结束。

【例 3.5】　设要插补 Ⅰ 象限逆圆弧 SE，起点 S 的坐标为（4，0），终点 E 的坐标为（0，4）。请用 DDA 法对其进行插补，并画出插补轨迹。

解：插补开始时被积函数初值分别为：$J_{Vx} = Y_S = 0$，$J_{Vy} = X_S = 4$。选寄存器位数 $n = 3$，终点判别寄存器 $J_{Lx} = |X_e - X_S| = 4$，$J_{Ly} = |Y_e - Y_S| = 4$，其插补过程见表 3.11，插补轨迹如图 3.60 中的折线所示。

表 3.11　例 3.5 的插补过程

累加次数（Δt）	X 积分器				Y 积分器			
	J_{Vx}	J_{Rx}	ΔX	J_{Lx}	J_{Vy}	J_{Ry}	ΔY	J_{Ly}
0	0	0	0	4	4	0	0	4
1	0	0	0	4	4	4+0=4	0	4
2	0	0	0	4	4	4+4=8+0	1	3
3	1	1+0=1	0	4	4	4+0=4	0	3
4	1	1+1=2	0	4	4	4+4=8+0	1	2
5	2	2+2=4	0	4	4	4+0=4	0	2
6	2	2+4=6	0	4	4	4+4=8+0	1	1
7	3	3+6=8+1	−1	3	4	4+0=4	0	1
8	3	3+1=4	0	3	3	3+4=7	0	1
9	3	3+4=7	0	3	3	3+7=8+2	1	0
10	4	4+7=8+3	−1	2	3	停止		
11	4	4+3=7	0	2	2			

续表

累加次数 (Δt)	X 积分器				Y 积分器			
	J_{Vx}	J_{Rx}	ΔX	J_{Lx}	J_{Vy}	J_{Ry}	ΔY	J_{Ly}
12	4	4+7=8+3	−1	1	2			
13	4	4+3=7	0	1	1			
14	4	4+7=8+3	−1	1	1			
15	4	停止	0	0	0	0		

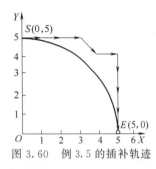

图 3.60 例 3.5 的插补轨迹

【例 3.6】 设要插补 I 象限顺圆弧 SE，起点 S 的坐标为 $(0，5)$，终点 E 的坐标为 $(5，0)$。请用 DDA 法对其进行插补，并画出插补轨迹。

解： 插补开始时被积函数初值分别为 $J_{Vx}=Y_S=5$，$J_{Vy}=X_S=0$。选寄存器位数 $n=3$，终点判别寄存器 $J_{Lx}=|X_e-X_S|=5$，$J_{Ly}=|Y_e-Y_S|=5$，插补到终点坐标轴应走的总步数为 $N=|X_e-X_S|+|Y_e-Y_S|=10$。

先看第一种插补方法（终点判别用总步长法，设两个轴的已走步数为 m），其插补过程见表 3.12，插补轨迹如图 3.61 中的折线所示。

表 3.12 例 3.6 的插补过程 1

累加次数 (Δt)	X 积分器			Y 积分器			终点判别
	J_{Vx}	J_{Rx}	ΔX	J_{Vy}	J_{Ry}	ΔY	
0	5	0	0	0	0	0	$m=0,N=10$
1	5	5+0=5	0	0	0+0=0	0	$m=0<N$
2	5	5+5=8+2	+1	0	0+0=0	0	$m=1<N$
3	5	5+2=7	0	1	1+0=1	0	$m=1<N$
4	5	5+7=8+4	+1	1	1+1=2	0	$m=2<N$
5	5	5+4=8+1	+1	2	2+2=4	0	$m=3<N$
6	5	5+1=6	0	3	3+4=7	0	$m=3<N$
7	5	5+6=8+3	+1	3	3+7=8+2	−1	$m=5<N$
8	4	4+3=7	0	4	4+2=6	0	$m=5<N$
9	4	4+7=8+3	+1	4	4+6=8+2	−1	$m=7<N$
10	3	3+3=6	0	5	5+2=7	0	$m=7<N$
11	3	3+6=8+1	+1	5	5+7=8+4	−1	$m=9<N$
12	2	2+1=3	0	6	6+4=8+2	−1	$m=10=N$

由插补过程可看出，采用总步长判别法，由于两个积分器存放的被积函数的初值相差很大，X 积分器溢出脉冲的速度远远快于 Y 积分器，导致 X 轴多走了一步，Y 轴少走了一步，最终的插补未能到达终点。所以数字积分法采用总步长判别的插补误差比较大，有时会大于 1 个脉冲当量（但不会大于两个脉冲当量）。

再看第二种插补方法（终点判别分别用两个计数器），其插补过程见表 3.13，插补轨迹如图 3.62 中的折线所示。由插补过程可看出，由于两个积分器的终点判别分开进行，从而保证每个轴溢出的脉冲数互不影响，最终两个轴可以准确到达终点，避免了采用总步长法插补到不了终点的问题。

表 3.13　例 3.6 的插补过程 2

累加次数 (Δt)	X 积分器				Y 积分器			
	$J_{Vx}(Y_i)$	J_{Rx}	溢出 (ΔX)	J_{Lx}	$J_{Vy}(X_i)$	J_{Ry}	溢出 (ΔY)	J_{Ly}
0	5	0	0	5	0	0	0	5
1	5	5+0=5	0	5	0	0+0=0	0	5
2	5	5+5=8+2	1	4	0	0+0=0	0	5
3	5	2+5=7	0	4	1	1+0=1	0	5
4	5	7+5=8+4	1	3	1	1+1=2	0	5
5	5	4+5=8+1	1	2	2	2+2=4	0	5
6	5	1+5=6	0	2	3	4+3=7	0	5
7	5	6+5=8+3	1	1	3	7+3=8+2	−1	4
8	4	3+4=7	0	1	4	2+4=6	0	4
9	4	7+4=8+3	1	0	4	6+4=8+2	−1	3
10	3	停止			5	2+5=7	0	3
11	3				5	7+5=8+4	−1	2
12	2				5	4+5=8+1	−1	1
13	1				5	1+5=6	0	1
14	1				5	6+5=8+3	−1	0,结束
15	0				5	停止		

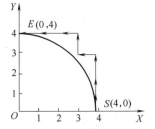

图 3.61　例 3.6 的插补轨迹 1

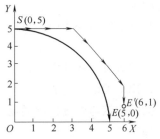

图 3.62　例 3.6 的插补轨迹 2

（4）DDA 法插补象限与圆弧走向的处理

用 DDA 插补其他象限直线和圆弧时，只需用绝对值进行累加，把进给方向另做讨论，即可得到四个象限直线和圆弧插补的脉冲分配和动点坐标修正。

DDA 插补是沿着工件切线方向移动，四个象限直线进给方向如表 3.14 及图 3.63 所示。

表 3.14　四个象限 DDA 直线插补的脉冲分配

内容		L_1	L_2	L_3	L_4
进给方向	ΔX	+	−	−	+
	ΔY	+	+	−	−

圆弧插补时被积函数是动点坐标，在插补过程中要进行修正，坐标值的修正要看动点运动是使该坐标绝对值是增加还是减少，来确定是加 1 还是减 1。

四个象限圆弧进给方向和圆弧插补的坐标修正如表 3.15 所示，进给方向如图 3.64 所示。

表 3.15　四个象限 DDA 圆弧插补的脉冲分配

内容		SR_1	SR_2	SR_3	SR_4	NR_1	NR_2	NR_3	NR_4
进给方向	ΔX	+	+	−	−	−	−	+	+
	ΔY	−	+	+	−	+	−	−	+
被积函 数修正	$J_{Vx}(\lvert Y_i\rvert)$	−1	+1	−1	+1	+1	−1	+1	−1
	$J_{Vy}(\lvert X_i\rvert)$	+1	−1	+1	−1	−1	+1	−1	+1

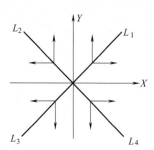

图 3.63　四个象限 DDA 直线插补

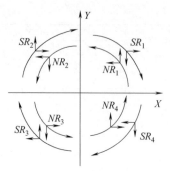

图 3.64　四个象限 DDA 圆弧插补

3.5.5　数据采样法

数据采样法实质上就是用一系列首尾相连的微小直线段来逼近给定的曲线。由于这些线段是按加工时间进行分割的，所以，也称为"时间分割法"。一般分割后得到的小线段相对于系统精度来讲仍是比较大的。为此，必须进一步进行数据的密化工作。微小直线段的分割过程也称为粗插补，而后续进一步的密化过程称为精插补。通过两者的紧密配合即可实现高性能的轮廓插补。

一般数据采样插补法中的粗插补是由软件实现的。由于其算法中涉及到一些三角函数和复杂的算术运算，所以大多采用高级计算机语言完成。而精插补算法大多采用前面介绍的脉冲增量法。它既可由软件实现，也可由硬件实现。由于相应的算术运算较简单，所以软件实现时大多采用汇编语言完成。

(1) 插补周期与位置控制周期

插补周期 T_S 是相邻两个微小直线段之间的插补时间间隔。位置控制周期 T_C 是数控系统中伺服位置环的采样控制周期。对于给定的某个数控系统而言，插补周期和位置控制周期是两个固定不变的时间参数。

通常 $T_S \geqslant T_C$，并且为了便于系统内部控制软件的处理，当 T_S 与 T_C 不相等时，一般要求 T_S 是 T_C 的整数倍。这是由于插补运算较复杂，处理时间较长，而位置环数字控制算法较简单，处理时间较短，所以每次插补运算的结果可供位置环多次使用。现假设编程进给速度为 F，插补周期为 T_S，则可求得插补分割后的微小直线段长度为 ΔL（暂不考虑单位）：

$$\Delta L = F T_S$$

插补周期对系统稳定性没有影响，但对被加工轮廓的轨迹精度有影响，位置控制周期对系统稳定性和轮廓误差均有影响。因此选择 T_S 时主要从插补精度方面考虑，而选择 T_C 时则从伺服系统的稳定性和动态跟踪误差两方面考虑。

一般插补周期 T_S 越长，插补计算的误差也越大。因此单从减小插补计算误差的角度考虑，插补周期 T_S 应尽量选得小一些。但 T_S 也不能太短，因为 CNC 装置在进行轮廓插补控制时，其 CNC 装置中的 CPU 不仅要完成插补运算，还必须处理一些其他任务（如位置误差计算、显示、监控、I/O 处理等），因此 T_S 不单是指 CPU 完成插补运算所需的时间，而且还必须留出一部分时间用于执行其他相关的 CNC 任务。一般要求插补周期 T_S 必须大于插补运算时间和完成其他相关任务所需时间之和。

CNC 装置位置控制周期的选择有两种形式。一种是 $T_C = T_S$，另一种 T_S 为 T_C 的整数倍。

(2) 插补周期与精度、速度之间的关系

在数据采样法直线插补过程中，由于给定的轮廓本身就是直线，则插补分割后的小直线段与给定直线是重合的，也就不存在插补误差问题。但在圆弧插补过程中，一般采用切线、内接弦线和内外均差弦线来逼近圆弧，显然这些微小直线段不可能完全与圆弧相重合，从而造成了轮廓插补误差。下面就以弦线逼近法为例加以分析。

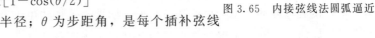

图 3.65 所示为弦线逼近圆弧的情况，其最大径向误差为

$$e_r = R[1 - \cos(\theta/2)]$$

图 3.65　内接弦线法圆弧逼近

式中，R 为被插补圆弧半径；θ 为步距角，是每个插补弦线所对应的圆心角，且

$$\theta \approx \frac{\Delta L}{L} = \frac{FT_S}{R}$$

反之，在给定允许的最大径向误差 e_r 后，也可求出最大步距角，即

$$\theta_{max} = 2\arccos\left(1 - \frac{e_r}{R}\right)$$

由于 θ 很小，现将 $\cos(\theta/2)$ 按幂指数展开，有：

$$\cos\frac{\theta}{2} = 1 - \frac{(\theta/2)^2}{2!} + \frac{(\theta/2)^4}{4!} - \cdots$$

现取其中的前两项，代入第一式，得

$$e_r \approx R - R\left[1 - \frac{(\theta/2)^2}{2!}\right] = \frac{\theta^2 R}{8} = \frac{(FT_S)^2}{8} \cdot \frac{1}{R}$$

由上式可见，插补误差 e_r 与被插补圆弧半径 R，插补周期 T_S 以及编程进给速度 F 有关。若 T_S 越长、F 越大、R 越小，则插补误差就越大。但对于给定的某段圆弧轮廓来讲，如果将 T_S 选得尽量小，则可获得尽可能高的进给速度 F，从而提高了加工效率。同样在其他条件相同的情况下，大曲率半径的轮廓曲线可获得较高的允许切削速度。

(3) 数据采样法直线插补

① 插补原理。假设刀具在 XOY 平面内加工直线轮廓 OE，起点为 O $(0, 0)$，终点为 E (X_e, Y_e)，动点为 N_{i-1} (X_{i-1}, Y_{i-1})，编程进给速度为 F，插补周期为 T_S，如图 3.66 所示。

在 1 个插补周期内进给直线长度为 $\Delta L = FT_S$，根据图中的几何关系，很容易求得插补周期内各坐标轴对应的位置增量为

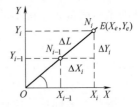

图 3.66　数据采样法直线插补

$$\Delta X_i = \frac{\Delta L}{L} X_e = K X_e$$

$$\Delta Y_i = \frac{\Delta L}{L} Y_e = K Y_e$$

式中，$L = \sqrt{X_e^2 + Y_e^2}$，$K = \Delta L / L = (FT_S)/L$。

从而可求得下一个动点 N_i 的坐标值为

$$X_i = X_{i-1} + \Delta X_i = X_{i-1} + \frac{\Delta L}{L} X_e$$

$$Y_i = Y_{i-1} + \Delta Y_i = Y_{i-1} + \frac{\Delta L}{L} Y_e$$

② 插补流程。利用数据采样法插补直线时的算法相当简单，可在 CNC 装置中分两步完成。第一步是插补准备，完成一些常量的计算工作，如 L，K 的计算等（一般对于每个零件轮廓段仅执行一次）；第二步是插补计算，每个插补周期均执行一次，求出该周期对应的坐标增量值（ΔX_i，ΔY_i）及动点坐标值（X_i，Y_i）。

数据采样法插补过程中所使用的起点坐标、终点坐标及插补所得到的动点坐标都是带有符号的代数值，而不像脉冲增量插补算法那样使用绝对值参与插补运算。并且这些坐标值也不一定转换成以脉冲当量为单位的整数值，即数据采样法中涉及到的坐标值是带有正、负号的真实坐标值。另外，求取坐标增量值和动点坐标的算法并非唯一，例如也可利用轮廓直线与横坐标夹角 α 的三角函数关系来求得。

（4）数据采样法圆弧插补

其基本思想是采用时间分割法，在每个插补周期内用微小直线段（弦线或切线）来逼近曲线。下面以内接弦线法为例来讲解圆弧插补原理。

对如图 3.67 所示第一象限顺时针圆弧进行插补，N_i（X_i，Y_i）为圆弧上的某插补点，N_{i+1}（X_{i+1}，Y_{i+1}）为下一插补点，ΔL 为合成进给量，圆弧的半径为 R，圆心为坐标原点。

由图中的几何关系可知，$\triangle N_i A N_{i+1} \backsim \triangle OCB$，则

$$\frac{N_i A}{OC} = \frac{A N_{i+1}}{CB} = \frac{N_i N_{i+1}}{OB}$$

即

$$\frac{\Delta X_i}{Y_i - \frac{\Delta Y_i}{2}} = \frac{\Delta Y_i}{X_i + \frac{\Delta X_i}{2}} = \frac{\Delta L}{R - \Delta}$$

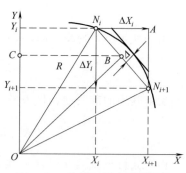

图 3.67　数据采样法圆弧插补

因 $\Delta \ll R$，故可将其忽略不计，认为 $OB = R - \Delta \approx R$，且在插补过程中由于前后两次插补的坐标增量相差很小，因而可用 $\frac{\Delta X_{i-1}}{2}$、$\frac{\Delta Y_{i-1}}{2}$ 来分别代替 $\frac{\Delta X_i}{2}$、$\frac{\Delta Y_i}{2}$，所以上式可变为

$$\frac{\Delta X_i}{Y_i - \frac{\Delta Y_{i-1}}{2}} = \frac{\Delta Y_i}{X_i + \frac{\Delta X_{i-1}}{2}} = \frac{\Delta L}{R}$$

因此，坐标轴的位移增量为

$$\Delta X_i = \frac{\Delta L}{R}\left(Y_i - \frac{\Delta Y_{i-1}}{2}\right)$$

$$\Delta Y_i = \frac{\Delta L}{R}\left(X_i + \frac{\Delta X_{i-1}}{2}\right)$$

插补开始时，$\Delta Y_{i-1} = \Delta Y_0 = 0$，$\Delta X_{i-1} = \Delta X_0 = 0$，由此可知，下一插补点 N_{i+1}（X_{i+1}，Y_{i+1}）的坐标值为

$$X_{i+1} = X_i + \Delta X_i$$

$$Y_{i+1} = Y_i + \Delta Y_i$$

3.6　CNC 装置中的 PLC

3.6.1　PLC 在数控机床中的应用

(1) PLC 在数控机床中的作用

在数控机床的控制信息中，一类是控制机床进给运动坐标轴的位置信息，如数控机床工作台的前、后，左、右移动；主轴箱的上、下移动和围绕某一直线轴的旋转运动位移量等。对于数控车床是控制 Z 轴和 X 轴的移动量；对于三坐标数控机床是控制 X、Y、Z 轴的移动距离；同时还有各轴运动之间关系，插补、补偿等的控制。这些控制是用插补计算出的理论位置与实际反馈位置比较后得到的差值，对伺服进给电机进行控制而实现的。这种控制的核心作用就是保证实现加工零件的轮廓轨迹，除点位加工外，各个轴的运动之间随时随刻都必须保持严格的比例关系。这一类数字量信息是由 CNC 系统（专用计算机）进行处理的，即"数字控制"。

另一类是数控机床运行过程中，以 CNC 系统内部和机床上各行程开关、传感器、按钮、继电器等的开关量信号的状态为条件，并按照预先规定的逻辑顺序，对诸如主轴的开停、换向，刀具的更换，工件的夹紧、松开，液压、冷却、润滑等系统的运行控制。这一类控制信息主要是开关量信号的顺序控制，一般由 PLC（Programmable Logic Controller，可编程逻辑控制器）来完成。

PLC 控制的虽然是动作的先后逻辑顺序，可它处理的信息是数字量 "0" 和 "1"。所以，不管是 PLC 本身带 "CPU"，还是 CNC 系统的 "CPU" 来处理这些信号，一台数控机床的确是通过计算机将第一类数字量信息和第二类开关量信息很好协调起来，实现正常的运转和工作。因此，PLC 控制技术同样是数控技术的一个重要方面。

(2) 数控机床用 PLC 的类型及特点

① 内装型 PLC。内装型 PLC 从属于 CNC 装置，PLC 与 CNC 之间信号的传送在 CNC 装置内部就可完成，而 PLC 与机床侧的信息传送则要通过输入/输出接口来完成，内装型 PLC 的 CNC 装置如图 3.68 所示。

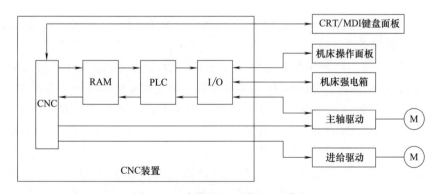

图 3.68　内装型 PLC 的 CNC 装置

内装型 PLC 具有如下特点：

a. 内装型 PLC 实际上可看作是带有 PLC 功能的 CNC 装置, 一般作为 CNC 的一种基本功能提供给用户。

b. 其性能指标（如输入/输出点数、程序最大步数、每步执行时间、程序扫描周期和功能指令数目等）是根据所从属的 CNC 装置的规格、性能和适用机床的类型等确定的。其硬件和软件部分是被作为 CNC 装置的基本功能或附加功能与 CNC 装置一起统一设计制造的。因此系统硬件和软件整体结构十分紧凑, PLC 所具有的功能针对性强, 技术指标较合理、实用, 较适合用于单台数控机床等场合。

c. 在系统结构上, 内装型 PLC 既可以与 CNC 共用一个 CPU, 也可以单独使用一个 CPU, 此时的 PLC 对外有单独配置的输入/输出电路, 而不使用 CNC 装置的输入/输出电路。

d. 采用内装型 PLC, 扩大了 CNC 内部直接处理的通信窗口功能, 可以使用梯形图的编辑和传送等高级控制功能, 且造价便宜, 提高了 CNC 的性能价格比。

② 独立型 PLC。独立型 PLC 又称通用型 PLC, 独立型 PLC 独立于 CNC 装置, 具有完备的硬件和软件, 能独立完成规定控制任务的装置。独立型 PLC 的 CNC 装置如图 3.69 所示。

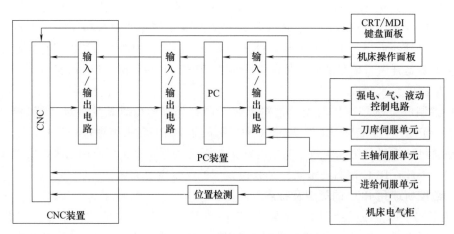

图 3.69　独立型 PLC 的 CNC 装置

独立型 PLC 具有如下特点:

a. 独立型 PLC 本身就是一个完整的计算机系统, 具有 CPU、EPROM、RAM、I/O 接口及编程器等外部设备通信接口和电源等。

b. 独立型 PLC 的 I/O 模块种类齐全, 其输入点数可通过增减 I/O 模块灵活配置。

c. 与内装型 PLC 相比, 独立型 PLC 功能更强。但一般要配置单独的编程设备。独立型 PLC 与数控系统之间的信息交换可通过 I/O 接口对接方式或者是通信方式来实现。I/O 接口对接方式就是将数控系统的输入/输出点通过连线与 PLC 的输入/输出点连接起来, 适应于数控系统与各种 PLC 之间的信息交换。但由于每一点的信息传递都需要一根信号线, 所以这种方式的连线多, 信息交换量小。采用通信方式可克服上述 I/O 对接的缺点。但采用这种方式的数控系统与 PLC 必须采用同一通信协议, 一般来说, 数控系统与 PLC 需是同一家公司的产品。采用通信方式时, 数控系统与 PLC 的连线少, 信息交换量大而且非常方便。

(3) 数控机床中 PLC 的功能

① 机床操作面板的控制。将机床操作面板的控制信号直接送入 PLC，控制机床的运行。

② 机床外部开关输入信号控制。将机床侧的开关信号送入 PLC，经逻辑运算后，输出给控制对象。这些开关包括各类控制开关、行程开关、接近开关、压力开关和温控开关等。

③ 输出信号控制。PLC 输出信号通过对电气柜中的继电器、接触器的控制，完成机床的液压、气动电磁阀、刀库、机械手和回转工作台等装置的动作控制，另外 PLC 输出信号通过继电器、接触器还对冷却泵电动机、润滑泵电动机及电磁制动器进行控制。

④ 伺服控制。通过驱动装置，控制主轴电动机、伺服进给电动机和刀库电动机等。

⑤ 报警处理控制。PLC 收集强电柜、机床侧和伺服驱动装置的故障信号，将报警标志区中的相应报警标志位置位，数控系统便显示报警信号及报警文本以方便故障诊断。

⑥ 磁盘驱动装置控制。有些数控机床用计算机软盘取代了传统的光电阅读机。通过控制软盘驱动装置，实现与数控系统进行零件程序、机床参数和刀具补偿等数据的传输。

⑦ 转换控制。一些加工中心的主轴能实现立、卧转换。如图 3.70 所示为立卧转换主轴头，当进行立、卧转换时，PLC 完成下述工作。

a. 切换主轴控制接触器。

b. 通过 PLC 的内部功能，在线自动修改有关机床数据位。

c. 切换伺服进给模块，并切换用于坐标轴控制的各种开关、按键等。

图 3.70　立卧转换主轴头

(4) 数控机床 PLC 与外部的信息交换

PLC 的信息交换是指在 PLC、CNC 和机床侧三者之间的信息交换。

PLC、CNC 和机床侧（机床侧即 MT 侧，包括机床机械部分及其液压、气压、冷却、润滑、排屑等辅助装置，机床操作面板、继电器线路和机床强电线路等）之间的信息交换包括以下四个部分：

① CNC 至 PLC。CNC 送至 PLC 的信息可由开关量输出信号（对 CNC 侧而言）完成，也可由 CNC 直接送入 PLC 的寄存器中。主要包括 M、S、T 各种功能代码的信息，手动/自动方式信息及各种使能信息等。

② PLC 至 CNC。PLC 送至 CNC 的信息可由开关量输入信号（对 CNC 侧而言）完成，所有 PLC 送至 CNC 的信息地址与含义由 CNC 装置生产厂家确定，PLC 编程者只可使用，不可改变和增删。主要包括 M、S、T 功能的应答信息和各坐标轴对应的机床参考点信息等。

③ PLC 至 MT。PLC 控制机床的信号通过 PLC 的开关量输出接口送至 MT 中。主要用来控制机床的执行元件，如电磁阀、继电器、接触器以及各种状态指示和故障报警等。

④ MT 至 PLC。机床侧的开关量信号可通过 PLC 的开关量输入接口送入 PLC 中，主要是机床操作面板输入信息和其上各种开关和按钮等信息，如机床的启、停，主轴正、反转和停止，各坐标轴点动，刀架和卡盘的夹紧与松开，切削液的开、关，倍率选择及各运动部件的限位开关信号等信息。

不同 CNC 装置与 PLC 之间的信息交换方式和功能强弱差别很大，但其最基本的功能是 CNC 将所需执行的 M、S、T 功能代码送到 PLC，由 PLC 控制完成相应的动作，然后再由

PLC 送给 CNC 完成信号的交换。

3.6.2　M、S、T 功能的实现

(1) M 功能的实现

PLC 完成的 M 功能是很广泛的。根据不同的 M 代码，可控制主轴的正反转及停止，主轴齿轮箱的变速，切削液的开、关，卡盘的夹紧和松开，以及自动换刀装置，机械手取刀和归刀等运动。辅助功能通常用 M00～M99 的指令指定。CNC 装置送出 M 代码进入 PLC，经 PLC 的译码处理后，输出对应的开关量 0 或 1 来控制相应动作的开/关和启/停。

(2) S 功能的实现

以往主轴转速用 2 位代码指定，而现在在 PLC 中可较容易地用 4 位或 5 位代码直接指定转速（单位为 r/min）。CNC 装置送出 S 代码进入 PLC，经过 PLC 内的 D/A 变换和限位控制后，输出±10V 模拟电压给主轴电动机伺服系统。如果 S 用二位代码编程（S00～S99），则在 D/A 变换前还应经过译码、数据转换，00～99 转换为对应的转速。为了提高主轴转速的稳定性，增大转矩，调整转速范围，还可增加 1～2 级机械变速挡。主轴换挡一般通过 PLC 的 M 代码功能来实现。

(3) T 功能的实现

PLC 控制对加工中心自动换刀的管理带来了很大的方便。自动换刀控制方式有固定存取换刀方式和随机存取换刀方式，它们分别采用刀套编码制和刀具编码制。对于刀套编码的 T 功能处理过程是：CNC 装置送出 T 代码进入 PLC，PLC 经过译码，在数据表内检索，找到 T 代码指定的新刀号在数据表中的地址，并与现行刀号进行判别比较，如不符合，则将刀库回转指令发送给刀库控制系统，直到刀库定位到新刀号位置时，刀库停止回转，并准备换刀。

训练题

3.1　什么是 CNC 装置？

3.2　CNC 装置的主要功能有哪些？

3.3　单微处理器结构和多微处理器结构各有何特点？

3.4　常规的 CNC 装置软件有哪几种结构模式？

3.5　数控机床常用的输入方法有几种？各有何特点？

3.6　可编程逻辑控制器（PLC）与传统的继电器逻辑控制器（RLC）相比有什么区别？它的主要功能有哪些？

3.7　何谓插补？有哪两类插补算法？各有什么特点？

3.8　试述逐点比较法的四个节拍。

3.9　利用逐点比较法插补直线 AB，起点为 A（0，0），终点为 B（4，5），试写出插补计算过程并画出插补轨迹。

3.10　逐点比较法插补圆弧 AB，起点为 A（4，0），终点为 B（0，4），试写出插补计算过程并画出插补轨迹。

3.11　试推导出逐点比较法插补第一象限顺圆弧的偏差函数递推公式，并写出插补圆弧 AB 的计算过程，画出其插补轨迹。设轨迹的起点为 A（0，6），终点为 B（6，0）。

3.12　试述 DDA 插补的原理。

3.13　设有一直线 AB，起点在坐标原点，终点的坐标为 A（3，5），试用 DDA 法插补此直线。

3.14　设欲加工第一象限逆圆弧 AB，起点 A（5，0），终点 B（0，5），设寄存器位数为 3，用 DDA 法插补。

3.15　何谓刀具半径补偿？其执行过程如何？

3.16　B 刀具补偿与 C 刀具补偿有何区别？

第4章
数控机床的位置检测装置

【知识提要】 本章对数控机床的位置检测装置做了介绍，重点介绍了光电脉冲编码器、光栅尺、直线感应同步器、旋转变压器的结构、工作原理、测量系统和在数控机床中的具体应用。

【学习目标】 通过本章内容的学习，学习者应该对数控机床的位置检测装置有基本了解，对所介绍检测装置的结构和工作原理有基本掌握，对其在数控机床中的具体作用要非常熟悉。

4.1 概述

在闭环和半闭环伺服系统中，位置控制是指将计算机数控系统插补计算的理论值与实际值的检测值相比较，用二者的差值去控制进给电动机，使工作台或刀架运动到指令位置。实际值的采集，则需要位置检测装置来完成。位置检测元件可以检测机床工作台的位移、伺服电动机转子的角位移和速度。实际应用中，位置检测和速度检测可以采用各自独立的检测元件，例如速度检测采用测速发电机，位置检测采用光电编码器，也可以共用一个检测元件，例如都用光电编码器。

4.1.1 位置检测装置的分类

根据位置检测装置安装形式和测量方式的不同，位置检测有直接测量和间接测量、增量式测量和绝对式测量、数字式测量和模拟式测量等方式。

(1) 直接测量和间接测量

在数控机床中，位置检测的对象有工作台的直线位移及旋转工作台的角位移，检测装置有直线式和旋转式。典型的直线式测量装置有光栅、磁栅、感应同步器等。旋转式测量装置有光电编码器和旋转变压器等。

若位置检测装置测量的对象就是直线位移量，该测量方式称为位移的直接测量。直接测量组成位置闭环伺服系统，其测量装置直接安装在机床的移动部件（工作台）上，测量精度由测量元件和安装精度决定，不受传动精度的直接影响。但检测装置要和行程等长，这对大型机床是一个限制。

若位置检测装置测量出的数值通过转换才能得到直线位移量，如用旋转式检测装置测量工作台的直线位移，要通过角位移与直线位移之间的线性转换求出工作台的直线位移。这种测量方式称为位移的间接测量。间接测量组成位置半闭环伺服系统，其测量装置一般安装在机床的旋转部件（电动机轴端或传动丝杠端部）上，测量精度取决于测量元件和机床传动链二者的精度。因此，为了提高定位精度，常常需要对机床的传动误差进行补偿。间接测量的优点是测量方便可靠，且无长度限制。

(2) 增量式测量和绝对式测量

增量式测量装置只测量位移增量，即工作台每移动一个基本长度单位，检测装置便发出一个检测信号，此信号通常是脉冲形式。增量式检测装置均有零点标志，作为基准起点。

数控机床采用增量式检测装置时，在每次接通电源后要回参考点操作，以保证测量位置的正确。

绝对式测量是指被测的任一点位置都从一个固定的零点算起，每一个测点都有一个对应的编码，常以二进制数据形式表示。

(3) 数字式测量和模拟式测量

数字式测量是以量化后的数字形式表示被测量。得到的测量信号为脉冲形式，以计数后得到的脉冲个数表示位移量。其特点是便于显示、处理；测量精度取决于测量单位，与量程基本无关；抗干扰能力强。

模拟式测量是将被测量用连续的变量来表示，模拟式测量的信号处理电路较复杂，易受干扰，数控机床中常用于小量程测量。

4.1.2 数控机床对位置检测装置的要求

数控机床对检测装置的要求主要有：

① 高可靠性和高抗干扰性；

② 满足精度和速度要求；

③ 使用维护方便，适合机床运行环境；

④ 成本低；

⑤ 对于不同类型的数控机床，因工作条件和检测要求不同可以采用不同的检测方式。

4.2 光电脉冲编码器

脉冲编码器是一种旋转式脉冲发生器，能把机械转角转变成电脉冲，因此它既可以作为位置检测装置也可以作为速度检测装置。光电脉冲编码器是脉冲编码器的一种，它在精度与可靠性方面优于接触式和电磁感应式脉冲编码器，因此广泛应用于数控机床。每转过一个角度就有数个脉冲发出，换句话说，通过记录从某一时刻起发出的脉冲数便能换算出电动机转过的角度。

4.2.1 光电脉冲编码器的结构

光电脉冲编码器的结构如图 4.1 所示，由圆盘形主光栅和指示光栅、光源、光电接收元件、信号处理的印刷电路板等组成。

在一个圆盘（一般为真空镀膜的玻璃圆盘）的圆周上刻有间距相等的细密线纹，分为透明和不透明部分，称为圆盘形主光栅。主光栅与转轴一起旋转。在主光栅刻线的圆周位置，与主光栅

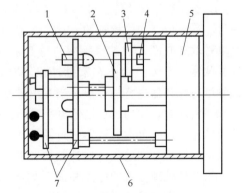

图 4.1 光电脉冲编码器的结构

1—光源；2—圆光栅；3—指示光栅；4—光电池组；
5—机械部件；6—护罩；7—印刷电路板

平行地放置一个固定的指示光栅，它是一小块扇形薄片，其上刻有三个狭缝。其中两个狭缝在同一圆周上相差 1/4 节距（称为辨向狭缝），另外一个狭缝叫作零位狭缝，主光栅转一周时，由此狭缝发出一个脉冲。在主光栅和指示光栅两边，与主光栅垂直的方向上固定安装有光源、光电接收元件。此外，还有用于信号处理的印刷电路板。光电脉冲编码器通过十字连接头与伺服电机相连，它的法兰盘固定在电机端面上，罩上防护罩，构成一个完整的检测装置。

4.2.2　光电脉冲编码器的工作原理

当圆光栅旋转时，光线透过两个光栅的线纹部分，形成明暗相间的三路莫尔条纹。同时光电元件接收这些光信号，并转化为交替变化的电信号 A、B（近似于正弦波）和 Z，再经

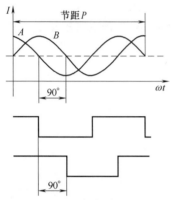

图 4.2　光电脉冲编码器输出波形

放大和整形变成方波。其中 A、B 信号称为主计数脉冲，它们在相位上相差 90°，如图 4.2 所示。当电动机正转时，A 信号超前 B 信号 90°，当电动机反转时，B 信号超前 A 信号 90°，数控装置正是利用这一相位关系来判断电动机的转向，同时利用 A 信号（或 B 信号）的脉冲数来计算电动机的转角。Z 信号称为零位脉冲，"一转一个"，该信号与 A、B 信号严格同步。零位脉冲的宽度是主计数脉冲宽度的一半，细分后同比例变窄。在进给电动机上所用的光电编码器，零位脉冲用于精确确定机床的参考点，而在主轴电动机上，零位脉冲主要用于主轴准停及螺纹加工等。这些信号作为位移测量脉冲，如经过频率/电压变换，也可作为速度测量反馈信号。

4.2.3　信号处理方式

光电脉冲编码器应用在数控机床数字比较伺服系统中，作为位置检测装置，其信号处理有两种方式：一是适应带加减要求的可逆计数器，形成加计数脉冲和减计数脉冲。二是适应有计数控制端和方向控制端的计数器，形成正走、反走计数脉冲和方向控制电平。

第一种处理方式的电路和波形如图 4.3 所示。光电脉冲编码器的输出脉冲信号 A、$\overline{A}$、B、$\overline{B}$ 经过差分驱动传输进入 CNC 装置，仍为 A 相信号和 B 相信号，如图中所示。A、B 信号经整形后，变成规整的方波。当光电脉冲编码器正转时，A 相信号超前 B 相信号，经过单稳电路变成 d 点的窄脉冲，与 B 相反相后 c 点的信号进入 "与" 门，由 e 点输出正向计数脉冲，而 f 点由于在窄脉冲出现时，b 点的信号为低电平，所以 f 点也保持低电平。这时可逆计数器进行加计数。当光电脉冲编码器反转时，B 相信号超前 A 相信号，在 d 点窄脉冲出现时，因为 c 点是低电平，所以 e 点保持低电平；而 f 点输出窄脉冲，作为反向减计数脉冲。这时可逆计数器进行减计数。这样就实现了不同旋转方向时，数字脉冲由不同通道输出，然后分别进入可逆计数器做进一步的误差处理工作。

第二种处理方式的电路和波形如图 4.4 所示。光电脉冲编码器的输出信号 A、$\overline{A}$、B、$\overline{B}$ 经差分驱动传输进入 CNC 装置，为 A 相信号和 B 相信号，该两相信号为本电路的输入脉冲。经整形和单稳后变成 A_1、B_1 窄脉冲。正走时，A 脉冲超前 B 脉冲，B 方波和 A_1 窄脉冲进入 C "与非门"，A 方波和 B_1 窄脉冲进入 D "与非门"，则 C 和 D 分别输出高电平和

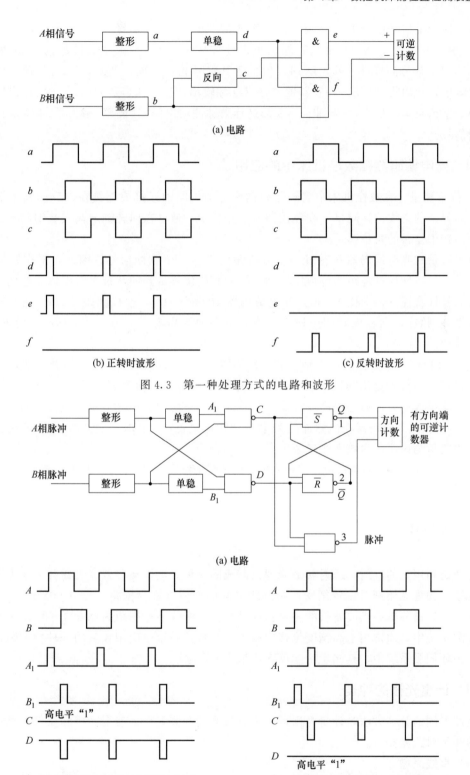

(a) 电路

(b) 正转时波形　　　　　　　　　(c) 反转时波形

图 4.3　第一种处理方式的电路和波形

(a) 电路

(b) 正转时波形　　　　　　　　　(c) 反转时波形

图 4.4　第二种处理方式的电路和波形

负脉冲。这两个信号使由 1、2 "与非门"组成的"R-S"触发器置"0"，（此时，Q 端输出"0"，代表正方向），使 3 "与非门"输出正走计数脉冲。反走时，B 脉冲超前 A 脉冲。B，A_1 和 A，B_1 信号同样进入 C，D 门，但由于其信号相位不同，使 C，D 门分别输出负脉冲和高电平，从而将"R-S"触发器置"1"（Q 端输出"1"，代表负方向）、3 门输出反走计数脉冲。不论正走、反走，"与非门"3 都是计数脉冲输出门、"R-S"触发器的 Q 端输出方向控制信号。

4.2.4 光电编码器在数控机床中的应用

① 位移测量。在数控机床中编码器和伺服电动机同轴连接或连接在滚珠丝杠末端用于工作台和刀架的直线位移测量。在数控回转工作台中，通过在回转轴末端安装编码器，可直接测量回转工作台的角位移。

由于增量式光电编码器每转过一个分辨角就发出一个脉冲信号，因此，根据脉冲的数量、传动比及滚珠丝杠螺距即可得出移动部件的直线位移量。如某带光电编码器的伺服电动机与滚珠丝杠直连（传动比 1∶1），光电编码器 1024 脉冲/r，丝杠螺距 8mm，在一转时间内计数 1024 脉冲，则在该时间段里，工作台移动的距离为 8（mm/r）÷1024（脉冲/r）×1024（脉冲）＝8mm。

② 主轴控制。当数控车床主轴安装有编码器后，则该主轴具有 C 轴插补功能，可实现主轴旋转与 z 坐标轴进给的同步控制；恒线速切削控制，即随着刀具的径向进给及切削直径的逐渐减小或增大，通过提高或降低主轴转速，保持切削线速度不变；主轴定向控制等。

③ 测速。光电编码器输出脉冲的频率与其转速成正比，因此，光电编码器可代替测速发电机的模拟测速而成为数字测速装置。

④ 编码器应用于交流伺服电动机控制中，用于转子位置检测；提供速度和位置反馈信号。

4.3 光栅尺

光栅是利用光的反射、透射和干涉现象制成的一种光电检测装置，光栅分为物理光栅和计量光栅。物理光栅刻线比较细密，两刻线之间的距离（称为栅距）在 0.002～0.005mm，它通常用于光谱分析和光波波长的测定。计量光栅刻线较粗，栅距为 0.004～0.025mm，在数字检测系统中，通常用于高精度位移的检测，是数控系统中应用较多的一种检测装置，尤其是在闭环伺服系统中，其测量精度仅次于激光式测量。

4.3.1 计量光栅的种类

按照不同的分类方法，计量光栅可分为直线光栅和圆光栅；透射光栅和反射光栅；增量式光栅和绝对式光栅等。

(1) 直线光栅

① 玻璃透射光栅。在玻璃表面刻上透明和不透明的间隔相等的线纹（即黑白相间的线纹），称为透射光栅。其制造工艺为在玻璃表面加感光材料或金属镀膜，然后刻成光栅线纹，也可采用刻蜡、腐蚀或涂黑工艺。透射光栅的特点是：光源可以垂直入射，光电接收元件可以直接接受信号，信号幅值比较大，信噪比高，光电转换元件结构简单。同时，透射光栅单

位长度上所刻的条纹数比较多，一般可以达到每 mm100 条线纹，达到 0.01mm 的分辨率，使检测电子线路大大简化。但其长度不能做得太长，目前可达到 2m 左右。

② 金属反射光栅。在钢尺或不锈钢镜面上用照相腐蚀工艺制作线纹，或用钻石刀刻制条纹，称作反射光栅。金属光栅的特点是：线膨胀系数很容易做到与机床的床身材料一致，可补偿热变形的影响，接长比较方便，甚至可以用带钢做成整根的长光栅，不易破碎。金属反射光栅安装在机床上所需的面积小，而且安装调整方便，可以直接用螺钉或压板固定在机床床身上。因此，大位移检测主要使用这种类型的光栅。常用的反射光栅每毫米的线纹数为 4、10、25、40、50。

（2）圆光栅

圆光栅是在玻璃盘的圆周上做成黑白相间的线纹，线纹呈辐射状，线纹之间夹角相等，用于检测角位移。根据使用要求不同，圆周上的线纹数也不同。一般有三种形式：60 进制，如 10800，21600，32400，64800 等；10 进制，如 1000，2500，5000 等；2 进制，如 512，1024，2048 等。

4.3.2　透射光栅的结构与莫尔条纹的产生原理

（1）透射光栅的结构

透射光栅检测装置（直线光栅传感器）是由标尺光栅和光栅读数头等组成，如图 4.5 所示。标尺光栅一般固定在机床活动部件上，光栅读数头固定装在机床上，光栅读数头由光源、指示光栅、光敏元件、驱动电路组成。当光栅读数头相对于标尺光栅移动时，指示光栅便在标尺光栅上相对移动。标尺光栅和指示光栅的平行度以及两者之间的间隙要严格保证在 0.05～0.1mm。图 4.5 中给出光栅检测装置的安装结构。

图 4.6 为光栅读数头，又叫光电转换器，其主要功能把光栅莫尔条纹变成电信号。图中的标尺光栅不属于光栅读数头，但它要穿过光栅读数头，且保证与指示光栅有准确的相互位置关系。

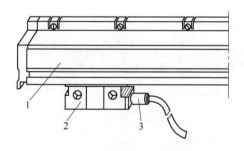

图 4.5　光栅的外观示意

1—标尺光栅；2—光栅读数头；3—测量反馈电缆

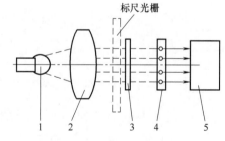

图 4.6　光栅读数头

1—光源；2—准直镜；3—指示光栅；4—光敏元件；5—驱动线路

（2）莫尔条纹的产生原理

当指示光栅上的线纹和标尺光栅上的线纹之间形成一个小角度 θ，并且两个光栅尺刻面相对平行放置时，在光源的照射下，形成明暗相间的条纹，这种条纹被称为莫尔条纹（如图 4.7 所示）。严格地说，莫尔条纹排列的方向是与两片光栅线纹夹角的平分线相垂直。图中 ω 为栅距，是透光部分与不透光部分的宽度之和，莫尔条纹中两条亮纹或两条暗纹之间的距离称为莫尔条纹的宽度，用 W 表示。

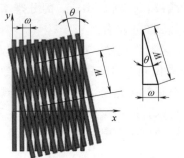

图 4.7　莫尔条纹

4.3.3　莫尔条纹的特点及作用

（1）放大作用

在两光栅栅线夹角较小的情况下，莫尔条纹宽度 W 和光栅栅距 ω、栅线夹角 θ 之间有下列关系：

$$W=\frac{\omega}{2\sin(\theta/2)} \tag{4.1}$$

式中，θ 的单位为 rad；W 的单位为 mm。由于 θ 角很小，$\sin\theta\approx\theta$，则 $W\approx\omega/\theta$，若 $\omega=0.01$mm，$\theta=0.01$rad，则由上式可得 $W=1$mm，即把光栅栅距转换成放大 100 倍的莫尔条纹宽度。

（2）莫尔条纹的变化规律

两片光栅相对移过一个栅距，莫尔条纹移过一个条纹间距。由于光的衍射与干涉作用，莫尔条纹的变化规律近似正（余）弦函数，变化周期数与两光栅相对移过的栅距数同步。

（3）平均效应

莫尔条纹是由若干光栅条纹共同形成，例如每 mm100 线的光栅，10mm 宽的莫尔条纹就有 1000 根线纹，因而对个别栅线间距误差（或缺陷）就平均化了，在很大程度上消除了栅距不均匀或断裂等造成的误差。

4.3.4　光栅尺的输出信号与测量电路

在光栅测量系统中，提高分辨率和测量精度，不可能仅靠增大栅线的密度来实现。工程上采用莫尔条纹的细分技术，细分技术有光学细分、机械细分和电子细分等方法。伺服系统中，应用最多的是电子细分方法。下面介绍一种常用的 4 倍频光栅位移-数字变换电路，该电路的组成如图 4.8 所示。

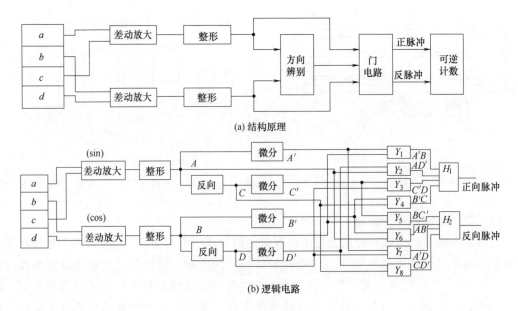

图 4.8　光栅信号 4 倍频电路

光栅移动时产生的莫尔条纹信号由光电池组接受，然后经过位移-数字变换电路，形成正、反走时的正、反向脉冲，由可逆计数器接收。图中由 4 块光电池发出的信号分别为 a、b、c、d，相位彼此相差 90°。a、c 信号相位差为 180°，送入差动放大器放大，得 sin 信号，将信号幅度进行放大。同理，b、d 信号送入另一个差动放大器。得到 cos 信号。sin、cos 信号经整形变成方波 A 和 B，A、B 信号经反向得 C、D 信号。A、B、C、D 信号再经微分变成窄脉冲 A'、B'、C'、D'。即在正走或反走时每个方波的上升沿产生窄脉冲，由与门电路把 0°、90°、180°、270° 共 4 个位置上产生的窄脉冲组合起来，根据不同的移动方向形成正向脉冲或反向脉冲，用可逆计数器进行计数。测量光栅的驱动电路各点波形，如图 4.9 所示。

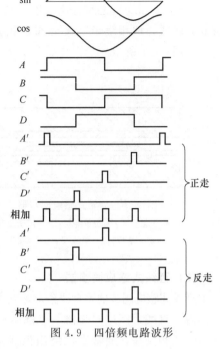

图 4.9　四倍频电路波形

4.3.5　光栅在数控机床中的应用

光栅在数控机床上主要用来测量工作台的直线位移，当标尺光栅移动时，莫尔条纹就沿着垂直于光栅尺运动的方向移动，并且光栅尺每移动一个栅距 ω，莫尔条纹就准确地移动一个纹距 W，只要测量出莫尔条纹的数目，就可以知道光栅尺移动了多少个栅距，而栅距是制造光栅尺时确定的，因此工作台的移动距离就可以计算出来。如一光栅尺栅距 $\omega=0.01$mm，测得由莫尔条纹产生的脉冲为 1000 个，则安装有该光栅尺的工作台移动了 0.01mm/条×1000 个＝10mm。

另外，当标尺光栅随工作台运动方向改变时，莫尔条纹的移动方向也发生改变。标尺光栅右移时，莫尔条纹向上移动；标尺光栅左移时，莫尔条纹向下移动。通过莫尔条纹的移动方向即可判断出工作台的移动方向。

4.4　直线式感应同步器

感应同步器是一种电磁式位置检测元件，按其结构特点一般分为直线式和旋转式两种。直线式感应同步器由定尺和滑尺组成；旋转式感应同步器由转子和定子组成。前者用于直线位移测量，后者用于角位移测量。感应同步器具有检测精度比较高、抗干扰性强、寿命长、维护方便、成本低、工艺性好等优点，广泛应用于数控机床及各类机床数显改造。本节着重以直线式感应同步器为例，对其结构特点和工作原理进行阐述。

4.4.1　感应同步器的分类

(1) 旋转式感应同步器

旋转式感应同步器是由转子和定子组成，结构如图 4.10 所示。

转子和定子都用硬铝合金或不锈钢合金作基板，呈环形辐射状。转子和定子相对的一面均有导电绕组，绕组用铜箔构成。绕组表面还要加一层和绕组绝缘的屏蔽层（材料为铝箔或铝膜）。基板和绕组之间有绝缘层。转子绕组为连续绕组；定子由正弦绕组和余弦绕组构成，做成分段式，两相绕组交叉分布，相差 90°相位角。属于同一相的各相绕组用导线串联起来，如图 4.11 所示。

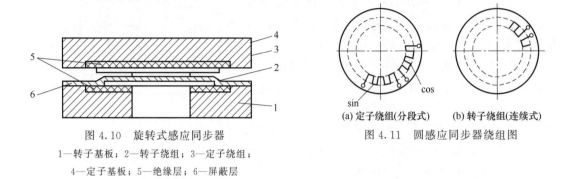

图 4.10 旋转式感应同步器

1—转子基板；2—转子绕组；3—定子绕组；
4—定子基板；5—绝缘层；6—屏蔽层

图 4.11 圆感应同步器绕组图

(a) 定子绕组(分段式)　　(b) 转子绕组(连续式)

(2) 直线式感应同步器

直线式感应同步器是直线条形，它由基板、绝缘层、绕组及屏蔽层组成，如图 4.12 所示。

由于直线式感应同步器一般都用在机床上，感应同步器基板的材料采用钢板或铸铁。考虑到接线和安装，通常定尺绕组做成连续式单相绕组，滑尺绕组做成分段式的两相正交绕组，如图 4.13 所示。

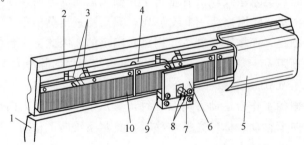

图 4.12 直线式感应同步器

1—定部件（床身）；2—运动部件（工作台或刀架）；3—定尺绕组引线；4—定尺座；5—防护罩；6—滑尺；
7—滑尺座；8—滑尺绕组引线；9—调整垫；10—定尺

其中 ss' 为正弦绕组，cc' 为余弦绕组，目的为检测时辨向和细分用。定尺与滑尺之间的间隙为 0.3mm 左右，滑尺比定尺短。直线感应同步器的极数指定尺被全部滑尺绕组所覆盖时的有效导体数。滑尺绕组相邻两有效导体之间的距离为节距 W_1，定尺绕组相邻两有效导体之间的距离称为极距 W_2，一般都通称为节距，用 2τ 表示，常取为 2mm，节距代表了测

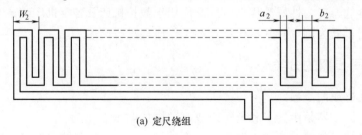

(a) 定尺绕组

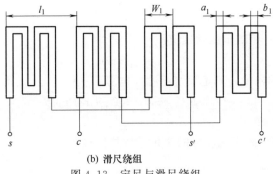

(b) 滑尺绕组

图 4.13　定尺与滑尺绕组

量周期。绕组节距 $W_2 = W_1 = 2(a_1 + b_1)$，其中 a_1、b_1 分别为导片宽度和间隙，滑尺的节距也可取 $W_2 = 2W_1/3$。

4.4.2　直线式感应同步器的工作原理

如图 4.14 所示，定尺固定在床身上，滑尺安装在机床的移动部件上。当励磁的滑尺移动时，在定尺上产生感应电压，通过对感应电压测量，可以精确地测量出直线位移量。工作时，在滑尺的绕组上加一定频率的交流电压后，根据电磁感应原理，在定尺上将感应出相同频率的感应电动势。

图 4.15 所示为滑尺在不同位置时定尺上感应电动势的变化。当滑尺绕组与定尺绕组完全重合时（图中 A 点），定尺绕组感应电势为正向最大；如果滑尺相对定尺从重合处逐渐向右（或左）平行移动，感应电势就随之逐渐减小，在两绕组刚好处于 1/4 节距的 B 点位置时，感应电势为零；滑尺向右移动到 1/2 节距位置 C 点时，感应电势为负向最大；当到达整节距位置 D 点时，感应电势又为正向最大。这时，滑尺移动了一个节距（$W = 2\tau$），感应电势变化了一个周期（2π），呈余弦函数。设滑尺移动距离为 x，则感应电势将以相位角 θ 余弦函数变化。在一个节距内，位移 x 与 θ 的比例关系为

$$\frac{\theta}{2\pi} = \frac{x}{2\tau} \tag{4.2}$$

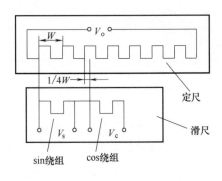

图 4.14　直线式感应同步器工作原理

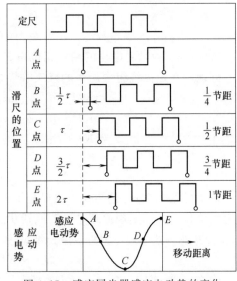

图 4.15　感应同步器感应电动势的变化

可得

$$\theta = \frac{x\pi}{\tau}$$

令 U_s 表示滑尺上一相绕组的励磁电压

$$U_s = U_m \sin\omega t \tag{4.3}$$

式中，U_m 为 U_s 的幅值，则定尺绕组感应电势 U_o 为

$$U_o = KU_s \cos\theta = KU_m \sin\omega t \cos\theta \tag{4.4}$$

式中，K 为耦合系数。

感应同步器就是利用感应电动势的变化进行位置检测的。

4.4.3　典型测量方式

根据滑尺上两相绕组通入的励磁信号不同，感应同步器有鉴相式和鉴幅式两种工作方式。励磁方式不同，感应输出信号的处理方式不同。

(1) 鉴相工作方式

在鉴相工作方式下，给滑尺的正弦绕组和余弦绕组分别通以幅值相等、频率相同、相位相差 90°的交流电压，即

$$U_s = U_m \sin\omega t$$
$$U_c = U_m \cos\omega t$$

根据电磁感应及叠加原理，励磁信号产生移动磁场，该励磁切割定尺绕组，在定尺绕组产生的感应电势 U_o 为

$$U_o = KU_m \sin\omega t \cos\theta + KU_m \cos\omega t (\cos\theta + \pi/2) \tag{4.5}$$
$$= KU_m \sin\omega t \cos\theta - KU_m \cos\omega t \sin\theta$$
$$= KU_m \sin(\omega t - \theta)$$

由此可见，通过鉴别定尺输出感应电势的相位 θ，再由式（4.2）即测得滑尺相对于定尺的位移 x。

(2) 鉴幅工作方式

在鉴幅工作方式下，给滑尺的正弦绕组和余弦绕组分别通以相位相等、频率相同，但幅值不同的交流电压，即

$$U_s = U_m \sin\alpha_电 \sin\omega t$$
$$U_c = U_m \cos\alpha_电 \sin\omega t$$

式中，$\alpha_电$ 为励磁电压的给定相位角。

同理，在定尺绕组中产生的感应电势 U_o 为

$$U_o = KU_m \sin\alpha_电 \sin\omega t \cos\theta - KU_m \cos\alpha_电 \sin\omega t \sin\theta \tag{4.6}$$
$$= KU_m \sin\omega t (\sin\alpha_电 \cos\theta - \cos\alpha_电 \sin\theta)$$
$$= KU_m \sin(\alpha_电 - \theta)\sin\omega t$$
$$= KU_m \sin\left(\alpha_电 - \frac{\pi}{\tau}x\right)\sin\omega t$$

由此可见，在 $\alpha_电$ 已知时，只要测量出 U_o 的幅值 $KU_m \sin(\alpha_电 - \theta)$，便可得到 θ，进而求得线位移。具体实现原理是：若原始状态 $\alpha_电 = \theta$，则 $U_o = 0$。然后滑尺相对定尺有一位移 Δx，使 θ 变为 $\theta + \Delta\theta$，则感应电压增量为

$$\Delta U_o \approx KU_m(\pi/\tau)\Delta x \sin\omega t \tag{4.7}$$

式（4.7）表明，在 Δx 很小的情况下，ΔU_o 与 Δx 成正比，通过鉴别 ΔU_o 幅值，即可

测得 Δx 的大小。当 Δx 较大时，通过改变 $\alpha_{电}$，使 $\alpha_{电} = \theta$，使 $U_{\circ} = 0$，根据 $\alpha_{电}$ 可以确定 θ，从而确定 Δx。

4.4.4　感应同步器的特点及应用

(1) 感应同步器的特点

① 精度高。因为定尺的节距误差有平均补偿作用，所以尺子本身的精度能做得较高。直线式感应同步器对机床位移的测量是直接测量，不经过任何机械传动装置，测量精度取决于尺子的精度。

感应同步器的灵敏度或称分辨力，取决于一个周期进行电气细分的程度，灵敏度的提高受到电子细分电路中信噪比的限制，但是通过线路的精心设计和采取严密的抗干扰措施，可以把电噪声减到很低，并获得很高的稳定性。

② 测量长度不受限制。当测量长度大于 250mm 时，可以采用多块定尺接长的方法进行测量。行程为几米到几十米的中型或大型机床中，工作台位移的直线测量大多数采用直线式感应同步器来实现。

③ 对环境的适应性较强。因为感应同步器定尺和滑尺的绕组是在基板上用光学腐蚀方法制成的铜箔锯齿形的印制电路绕组，铜箔与基板之间有一层极薄的绝缘层。可在定尺的铜绕组上面涂一层耐腐蚀的绝缘层，以保护尺面；在滑尺的绕组上面用绝缘胶黏剂粘贴一层铝箔，以防静电感应。定尺和滑尺的基板采用与机床床身热胀系数相近的材料，当温度变化时，仍能获得较高的重复精度。

④ 维修简单、寿命长。感应同步器的定尺和滑尺互不接触，因此无任何摩擦、磨损，使用寿命长，不怕灰尘、油污及冲击振动。同时由于它是电磁耦合器件，所以不需要光源、光敏元件，不存在元件老化及光学系统故障等问题。

⑤ 工艺性好，成本较低，便于成批生产。

注意：感应同步器大多装在切屑或切削液容易入侵的部位，为避免切屑划伤滑尺与定尺的绕组，必须用钢带或防护罩覆盖。

(2) 感应同步器在数控机床上的安装和使用注意事项

① 感应同步器在安装时必须保持两尺平行，两平面的间隙约为 0.25mm，倾斜度小于 0.5°，装配面波纹度在 0.01mm/250mm 以内。滑尺移动时，晃动的间隙及平行度误差的变化小于 0.1mm。

② 感应同步器大多装在容易被切屑及切屑液侵入的地方，所以必须加以防护，否则切屑夹在间隙内，会使定尺和滑尺绕组刮伤或短路，使装置发生无动作及损坏。

③ 电路中的阻抗和励磁电压不对称以及励磁电流失真度超过 2%，将对检测精度产生很大的影响，因此在调整系统时，应加以注意。

④ 由于感应同步器感应电势低，阻抗低，所以应加强屏蔽以防止干扰。

4.5　旋转变压器

4.5.1　结构

从转子感应电压的输出方式来看，旋转变压器分为有刷和无刷两种类型。在有刷结构中，转子绕组的端点通过电刷和滑环引出。目前数控机床常用的是无刷旋转变压器，其结构如图4.16所示。

无刷旋转变压器由两部分组成：一部分称为分解器，由旋转变压器的定子和转子组成；另一部分称为变压器，用它取代电刷和滑环，其一次绕组与分解器的转子轴固定在一起，与转子轴一起旋转。分解器中的转子输出信号接在变压器的一次绕组上，变压器的二次绕组与分解器中的定子一样固定在旋转变压器的壳体上。工作时，分解器的定子绕组外加励磁电压，

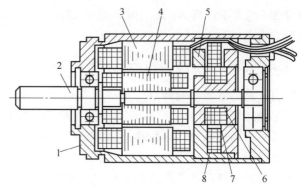

图 4.16　无刷旋转变压器结构示意
1—壳体；2—转子轴；3—旋转变压器定子；4—旋转变
压器转子；5—变压器定子；6—变压器转子；7—变压器
一次绕组；8—变压器二次绕组

转子绕组即耦合出与偏转角相关的感应电压，此信号接在变压器的一次绕组上，经耦合由变压器的二次绕组输出。

4.5.2　工作原理

旋转变压器一般都采用一种叫作正弦绕组的特殊绕组形式，这种结构保证了定子和转子之间气隙磁通呈正（余）弦规律分布。当定子绕组加励磁电压（交变电压，频率为2～4kHZ），通过电磁耦合，转子绕组产生感应电势。在单极情况下，其工作原理如图4.17所示。其输出电压的大小取决于定子和转子两个绕组轴线在空间的相对位置。两者平行时感应电势最大，两者垂直时，感应电势为零。感应电势随着转子偏转的角度呈正（余）弦规律变化，即

$$E_2 = KU_1\cos\alpha = KU_m\sin\omega t\cos\alpha \tag{4.8}$$

当 $\alpha = 90°$时，$E_2 = 0$

当 $\alpha = 0°$时，$E_2 = KU_m\sin\omega t$

式中，E_2 为转子绕组感应电动势；U_1 为定子绕组励磁电压，$U_1 = U_m\sin\omega t$；U_m 为电压信号幅值；α 为定、转子绕组轴线间夹角；K 为变压比（绕组匝数比）。

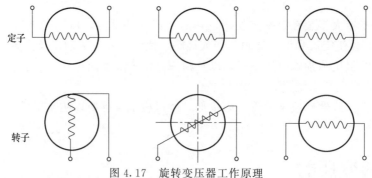

图 4.17　旋转变压器工作原理

4.5.3　旋转变压器的典型工作方式

数控机床中旋转变压器一般作为位置检测与反馈元件，工作在位置控制的相位、幅值两

种工作方式下。

(1) 鉴相工作方式

在鉴相工作状态下，旋转变压器定子的两相正交绕组（正弦绕组 s，余弦绕组 c）分别加上幅值相等、频率相同，而相位相差 90°的正弦交变电压，即

$$U_s = U_m \sin\omega t$$
$$U_c = U_m \cos\omega t$$

通过电磁感应，在转子绕组中产生感应电动势。转子中的一相绕组作为工作绕组，另一相绕组用来补偿电枢反应。根据线性叠加原理，在转子工作绕组中产生的感应电势为：

$$E_2 = KU_s \cos\alpha - KU_c \sin\alpha \qquad (4.9)$$
$$= KU_m(\sin\omega t \cos\alpha - \cos\omega t \sin\alpha)$$
$$= KU_m \sin(\omega t - \alpha)$$

式中，α 为定子正弦绕组轴线与转子工作绕组轴线间的夹角；ω 为励磁角频率。

由式（4.9）可见，旋转变压器感应电动势 E_2 与定子绕组中的励磁电压为相同频率、相同幅值，但相位不同，其差值为 α。若测量转子工作绕组输出电压的相位角 α，即可得到转子相对于定子的空间转角位置。在实际应用中，把定子正弦绕组交变励磁电压的相位作为基准相位，转子绕组感应输出电压相位与此进行比较，确定转子转角的位置。

(2) 鉴幅工作方式

在鉴幅工作方式中，定子两相绕组加的是相位相同、频率相同，而幅值分别按正弦、余弦变化的交变电压。即

$$U_s = U_m \sin\alpha_{电} \ \sin\omega t$$
$$U_c = U_m \cos\alpha_{电} \ \sin\omega t$$

式中，$U_m \sin\alpha_{电}$，$U_m \cos\alpha_{电}$ 为定子绕组交变励磁电压信号的幅值。

在转子中感应出的电势为

$$E_2 = KU_s \cos\alpha_{机} - KU_c \sin\alpha_{机} \qquad (4.10)$$
$$= KU_m \sin\omega t(\sin\alpha_{电} \ \cos\alpha_{机} - \cos\alpha_{电} \ \sin\alpha_{机})$$
$$= KU_m \sin(\alpha_{电} - \alpha_{机})\sin\omega t$$

式中，$\alpha_{机}$ 为机械角。同式（4.9）中的 α 含义相同；$\alpha_{电}$ 为电气角，交变励磁电压信号的相位角。

由式（4.10）可看出转子感应电势不但与转子和转子的相对位置（$\alpha_{机}$）有关，还与激励交变电压信号的幅值有关。感应电势（E_2）是以 ω 为角频率、以 $\sin(\alpha_{电} - \alpha_{机})$ 为幅值的交变电压信号。若电气角 $\alpha_{电}$ 已知，那么只要测出 E_2 幅值，便可间接求出机械角 $\alpha_{机}$，从而得出被测角位移。实际应用中，利用幅值为零（即感应电动势等于零）的特殊情况进行测量。由感应电势的幅值表达式知道，幅值为零，也就是 $\alpha_{电} - \alpha_{机} = 0$。当 $\alpha_{电} - \alpha_{机} = \pm 90°$ 时，转子绕组感应电势最大。

鉴幅测量的具体过程是：不断地调整定子励磁信号的电气角 $\alpha_{电}$，使转子感应电势 E_2 为零（即感应信号的幅值为零），跟踪 $\alpha_{机}$ 的变化，当 E_2 等于零时，说明电气角和机械角相等，这样一来，用 $\alpha_{电}$ 代替了对 $\alpha_{机}$ 的测量。$\alpha_{电}$ 可以通过具体的电子线路测得。

4.5.4　旋转变压器在数控机床中的应用

数控机床中用的无刷旋转变压器一般为多级旋转变压器。所谓多级旋转变压器就是增加

定子或转子的磁极对数，使电气转角为机械转角的倍数，用来代替单级旋转变压器，不需要升速齿轮，从而提高了定位精度。另外还可用三个旋转变压器按 $1:1$、$10:1$ 和 $100:1$ 的比例相互配合串联，组成精、中、粗三级旋转变压器测量装置。若精测的丝杠位移为 $10mm$，则中测范围为 $100mm$，粗测为 $1000mm$。为了使机床工作台按指令值到达规定位置，须用电气转换电路在实际值不断接近指令值的过程中，使旋转变压器从"粗"到"中"再到"精"，最后的位置精度由精旋转变压器来决定。

训练题

4.1 什么是绝对式测量和增量式测量，什么是间接测量和直接测量？

4.2 增量式光电编码器输出的"零脉冲"信号的作用是什么？怎样进行电动机转向判别？

4.3 光电脉冲编码器的两种信号处理方式分别适用于什么场合？

4.4 简述莫尔条纹测量位移的原理。

4.5 莫尔条纹有哪些特点？

4.6 光栅传感器在数控机床中的作用是什么？

4.7 简述直线感应同步器的工作原理。

4.8 简述直线感应同步器鉴相型和鉴幅型信号处理的原理。

4.9 直线感应同步器有哪些特点？

4.10 旋转变压器由哪些部件组成？有哪些工作方式？

第5章

数控机床进给运动的控制

【知识提要】 本章介绍数控机床进给运动的控制，主要介绍步进电机、直流伺服电机、交流伺服电机等伺服驱动元件的结构及调速方法，阐述开环伺服系统、闭环伺服系统的构成及控制原理等内容。

【学习目标】 通过本章内容的学习，学习者应该对伺服系统的概念、分类及其特点有基本了解；对开环伺服系统的组成及工作原理有深刻认识；对步进电机的结构、工作原理、在数控机床上的具体应用要非常熟悉；对直流和交流伺服驱动的特点及工作原理有基本掌握。

5.1 概述

如果说 CNC 装置是数控机床的"大脑"，是发布"命令"的指挥机构，那么，伺服系统就是数控机床的"四肢"，是一种"执行机构"，它忠实而准确地执行由 CNC 装置发来的运动命令。

数控机床伺服系统是以数控机床移动部件（如工作台、主轴或刀具等）的位置和速度为控制对象的自动控制系统，也称为随动系统、拖动系统或伺服机构。它接受 CNC 装置输出的插补指令，并将其转换为移动部件的机械运动（主要是转动和平动）。伺服系统是数控机床的重要组成部分，是数控装置和机床本体的联系环节，其性能直接影响数控机床的精度、工作台的移动速度和跟踪精度等技术指标。

5.1.1 数控机床对进给伺服系统的要求

伺服系统的动态响应和伺服精度是影响数控机床加工精度、表面质量和生产效率的重要因素，因此数控机床的伺服系统应满足以下基本要求。

① 调速范围宽，进给速度范围要大。不仅要满足低速切削进给的要求，如 5mm/min，还要能满足高速进给的要求，如 10000mm/min。

由于工件材料、刀具以及加工要求各不相同，为了保证数控机床在任何情况下都能得到最佳切削条件，伺服系统必须具有足够的调速范围，既能满足高速切削要求，又能满足低速加工要求，而且能在尽可能宽的调速范围内保持恒功率输出。调速范围是指在额定负载时电动机能提供的最高转速与最低转速之比。

② 位移精度要高。为了保证零件加工质量和提高效率，就要求数控机床具有很高的位移精度和加工精度。在位置控制中要求有高的定位精度，而在速度控制中，要求有高的调速精度、强的抗负载、抗干扰能力。

伺服系统的位移精度是指指令脉冲要求机床工作台进给的位移量和该指令脉冲经伺服系统转化为工作台实际位移量之间的符合程度。两者误差愈小，伺服系统的位移精度愈高。通常，插补器或计算机的插补软件每发出一个进给脉冲指令，伺服系统将其转化为一个相应的机床工作台位移量，我们称此位移量为机床的脉冲当量。一般机床的脉冲当量为 0.01～0.005mm/脉冲，高精度的 CNC 机床其脉冲当量可达 0.001mm/脉冲。脉冲当量越小，机床的位移精度越高。

③ 快速响应特性好，跟随误差要小，即伺服系统的速度响应要快。快速响应是伺服系统动态品质的标志之一。为了保证轮廓切削形状精度和加工表面粗糙度，除了要求有较高的定位精度外，还要求系统有良好的快速响应特性，即要求伺服系统跟踪指令信号的响应要快，位置跟踪误差要小。

④ 工作稳定性高，可靠性好。伺服系统要具有较强的抗干扰能力，保证进给速度均匀、平稳，保证加工出表面粗糙度小的零件。同时数控机床作为一种高精度、高效率的自动化设备，对其可靠性提出了更高的要求。所谓可靠性是指产品在规定条件下和规定时间内，完成规定功能的概率。

⑤ 低速大转矩。为了满足低速时的重力切削，要求进给伺服系统在低速时能够输出大的转矩，以适应低速重切削的加工要求。

⑥ 高性能电动机。伺服电动机是伺服系统的重要组成部分，为使伺服系统具有良好的性能，伺服电动机也应具有高精度、快响应、宽调速和大转矩的性能。

a. 电动机从最低速到最高速的调速范围内能够平滑运转，转矩波动要小，尤其是在低速时要无爬行现象；

b. 电动机应具有大的、长时间的过载能力，一般要求数分钟内过载 4～6 倍而不烧毁。

c. 为了满足快速响应的要求，即随着控制信号的变化，电动机应能在较短的时间内达到规定的速度。

d. 电动机应能承受频繁起动、制动和反转的要求。

综上所述，对伺服系统的要求包括静态和动态特性两方面，对于高精度的数控机床，对其动态性能的要求更严。

5.1.2 进给伺服系统的组成

(1) 进给伺服系统的作用
进给伺服系统是以移动部件的位置和速度作为控制量的自动控制系统。

伺服系统是数控装置和机床主机的联系环节，它用于接收数控装置插补器发出的进给脉冲或进给位移量信息，经过一定的信号转换和电压、功率放大，由伺服电机和机械传动机构驱动机床的工作台等，最后转化为机床工作台相对于刀具的直线位移或回转位移。

(2) 进给伺服系统的组成
数控机床的伺服驱动系统按有无反馈检测单元分为开环和闭环两种类型（见 5.1.3 节进给伺服系统分类），这两种类型的伺服驱动系统的基本组成不完全相同。但不管是哪种类型，执行元件及其驱动控制单元都必不可少。驱动控制单元的作用是将进给指令转化为驱动执行元件所需要的信号形式，执行元件则将该信号转化为相应的机械位移。伺服系统一般由位置控制单元、速度控制单元、驱动元件（电机）、检测与反馈单元、机械执行部件等组成。

① 位置控制单元主要包括位置测量元件以及位置比较元件。由 CNC 装置中位置控制、速度控制、位置检测与反馈控制等环节组成，用以完成对数控机床运动坐标轴的控制。

② 速度控制单元由速度调节器、电流调节器及功率驱动放大器等部分组成，利用测速

发电机、脉冲编码器等速度传感元件，作为速度反馈的测量装置。

③ 驱动元件主要指包括直流电动机、交流电动机、步进电动机在内的各种动力源。

④ 检测与反馈单元主要包括检测元件（比如光电编码器、测速电机、直线感应同步器、光栅和磁尺等）以及反馈电路。

⑤ 机械执行部件主要指包括减速箱、滚珠丝杠、工作台等在内的机械传动装置。

5.1.3　进给伺服系统的分类

按照不同的分类原则，数控机床伺服系统有不同的分类方法。

(1) 按有无检测元件和反馈环节分类

① 开环伺服系统。开环伺服系统（如图 5.1 所示）只有指令信号的前向控制通道，没有检测反馈控制通道，其驱动元件主要是步进电机。这种系统工作原理是将指令数字脉冲信号转换为电机的角度位移。实现运动和定位，主要靠驱动装置（即驱动电路）和步进电机本身保证。转过的角度正比于指令脉冲的个数；运动速度由进给脉冲的频率决定。

图 5.1　开环伺服系统

② 半闭环伺服系统。位置检测元件装在电机轴端或丝杠轴端，如图 5.2 所示。半闭环系统通过角位移的测量间接计算出工作台的实际位移量。机械传动部件不在控制环内，容易获得稳定的控制特性。只要检测元件分辨率高、精度高，并使机械传动件具有相应的精度，就会获得较高精度和速度。半闭环控制系统的精度介于开环和全闭环系统之间。精度虽没有闭环高，调试却比全闭环方便，因此是广泛使用的一种数控伺服系统。

图 5.2 中，脉冲编码器（通常用光电脉冲编码器）为检测元件（一般用于位置检测）。在这里，该器件既用来检测位移量，又用于检测速度量（经过转换），这是半闭环中广泛使用的一种检测方案。

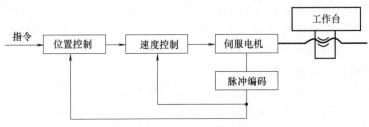

图 5.2　半闭环伺服系统

③ 闭环伺服系统。闭环系统是误差控制随动系统。数控机床进给系统的控制量是 CNC 输出的位移指令和机床工作台（或刀架等）实际位移的差值（误差）。因此需要有位置检测装置。该装置放在工作台上，测出各坐标轴的实时位移量或者实际所处位置，并将测量值反馈给 CNC 装置，与指令进行比较，求得误差，CNC 装置控制机床向着消除误差的方向运动。在闭环控制中还引入了实际速度与给定速度比较调解的速度环（其内部有电流环），作用是对电机运行状态实时进行校正、控制，达到速度稳定和变化平稳的目的，从而改善位置

环的控制品质。这种既有指令的前向控制通道，又有测量输出的反馈控制通道，就构成了闭环控制伺服系统，如图 5.3 所示。

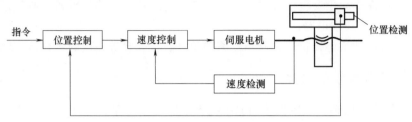

指令 → 位置控制 → 速度控制 → 伺服电机 位置检测
速度检测

图 5.3　闭环伺服系统

(2) 按反馈比较控制方式分类

① 脉冲、数字比较伺服系统。该系统是闭环伺服系统中的一种控制方式，它是将数控装置发出的数字（或脉冲）指令信号与检测装置测得的数字（或脉冲）形式的反馈信号直接进行比较，以产生位置误差，实现闭环控制。该系统机构简单，容易实现，整机工作稳定，因此得到广泛的应用。

② 相位比较伺服系统。该系统中位置检测元件采用相位工作方式，指令信号与反馈信号都变成某个载波的相位，通过相位比较来获得实际位置与指令位置的偏差，实现闭环控制。该系统适应于感应式检测元件（如旋转变压器、感应同步器）的工作状态，同时由于载波频率高、响应快、抗干扰能力强，因此特别适合于连续控制的伺服系统。

③ 幅值比较伺服系统。该系统是以位置检测信号的幅值大小来反映机械位移的数值，并以此信号作为位置反馈信号，与指令信号进行比较获得位置偏差信号构成闭环控制。

上述三种伺服系统中，相位比较伺服系统和幅值比较伺服系统的结构与安装都比较复杂，因此一般情况下选用脉冲、数字比较伺服系统。

④ 全数字伺服系统。随着微电子技术、计算机技术和自动化技术的发展，数控机床的伺服系统已开始采用高速、高精度的全数字伺服系统，使伺服控制技术从模拟方式、混合方式走向全数字方式。由位置、速度和电流构成的三环反馈全部数字化，柔性好，使用灵活。全数字控制使伺服系统的控制精度和控制品质大大提高。目前。伺服控制系统从早期的模拟量控制逐步发展为目前大多数数控厂家使用的全数字控制系统。随着伺服系统控制的软件化，伺服系统的控制性能得到了很大的提高。比如 FANUC 公司已经成功地开发出高速串行总线（FSSB）控制的全数字交流伺服系统。

(3) 按使用的驱动元件分类

按使用的驱动元件，伺服系统可以分为电液伺服系统和电气伺服系统。

电液伺服系统的执行元件是电液脉冲马达和电液伺服马达，但由于该系统存在噪声、漏油等问题，其逐渐被电气伺服系统所取代。电气伺服系统全部采用电子元件和电动机部件，操作方便，可靠性高。电气伺服驱动系统又分为直流伺服驱动系统、交流伺服驱动系统及直线电动机伺服系统。

5.2　步进驱动及开环控制系统

步进电动机主要应用于开环位置控制中，构成开环伺服系统，该系统一般由环形分配器、步进电动机、驱动电源等部分组成。这种系统简单容易控制，维修方便且控制为全数字化。

在这种开环伺服系统中，执行元件是步进电动机。通常该系统中无位置、速度检测环节，其精度主要取决于步进电动机的步距角和与之相连的传动链的精度。步进电动机的最高转速通常均比直流伺服电动机和交流伺服电动机低，且在低速时容易产生振动，影响加工精度。但步进电动机伺服系统的制造与控制比较容易，在速度和精度要求不太高的场合有一定的使用价值，同时步进电动机细分技术的应用，使步进电动机开环伺服系统的定位精度显著提高，并可有效地降低步进电动机的低速振动，从而使步进电动机伺服系统得到更加广泛的应用。

5.2.1　步进电动机的分类、结构及工作原理

步进电动机（简称步进电机）是一种可将电脉冲转换为机械角位移的控制电动机，并通过丝杠带动工作台移动。每来一个电脉冲，电机转动一个角度，带动机械设备移动一段距离。电脉冲的数量代表了转子的角位移量，转子的转速与电脉冲的频率成正比，旋转方向取决于脉冲的顺序，转矩是由磁阻作用所产生。步进电机一定要与控制脉冲联系起来才能运行，否则无法工作。其运行形式是步进的，故称为步进电机。对定子绕组所加电源形式既不是正弦波也不是恒定直流，而是电脉冲电压、电流，所以也称为脉冲电机或脉冲马达。

(1) 步进电动机的分类与结构

① 步进电机的分类。

a. 按作用原理来分类。可分为有磁阻式（反应式）、永磁式和永磁感应式（混合式）三大类。

（a）反应式步进电机也叫感应式、磁滞式或磁阻式步进电机。其转子无绕组，定子和转子均由软磁材料制成，定子上均匀分布的大磁极上装有多相励磁绕组，定、转子周边均匀分布小齿和槽，通电后利用磁导的变化产生转矩。一般为三、四、五、六相，可实现大转矩输出（消耗功率较大，电流最高可达 20A，驱动电压较高）；步距角小（最小可做到六分之一度）；断电时无定位转矩；电机内阻尼较小，单步运行（指脉冲频率很低时）震荡时间较长；起动和运行频率较高。

（b）永磁式步进电机转子或定子的一方具有永久磁钢，另一方由软磁材料制成。通常电机转子由永磁材料制成，软磁材料制成的定子上有多相励磁绕组，定、转子周边没有小齿和槽，通电后利用永磁体与定子电流磁场相互作用产生转矩。一般为两相或四相；输出转矩小（消耗功率较小，电流一般小于 2A，驱动电压 12V）；步距角大（例如 7.5°、15°、22.5°等）；断电时具有一定的保持转矩；起动和运行频率较低，效率高，电流小，发热低。因永磁体的存在，该电机具有较强的反电势，其自身阻尼作用比较好，使其在运转过程中比较平稳、噪声低、低频振动小，某种程度上可以看作是低速同步电机。

（c）永磁反应式步进电机也叫做混合式步进电机，综合了永磁式和反应式的优点。其定子和四相反应式步进电机没有区别（但同一相的两个磁极相对，且两个磁极上绕组产生的 N、S 极性必须相同），转子结构较为复杂（转子内部为圆柱形永磁铁，两端外套软磁材料，周边有小齿和槽）。一般为两相或四相；须供给正负脉冲信号；输出转矩较永磁式大（消耗功率相对较小）；步距角较永磁式小（一般为 1.8°）；断电时无定位转矩；起动和运行频率较高。

　　b. 按输出功率和使用场合分类。可分为功率式步进电机和控制式步进电机。功率式步进电机输出转矩较大，能直接带动较大负载（一般使用反应式、混合式步进电机）；控制式步进电机输出力矩在百分之几至十分之几（N·m），输出转矩较小，只能带动较小负载（一般使用永磁式、混合式步进电机）。

　　c. 按结构分类，分为径向式（单段式）、轴向式（多段式）和印刷绕组式步进电机。径向分布式电机各相按圆周依次排列；轴向分布式电机各相按轴向依次排列。

　　d. 按相数分类可分为三相、四相、五相、六相等。

　　② 步进电动机的结构。步进电动机都是由定子和转子组成，但因类型不同，结构也不完全一样。磁阻式步进电机（以三相径向式为例）结构如图 5.4 所示。其中定子又分为定子铁芯和定子绕组。定子铁芯由电工钢片叠压而成，定子绕组是绕制在定子铁芯 6 个均匀分布的齿上的线圈，在直径方向上相对的两个齿上的线圈串联在一起，构成一相控制绕组。

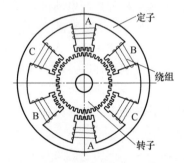

图 5.4　三相反应式步进电机结构

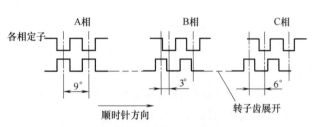

图 5.5　步进电动机齿距

　　图 5.4 所示的步进电动机可构成 A、B、C 三相控制绕组，故称三相步进电动机。若任一相绕组通电，便形成一组定子磁极。在定子的每个磁极上面向转子的部分，又均匀分布着 5 个小齿，这些小齿呈梳状排列，齿槽等宽，齿间夹角为 9°。转子上没有绕组，只有均匀分布的 40 个齿，其大小和间距与定子上的完全相同。此外，三相定子磁极上的小齿在空间位置上依次错开 1/3 齿距，如图 5.5 所示。当 A 相磁极上的小齿与转子上的小齿对齐时，B 相磁极上的齿刚好超前（或滞后）转子齿 1/3 齿距角，C 相磁极齿超前（或滞后）转子齿 2/3 齿距角。步进电动机每走一步所转过的角度称为步距角，其大小等于错齿的角度。错齿角度的大小取决于转子上的齿数，磁极数越多，转子上的齿数越多，步距角越小，步进电动机的位置精度越高，其结构也越复杂。

　　注意：永磁式步进电动机和永磁反应式步进电动机虽然结构不同，但工作原理与上述反应式步进电动机相同。

　　(2) 步进电动机的工作原理

　　以磁阻式（反应式）步进电机为例，其是按电磁吸引的原理工作的。其结构如图 5.6 所示。当某一相定子绕组加上电脉冲，即通电时，该相磁极产生磁场，并对转子产生电磁转矩，将靠近定子通电绕组磁极的转子上一对齿吸引过来，当转子一对齿的中心线与定子磁极中心线对齐时，磁阻最小，转矩为零，停止转动。如果定子绕组按顺序轮流通电，A、B、C 三相的三对磁极就依次产生磁场，使转子一步步按一定方向转动起来。如果控制线路不停地按一定方向切换定子绕组各相电流，转子便按一定方向不停地转动。

　　① 三相单三拍控制。如图 5.6 所示，当 A 相通电时，转子 1、3 齿被磁极 A 产生的电

磁引力吸引过去，使 1、3 齿与 A 相磁极对齐。接着 B 相通电，A 相断电，磁极 B 又把距它最近的一对齿 2、4 吸引过来，使转子按逆时针方向转动 30°，然后 C 相通电，B 相断电，转子又逆时针旋转 30°，依次类推，定子按 A→B→C→A 顺序通电，转子就一步步地按逆时针方向转动，每步转 30°。若改变通电顺序，按 A→C→B→A 使定子绕组通电，步进电机就按顺时针方向转动，同样每步转 30°。这种控制方式叫单三拍方式。由于每次只有一相绕组通电，在切换瞬间失去自锁转矩，容易失步，此外，只有一相绕组通电吸引转子，易在平衡位置附近产生振荡，故实际不采用单三拍工作方式，而采用双三拍控制方式。

所谓"三相"是指定子有三相绕组 A、B、C；"单"指每次只有一相绕组通电；"拍"指从一种通电状态转变为另一种通电状态；"三拍"是指每三次换接为一个循环。

② 三相单、双拍（六拍）控制。定子按 A→AB→B→BC→C→CA→A 顺序通电，即首先 A 相通电，然后 A 相不断电，B 相再通电，即 A、B 两相同时通电，接着 A 相断电而 B 相保持通电状态，然后再使 B、C 两相通电，依次类推，每切换一次，步进电机逆时针转过 15°。如通电顺序改为 A→AC→C→CB→B→BA→A，则步进电机以步距角 15°顺时针旋转。这种控制方式叫三相单、双拍控制。

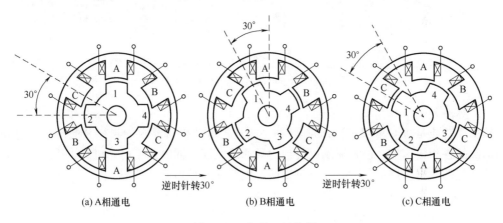

(a) A相通电　　　(b) B相通电　　　(c) C相通电

逆时针转30°　　　逆时针转30°

图 5.6　三相单三拍控制

③ 三相双三拍控制。双三拍通电顺序是按 AB→BC→CA→AB→…（逆时针方向）或按 AC→CB→BA→AC→…（顺时针方向）进行。由于双三拍控制每次有二相绕组通电，而且切换时总保持一相绕组通电，所以工作较稳定。所谓"双"是指每次有两相绕组通电。

设步进电动机定子的相数为 m，Z_r 为转子的齿数，θ_t 为转子的齿距角，N 为转子转过一个齿距角所用的拍数，则单拍或双拍控制时电动机一转所需的步数为 mZ_r，而单、双拍控制时电动机一转所需的步数为 $2mZ_r$。设 k 为与通电系数有关的参数，单拍时 $k=1$，单、双拍时 $k=2$，则步距角 θ_s 为

$$\theta_s = \frac{\theta_t}{N} = \frac{360°}{Z_r N} = \frac{360°}{mkZ_r}$$

综上所述，可以得到如下结论：

① 步进电动机按电磁吸引的原理工作，其结构特点是磁力线力图走磁阻最小的路径，从而产生反应力矩；各相定子齿之间彼此错齿 $1/m$ 齿距，m 为相数。

② 改变步进电动机定子绕组的通电顺序，转子的旋转方向随之改变。

③ 步进电动机定子绕组通电状态的改变速度越快，其转子旋转的速度越快，即通电状

态的变化频率越高，转子的转速越高。

总之，步进电机的控制十分方便，而且每转中没有累积误差，动态响应快，自起动能力强，角位移变化范围宽。其缺点是效率低，带负载能力差，低频易振荡、失步，自身噪声和振动较大。一般用在轻载或负载变动不大的场合。

5.2.2 步进电动机的驱动电源

步进电动机应由专用的驱动电源来供电，由驱动电源和步进电动机组成一套伺服装置来驱动负载工作。脉冲分配器、功率放大器以及其他控制线路的组合称为步进电动机的驱动电源，其作用是发出一定功率的电脉冲信号，使定子励磁绕组顺序通电，驱动电源是步进电动机工作不可缺少的一部分。步进电动机、驱动电源和控制器构成步进电动机传动控制系统。如图 5.7 所示。

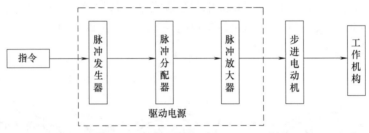

图 5.7　步进电动机驱动电源的组成

(1) 脉冲分配

其主要功能是将 CNC 装置的插补脉冲，按步进电动机所要求的规律分配给步进电动机驱动电源的各相输入端，以控制励磁绕组的导通或关断。同时由于电动机有正反转要求，所以脉冲分配的输出是周期性的，又是可逆的，因此又叫环形脉冲分配。

脉冲分配有两种方式：一种是硬件脉冲分配（或称为脉冲分配器），另一种是软件脉冲分配，是由计算机软件完成的。

① 硬件脉冲分配。硬件脉冲分配由环形脉冲分配器来实现，环形脉冲分配器是由门电路和双稳态触发器组成的逻辑电路，常用的是专用集成芯片或通用可编程逻辑器件组成的脉冲分配器。主要通过一个脉冲输入端控制步进的速度；一个输入端控制电动机的转向；并有与步进电动机相数同数目的输出端分别控制电动机的各相。这种硬件脉冲分配器通常直接包含在步进电动机驱动控制电源内。数控系统通过插补运算，得出每个坐标轴的位移信号，通过输出接口，只要向步进电动机驱动控制电源定时发出位移脉冲信号和正反转信号，就可实现步进电动机的运动控制，图 5.8 为三相硬件环形脉冲分配器的驱动控制示意图。图中，CLK 为数控装置发出的脉冲信号；DIR 为数控装置发出的方向信号；FULL/HALF 为用于控制电动机整步或半步的信号。

假设用 A、B、C 分别代表步进电机的三相绕组，步进电机的正、反转可用控制端 X 来控制，$X=1$ 表

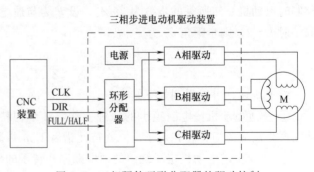

图 5.8　三相硬件环形分配器的驱动控制

示正转，$X=0$ 表示反转，正、反转时其脉冲分配电路状态转换如图 5.9 所示。实现正转的脉冲环形分配器逻辑图如图 5.10 所示，置位、复位端加"0"之后，则，$A=1$，$B=0$，$C=0$，输入一个 CP 脉冲，则 $A=1$，$B=1$，$C=0$，再输入 CP 脉冲则 $A=0$，$B=1$，$C=0$，依此下去即实现了步进电机的正转状态转换关系。

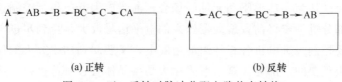

(a) 正转　　　　　　　　　　　　(b) 反转

图 5.9　正、反转时脉冲分配电路状态转换

② 软件脉冲分配（以三相六拍为例）。目前，随着微型计算机特别是单片机的发展，变频脉冲信号源和脉冲分配器的任务均可由单片机来承担，这样不但工作更可靠，而且性能更好。

在计算机控制的步进电动机驱动系统中，可以采用软件的方法实现环形脉冲分配，如图 5.11 所示。软件环形脉

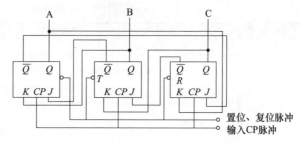

图 5.10　六拍通电方式的环形脉冲分配器

冲分配器的设计方法有很多，如查表法、比较法、移位寄存器法等，它们各有特点，其中常用的是查表法。

如图 5.12 所示是一个 8031 单片机与步进电动机驱动电路接口连接的框图。P1 口的三个引脚经过光电隔离、功率放大之后，分别与电动机的 A、B、C 三相连接。当采用三相六拍方式时，电动机正转的通电顺序为 A→AB→B→BC→C→CA→A；电动机反转的顺序为 A→AC→C→CB→B→BA→A。它们的环形分配如表 5.1 所示。把表中的数值按顺序存入内存的 EPROM 中，并分别设定表头的地址为 TAB0，表尾的地址为 TAB5。计算机的 P1 口按从表头开始逐次加 1 的顺序变化，电动机正向旋转。如果按从 TAB5，逐次减 1 的顺序变化，电动机则反转。

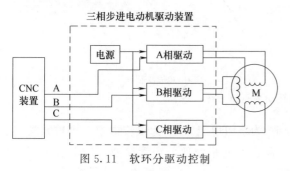

图 5.11　软环分驱动控制

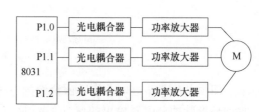

图 5.12　计算机控制的三相步进电机驱动电路

采用软件进行脉冲分配虽然增加了软件编程的复杂程度，但它省去了硬件环形脉冲分配器，减少了器件，降低了成本，也提高了系统的可靠性。

(2) 功率驱动电路

从环形分配器来的进给控制信号的电流只有几毫安，不能直接驱动步进电动机，而步进电机的定子绕组需要几安培的电流，因此，在脉冲分配器后面都接有脉冲放大器作为功率驱

动（放大）电路，对从环形分配器来的信号进行功率放大，经功率放大后的电脉冲信号可直接输出到定子各相绕组中去控制步进电动机工作。功率放大器一般由两部分组成，即前置放大器和大功率放大器。前者是为了放大环形分配器送来的进给控制信号并推动大功率驱动部分而设置的。它一般由几级反相器、射极跟随器或带脉冲变压器的放大器组成。在以快速可控硅或可关断可控硅作为大功率驱动元件的场合，前置放大器还包括控制这些元件的触发电路。大功率驱动部分进一步将前置放大器送来的电平信号放大，得到步进电机各相绕组所需要的电流。它既要控制步进电机各相绕组的通断电，又要起到功率放大的作用，因而是步进电机驱动电路中很重要的一部分。这一般采用大功率晶体管、快速可控硅或可关断可控硅来实现。

表5.1   计算机的三相六拍环形分配表

步序		导电相	工作状态	数值(16进制)	程序的数据表
正转	反转		C B A		TAB
		A	0 0 1	01H	TAB0 DB 01H
		AB	0 1 1	03H	TAB1 DB 03H
		B	0 1 0	02H	TAB2 DB 02H
		BC	1 1 0	06H	TAB3 DB 06H
		C	1 0 0	04H	TAB4 DB 04H
		CA	1 0 1	05H	ATB5 DB 05H

最早的功率驱动器采用单电压驱动电路，后来出现了双电压（高电压）驱动电路、斩波电路、调频调压和细分电路等。常见的步进电动机驱动电路有以下几种：

① 单电源驱动电路。这种电路采用单一电源供电，结构简单，成本低，但电流波形差，效率低，输出力矩小，主要用于对速度要求不高的小型步进电动机的驱动，图5.13所示步进电动机的一相绕组驱动电路（每相绕组的电路相同）。

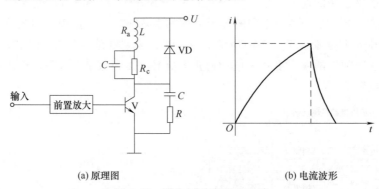

(a) 原理图   (b) 电流波形

图5.13 单电压功率驱动电路

图中，L 为步进电动机励磁绕组的电感，R_a 为绕组电阻，R_c 为限流电阻。当输入端接收到环形脉冲分配器输出的脉冲信号时，经前置放大电路处理，V管导通，L 上有电流流过，电动机转动一步。由于步进电动机每相都有一个放大器，当三相的放大器轮流工作时，三相绕组分别有电流通过，使步进电动机一步步转动。R_c 上并联一个电容 C，能够提高电流上升速度，续流二极管 VD 以及阻容吸收回路主要用来保护功率管 V。

单电压驱动电路的优点是线路简单，缺点是电流上升不够快，高频时带负载能力低，而且由于限流电阻的作用，功耗比较大，所以常用于功率要求较小且要求不高的场合。

② 双电源驱动电路。又称高低压驱动电路，采用高压和低压两个电源供电。在步进电

动机绕组刚接通时，通过高压电源供电，以加快电流上升速度，延迟一段时间后，切换到低压电源供电。这种电路使电流波形、输出转矩及运行频率等都有较大改善，如图 5.14 所示。

这种电路特点是高压充电，低压维持。当环形分配器的脉冲输入信号 I_H、I_L 到来时，为高电平时（要求该相绕组通电），V_1、V_2 的基极都有信号电压输入，使 V_1、V_2 均导通。于是在高压电源 U_1 作用下（这时二极管 VD_1 两端承受的是反向电压，处于截止状态，可使低压电源不对绕组作用）绕组电流迅速上升，电流前沿很陡，如图 5.15 所示。当电流达到或稍微超过额定稳态电流时，V_1 截止，但此时 V_2 仍然是导通的，因此绕组电流即转而由低压电源 U_2 经过二极管 VD_1 供给。采用这种高低压切换型电源，电动机绕组上不需要串联电阻或者只需要串联一

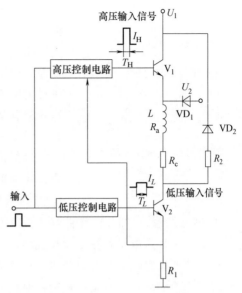

图 5.14　高、低压驱动电路原理

个很小的电阻 R_1（为平衡各相的电流），所以电源的功耗比较小，而且电流波形得到很大的改善，所以步进电动机的转矩-频率特性好，起动和运行频率得到很大的提高。但是高低压驱动电路的电流波形的波顶会出现凹陷，所以高频输出转矩可能降低。

③ 斩波限流驱动电路。这种电路采用单一高压电源供电，以加快电流上升速度，并通过对绕组电流的检测，控制功放管的开和关，使电流在控制脉冲持续期间始终保持在规定值上下。这种电路功耗小，效率高，目前应用比较广泛。图 5.16 所示为一种斩波限流驱动电路原理图，其工作原理如下。

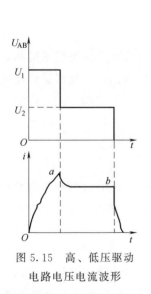

图 5.15　高、低压驱动
电路电压电流波形

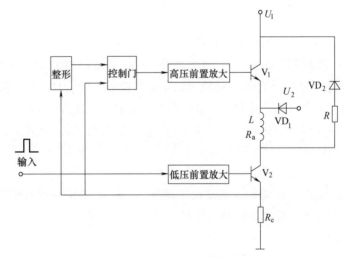

图 5.16　斩波限流驱动电路原理

环行脉冲分配器输出的脉冲作为输入信号，若输入信号为正脉冲，则 V_1、V_2 同时导通，由高电压 U_1 经 V_1、V_2 给绕组供电。由于 U_1 较高，绕组回路又没有串接电阻，所以

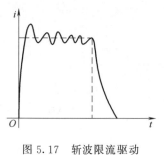

图 5.17　斩波限流驱动
电路电流波形

绕组中的电流迅速上升，当绕组中的电流上升到额定值以上的某个数值时，由于采样电阻 R_e 的反馈作用，经整形、放大后送到 V_1 的基极，使 V_1 截止。接着由低电压 U_2 给绕组供电，绕组中的电流立即下降，当降至额定值以下时，由于采样电阻 R_e 的反馈作用，使整形电路信号无法输出，此时高压前置放大电路又使 V_1 导通，电流又上升。如此反复进行，形成一个在额定电流值上下波动呈锯齿状的绕组电流波形，近似恒流，如图 5.17 所示。所以也称这种电路为恒流斩波驱动电路。其中锯齿波的频率可以通过调整采样电阻 R_e 以及整形电路的参数来改变。

④ 细分控制。"细分"是针对"步距角"而言的。没有细分状态，控制系统每发一个步进脉冲信号，步进电机就按照整步旋转一个特定的角度，这是步进电机固有步距角。通过步进电机驱动器设置细分状态，步进电机将会按照细分的步距角旋转位移角度，从而实现更为精密的定位。细分数就是指电机运行时的真正步距角，是固有步距角（整步）的几分之一。例如，驱动器工作在 10 细分状态时，其步距角只有步进电机固有步距角的十分之一，细分就是步进电机按照微小的步距角旋转，也就是常说的微步距控制。

步进电机驱动器采用细分功能，能够消除步进电机的低频共振（振荡）现象，减少振动，降低工作噪声。随着驱动器技术的不断提高，当今，步进电机在低速工作时的噪声已经与直流电机相差无几。低频共振是步进电机（尤其是反应式电机）的固有特性，只有采用驱动器细分的办法，才能减轻或消除。利用细分方法，又能够提高步进电机的输出转矩。驱动器在细分状态下，提供给步进电机的电流显得"持续、强劲"，极大地减少步进电机旋转时的反向电动势，同时改善了步进电机工作的旋转位移分辨率。

5.2.3　步进电动机的进给控制

(1) 工作台位移量的控制

数控装置发出 N 个进给脉冲，经驱动电路放大后，使步进电动机定于绕组的通电状态变化 N 次，步进电动机转过的角位移量 $\varphi = N\theta_s$（θ_s 为步距角）。该角位移经丝杠螺母副转化为工作台的位移量 L，其进给脉冲数决定了工作台的直线位移量。一个进给脉冲对应的工作台位移量称为脉冲当量 δ（mm/p，毫米/脉冲），其计算公式

$$\delta = \frac{\theta_s h}{360 i}$$

式中，θ_s 为步进电动机步距角，(°)；h 为滚珠丝杠螺距，mm；i 为减速齿轮传动机构的减速比。而增加减速齿轮机构主要是为了调整速度，同时还可以满足结构要求，同时增大扭矩。

(2) 工作台运动方向的控制

当数控装置发出的进给脉冲是正向时，经驱动控制线路之后，步进电动机的定子绕组按一定顺序依次通电、断电。当进给脉冲是反向时．定子各相绕组则按相反的顺序通电、断电。因此，改变进给脉冲信号的循环顺序方向，可改变定子绕组的通电顺序，使步进电动机正转或反转，从而改变工作台的进给方向。

(3) 工作台进给速度的控制

若数控装置发出的进给脉冲的频率 f 经驱动控制线路放大后，就转换为控制步进电动机定子绕组的通电、断电的电平信号变化的频率，因而就决定了步进电动机转子的转速 n，该转速经减速机构、丝杠、螺母后，转换为工作台的进给速度 v_f (mm/min)，$v_f = 60f\delta$ 或者 $\omega = 60f\delta$ (°/min) (δ 为脉冲当量)，其中 f 为输入到步进电动机的脉冲频率 (Hz)。所以定子绕组通电状态的变化频率决定步进电动机转子的转速，即进给脉冲的频率决定了工作台的进给速度。同时，在相同脉冲频率 f 的条件下，δ 脉冲当量越小，则进给速度越小，进给运动的分辨率和精度越高。步进电机开环进给系统的脉冲当量一般为 $0.01 \sim 0.005$mm，脉冲位移的分辨率和精度较高，在同样的最高工作频率 f 时，δ 越小，则最大进给速度之值也越小。

综上所述，在步进电机驱动的开环系统中，输入的进给脉冲数量、频率、方向经驱动控制电路以及步进电动机后，完成了对工作台位移量、速度以及进给方向的控制，从而满足了数控系统对位移控制的要求。

5.2.4　步进电动机的主要特性及选择

(1) 步进电动机的主要特性

① 步距角和静态步距误差。步进电机的步距角是指步进电机定子绕组每改变一次通电状态，转子转过的角度。它取决于电机结构和控制方式。步距角可按下式计算：

$$\theta_s = 360°/mzk$$

式中，m 为定子相数；z 为转子齿数；k 为控制方式确定的拍数与相数的比例系数。例如三相三拍时，$k=1$，三相六拍时，$k=2$。

生产厂家对每种步进电机一般给出两种步距角，彼此相差一倍。大的为供电拍数与相数相等时的步距角，小的为供电拍数与相数不相等时的步距角。步进电机每走一步的步距角 θ_s 应是圆周 $360°$ 的等分值。但是，实际的步距角与理论值有误差，在一转内各步距误差的最大值，被定为步距误差。连续走若干步时，上述步距误差的累积值称为步距的累积误差。由于步进电机转过一转后，将重复上一转的稳定位置，步进电机的步距累积误差将以一转为周期重复出现。步距误差直接影响执行部件的定位精度，步进电动机单相通电时，步距误差取决于定子和转子的分齿精度和各相定子错位角度的精度以及气隙均匀程度等因素。

选择步距角时需要根据总体方案要求，综合考虑，通过公式 $\delta = \theta_s h/(360i)$ 进行计算，式中：δ 为脉冲当量，h 为丝杠螺距 (mm)，θ_s 为步距角，i 为电动机与丝杠间的齿轮传动减速比。如果步进电动机的步距角 θ_s 和丝杠螺距 h (基本导程) 不能满足脉冲当量 δ 的要求时，应在步进电动机与丝杠之间加入齿轮传动，用减速比来满足 δ 的要求。

② 静态距角特性。所谓静态指的是当步进电机不改变通电状态时，转子处在不动状态。如果在电机轴上外加一个负载转矩，使转子按一定方向转过一个角度 θ，此时转子所受的电磁转矩 T 称为静态转矩，角度 θ 称为失调角。步进电动机的转矩就是同步转矩（即电磁转矩），转角就是通电相对应的定子、转子齿中心线间用电角度表示的夹角 θ，如图 5.18 所示。

当步进电动机通电相（一相通电时）的定、转子齿对齐时，$\theta=0$，电机转子上无切向磁拉力作用，转矩 T 等于零，如图 5.18 (a) 所示。若转子齿相对于定子齿向右错开一个角度 θ，这时出现了切向磁拉力，产生转矩 T，转矩方向与 θ 偏转方向相反，规定为负，如图 5.18 (b) 所示。显然，在 $\theta<90°$ 时，θ 越大，转矩 T 越大。当 $\theta>90°$ 时，由于磁阻显著增

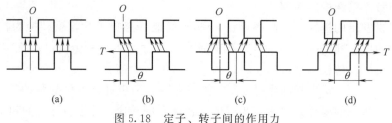

图 5.18　定子、转子间的作用力

大，进入转子齿顶的磁通量急剧减少，切向磁拉力以及转矩减少，直到 $\theta=180°$ 时，转子齿处于两个定子齿正中。因此，两个定子齿对转子齿的磁拉力互相抵消，如图 5.18（c）所示，此时，转矩 T 又为零。

如果 θ 再增大，则转子齿将受到另一个定子齿的作用，出现相反的转矩，如图 5.18（d）所示。由此可见，转矩 T 随转角 θ 作周期变化，变化周期是一个齿距，即 2π 电弧度。

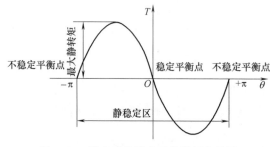

图 5.19　反应式步进电动机的矩角特性

描述静态时 T 与 θ 的关系叫矩角特性。矩角特性 $T=f(\theta)$ 曲线的形状比较复杂，它与定、转子冲片齿的形状以及饱和程度有关。实践证明，反应式步进电动机的矩角特性接近正弦曲线，如图 5.19 所示（图中只画出 θ 从 $-\pi$ 到 $+\pi$ 的范围）。若电动机空载，在静态运行时，转子必然有一个稳定平衡位置。从上面分析看出，这个稳定平衡位置在 $\theta=0$ 处，即通电相定、转子齿对齐位置。因为当转子处于这个位置时，如有外力使转子齿偏离这个位置，只要偏离角 $0°<\theta<180°$，除去外力，转子能自动地重新回到原来位置。当 $\theta=\pm\pi$ 时，虽然两个定子齿对转子一个齿的磁拉力互相抵消，但是只要转子向任一方向稍偏离，磁拉力就失去平衡，稳定性被破坏，所以 $\theta=\pm\pi$ 这个位置是不稳定的，两个不稳定点之间的区域构成静稳定区。

矩角特性上，电磁转矩的最大值称为最大静态转矩 T_{max}，它表示步进电动机承受负载的能力，是步进电动机最主要的性能指标之一。

③ 起动频率。空载时，步进电机由静止状态突然起动，并进入不丢步的正常运行的最高频率，称为起动频率或突跳频率。起动时，加给步进电机的指令脉冲频率如大于起动频率，就不能正常工作。起动频率要比连续运行频率低得多，这是因为步进电动机起动时，既要克服负载力矩，又要克服运转部分的惯性力矩，电动机的负担比连续运转时重。

步进电机在带负载，尤其是惯性负载下的起动频率比空载起动频率要低。而且，随着负载加大（在允许范围内），起动频率会进一步降低。图 5.20 所示为起动的矩频、惯频特性。

④ 连续运行频率。步进电机起动以后，其运行速度能跟踪指令脉冲频率连续上升而不丢步的最高工作频率，称为连续运行频率。其值远大于起动频率。它也随着电机所带负载的性质和大小而异，与驱动电源也有很大关系。它也是步进电动机的重要性能指标，对于提高生产率和系统的快速性具有重要意义。连续运行频率应能满足机床工作台最高运行速度。

⑤ 运行矩频特性。运行矩频特性 $T=F(f)$ 是描述步进电动机连续稳定运行时，输出转矩 T 与连续运行频率之间的关系，该特性上每一个频率对应的转矩称为动态转矩。它是

衡量步进电动机运转时承载能力的动态性能指标，使用时，一定要考虑动态转矩随连续运行频率的上升而下降的特点，如图 5.21 所示。

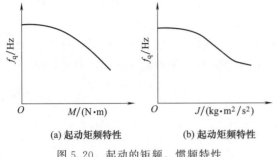

(a) 起动矩频特性   (b) 起动矩频特性

图 5.20 起动的矩频、惯频特性

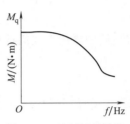

图 5.21 运行矩频特性

⑥ 加减速特性。步进电机的加减速特性是描述步进电机由静止到工作频率和由工作频率到静止的加减速过程中，定子绕组通电状态的变化频率与时间的关系。当要求步进电机起动到大于突跳频率的工作频率时，变化速度必须逐渐上升；同样，从最高工作频率或高于突跳频率的工作频率停止时，变化速度必须逐渐下降。逐渐上升和下降的加速时间、减速时间不能过小，否则会

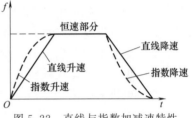

图 5.22 直线与指数加减速特性

出现失步或超步。如图 5.22 所示步进电机的升速和降速特性曲线。

除以上介绍的几种特性外，惯频特性和动态特性等也都是步进电机很重要的特性。其中，惯频特性所描述的是步进电机带动纯惯性负载时起动频率和负载转动惯量之间的关系；动态特性所描述的是步进电机各相定子绕组通断电时的动态过程，它决定了步进电机的动态精度。

(2) 步进电动机的选用

合理地选用步进电动机是相当重要的，步进电机的选用主要是满足运动系统的转矩、精度（脉冲当量）、速度等要求。这样就要充分考虑步进电机的静动态转矩、起动频率、连续运行频率。当脉冲当量、转矩不够时、可加入降速传动机构。通常希望步进电动机的输出转矩大，起动频率和运行频率高，步距误差小，性能价格比高。但增大转矩与快速运行存在一定矛盾，高性能与低成本存在矛盾，因此实际选用时，必须全面考虑。

① 首先，应考虑系统的精度和速度的要求。为了提高精度，希望脉冲当量小。但是脉冲当量越小，系统的运行速度越低。故应兼顾精度与速度的要求来选定系统的脉冲当量。在脉冲当量确定以后，又可以此为依据来选择步进电动机的步距角和传动机构的传动比。

② 步进电动机的步距角从理论上说是固定的，但实际上还是有误差的。另外，负载转矩也将引起步进电动机的定位误差。我们应将步进电动机的步距误差、负载引起的定位误差和传动机构的误差全部考虑在内，使总的误差小于数控机床允许的定位误差。

③ 步进电动机有两条重要的特性曲线，即反映起动频率与负载转矩之间关系的曲线和反映转矩与连续运行频率之间关系的曲线。这两条曲线是选用步进电动机的重要依据。一般将反映起动频率与负载转矩之间关系的曲线称为起动矩频特性，将反映转矩与连续运行频率之间关系的曲线称为工作矩频特性。

已知负载转矩，可以在起动矩频特性曲线中查出起动频率。这是起动频率的极限值，实

际使用时，只要起动频率小于或等于这一极限值，步进电动机就可以直接带负载起动。

若已知步进电动机的连续运行频率 f，就可以从工作矩频特性曲线中查出转矩 M_q，这也是转矩的极限值，有时称其为失步转矩。也就是说，若步进电动机以频率 f 运行，它所拖动的负载转矩必须小于 M_q，否则就会导致失步。

数控机床的运行可分为两种情况：快速进给和切削进给。这两种情况下，对转矩和进给速度有不同的要求。我们选用步进电动机时，应注意使其在两种情况下都能满足要求。

5.3 直流伺服驱动系统

伺服电动机的作用是驱动控制对象。被控对象的转矩和转速受信号电压控制，信号电压的大小和极性改变时，电动机的转动速度和方向也跟着变化。直流伺服电动机作为伺服电动机的一种，在电枢控制时具有良好的机械特性和调节特性。机电时间常数小，起动电压低。其缺点是由于有电刷和换向器，造成的摩擦转矩比较大，有火花干扰及维护不便。

直流电机的工作原理是建立在电磁力定律基础上的，电磁力的大小正比于电机中的气隙磁场，直流电机的励磁绕组所建立的磁场是电机的主磁场，按照对励磁绕组的励磁方式不同，直流电机可分为：他励式、并励式、串励式、复励式、永磁式。

5.3.1 直流伺服电动机

(1) 直流伺服电动机的分类与特点

① 按照定子磁场产生方式，直流伺服电动机可以分为永磁式直流电机、励磁式直流电机。励磁式的磁场由励磁绕组产生，按照对励磁绕组的励磁方式不同，又可分为他励式直流伺服电动机、并励式直流伺服电动机、串励式直流伺服电动机、复励式直流伺服电动机；永磁式的磁场由永磁体产生。励磁式直流伺服电动机是一种普遍使用的伺服电动机，特别是大功率电机（100W 以上）。永磁式伺服电动机具有体积小、转矩大、力矩和电流成正比、伺服性能好、响应快、功率体积比大、功率重量比大、稳定性好等优点。由于功率的限制，目前主要应用在办公自动化、家用电器、仪器仪表等领域。

② 按电枢的结构与形状，直流伺服电动机可分为平滑电枢型、空心电枢型和有槽电枢型等。平滑电枢型的电枢无槽，其绕组用环氧树脂粘固在电枢铁芯上，因而转子形状细长，转动惯量小。空心电枢型的电枢无铁芯，且常做成杯形，其转子转动惯量最小。有槽电枢型的电枢与普通直流电动机的电枢相同，因而转子转动惯量较大。

③ 按转子转动惯量的大小，直流伺服电动机还可分为大惯量直流伺服电动机、中惯量直流伺服电动机和小惯量直流伺服电动机。大惯量直流伺服电动机（又称直流力矩伺服电动机或宽调速直流伺服电动机）负载能力强，易于与机械系统匹配，而小惯量直流伺服电动机的加减速能力强、响应速度快、能够频繁起动、低速运行平稳，动态特性好，但其过载能力低，电枢惯量与机械传动系统匹配较差。

一般直流进给伺服系统使用永磁式直流电机类型中的有槽电枢永磁直流电机（普通型）；直流主轴伺服系统使用励磁式直流电机类型中的他励直流电机。

(2) 直流伺服电机的结构与工作原理

① 直流伺服电机的结构。直流电机由静止的定子和旋转的转子两大部分组成，在定子

和转子之间有一定大小的间隙（称气隙）。图 5.23 所示为一台直流电机简单模型图。N、S 为定子上固定不动的两个主磁极，主磁极可以采用永久磁铁，也可以采用电磁铁，在电磁铁的励磁线圈上通以方向不变的直流电流，便形成一定极性的磁极。在两个主磁极 N、S 之间装有一个可以转动的、由铁磁材料制成的圆柱体，圆柱体表面嵌有一线圈（称为电枢绕组），线圈首末两端分别连接到两个弧形钢片（称为换向片）上。换向片之间用绝缘材料构成一整体，称为换向器，它固定在转轴上（但与转轴绝缘），随转轴一起转动，整个转动部分称为电枢。为了接通电枢内电路和外电路，在定子上装有两个固定不动的电刷 A 和 B，并压在换向器上，与其滑动接触。

② 直流伺服电动机的工作原理。直流伺服电动机是在定子磁场的作用下，使通有直流电的电枢（转子）受到电磁转矩的驱使，带动负载旋转。通过控制电枢绕组中电流的方向和大小，就可以控制直流伺服电动机的旋转方向和速度。当电枢绕组中电流为零时，伺服电动机则静止不动。

如图 5.23 所示，电刷 A、B 外接一直流电源。图示瞬时电流的流向为 $+\to A\to$ 换向片 $1\to a\to b\to c\to d\to$ 换向片 $2\to B\to -$。根据电磁力定律，载流导体 ab、cd 都将受到电磁力 F 的作用

$$F = BLi$$

式中，L 为导体在磁场中的长度，m；i 为流过的电枢电流，A；B 为导体所在处的磁感应强度，T。

导体所受电磁力的方向用左手定则确定，在此瞬时，ab 位于 N 极下，受力方向从右向左，cd 位于 S 极下，受力方向从左向右，电磁力对转轴便形成一电磁转矩 T。在 T 的作用下，电枢逆时针旋转起来。

当电枢转到 90°，电刷不与换向片接触，而与换向片间的绝缘片相接触，此时线圈中没有电流流过，$i=0$，故电磁转矩 $T=0$。但由于机械惯性的作用，电枢仍能转过一个角度，电刷

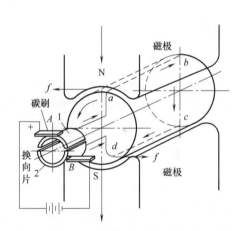

图 5.23　直流伺服电动机基本结构

A、B 又将分别与换向片 2、1 接触。线圈中又有电流 i 流过，此时导体 ab、cd 中电流改变了方向，即为 $b\to a$，$d\to c$，且导体 ab 转到 S 极下，ab 所受的电磁力 f 方向从左向右，cd 转到 N 极下，cd 所受的电磁力方向从右向左。因此，线圈仍然受到逆时针方向电磁转矩的作用，电枢始终保持同一方向旋转。

在直流电动机中，电刷两端虽然加的是直流电源，但在电刷和换向器的作用下，线圈内部却变成了交流电，从而产生了单方向的电磁转矩，驱动电机持续旋转。同时，旋转的线圈中也将感应产生电势 E，其方向与线圈中电流方向相反，故称为反电势。直流电动机若要维持继续旋转，外加电压就必须高于反电势，才能不断地克服反电势而流入电流，正是这种不断克服，实现了将电能转换成为机械能。

(3) 直流伺服电机的工作特性

直流伺服电动机的静态特性指电动机在稳态情况下工作时，其转子转速、电磁力矩和电枢控制电压之间的关系。

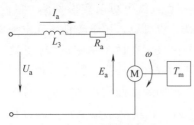

图 5.24　电枢等效电路

直流伺服电动机采用电枢电压控制时的电枢等效电路如图 5.24 所示。当电动机处于稳态运行时，回路中的电流 I_a 保持不变，则电枢回路中的电压平衡方程式为

$$E_a = U_a - I_a R_a \tag{5.1}$$

式中，E_a 是电枢反电动势；U_a 是电枢电压；I_a 是电枢电流；R_a 是电枢电阻。

转子在磁场中以角速度 ω 切割磁力线时，电枢反电动势 E_a 与角速度 ω 之间存在如下关系

$$E_a = C_e \Phi \omega \tag{5.2}$$

式中，C_e 是电动势常数，仅与电动机结构有关；Φ 是定子磁场中每极气隙磁通量，Wb。

由式（5.1）、（5.2）得

$$U_a - I_a R_a = C_e \Phi \omega \tag{5.3}$$

此外，电枢电流切割磁场磁力线所产生的电磁转矩 T_m，可由下式表达

$$T_m = C_m \Phi I_a$$

则

$$I_a = \frac{T_m}{C_m \Phi} \tag{5.4}$$

式中，C_m 是转矩常数，仅与电动机结构有关。

将（5.4）代入（5.3）并整理，可得到直流伺服电动机运行特性的一般表达式

$$\omega = \frac{U_a}{C_e \Phi} - \frac{R_a}{C_e C_m \Phi^2} T_m \tag{5.5}$$

该机械特性公式对应的机械特性曲线如图 5.25 所示。由图可知，当电动机电枢所加电压 U_a 一定时，随着负载力矩的增大，电动机输出转矩 T_m 也随之增大，从而转速下降。

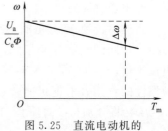

图 5.25　直流电动机的机械特性曲线

（4）永磁式直流伺服电动机

数控机床采用的永磁式直流伺服电动机，按电枢惯量可分为小惯量直流伺服电动机与大惯量直流伺服电动机。

① 小惯量直流伺服电动机。小惯量直流伺服电动机是为了提高伺服系统的快速响应特性而研制的，它由一般的直流电机演变而来，但其转子与一般的直流电机的转子不同：一是它的转子长而直径小；二是它的转子是光滑无槽的铁芯，线圈直接用绝缘胶黏剂粘在铁芯表面上。因而这种电机的转动惯量比小，具有机械时间常数小、响应快、动态特性好、低速运转平稳等优点。但因为这种电机转子的惯量小，因而过载能力低。再有这种电机转子惯量比机床移动部件的惯量小，两者之间须使用齿轮减速才能很好地匹配，从而增加了传动链误差。这种伺服电机在早期的数控机床上得到了广泛应用。

② 大惯量直流伺服电动机（宽调速直流伺服电机）。宽调速直流伺服电机是在维持一般直流电机转动惯量不变的前提下，通过提高转矩来改善其特性，具体措施是：

a. 增加定子磁极对数，并采用矫顽力强的永磁材料；

b. 在同样的转子外径和电枢电流的情况下，增加转子上的槽数和槽的截面积。从而提高了电机的瞬时加速力矩，改善了其动态响应能力。因此这种电机具有动态响应好、过载能力强、转矩大、调速范围宽、低速时输出转矩大等优点，可直接与丝杠相连，提高机床的进给传动精度。目前在各种直流伺服电机中，宽调速直流伺服电机是应用最广的一种。不过这种电机的价格较贵，结构复杂，维修也较麻烦。

(5) 永磁式直流伺服电动机的特性曲线

① 转矩速度特性曲线　又叫工作曲线，如图 5.26 所示。图中伺服电动机的工作区域被划分为三个区域。Ⅰ区为连续工作区，在该区域里转速和转矩的任意组合都可实现长期连续工作，适于长时额定负载切削。Ⅱ区为间断工作区，在该区电动机间歇工作，适于短时低速重载切削。Ⅲ为加减速区，电动机加减速时在该区工作，只能在该区工作极短的一段时间。

② 负载周期曲线　描述电动机过载运行的允许时间，如图 5.27 所示。

图中给出了在满足负载所需转矩，而又确保电机不过热的情况下，允许电动机的工作时间。

负载周期曲线的使用方法为：根据实际负载转矩，求出电动机过载倍数的百分比 T_{md}，其计算公式为：

$$T_{md} = (\text{负载转矩}/\text{电机额定转矩}) \times 100\%$$

在负载周期曲线的水平轴上找到实际工作所需时间 t_R，并从该点向上作垂线，与所要求的 T_{md} 曲线相交。再以该交点作水平线，与纵轴的交点即为允许的负载周期比 d，其计算公式为：

$$d = t_R/(t_R + t_F)$$

式中，t_R 为电动机工作时间，t_F 为电动机断电时间。

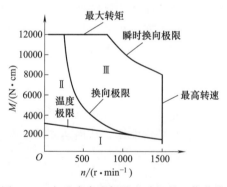

图 5.26　永磁式直流伺服电动机的工作曲线

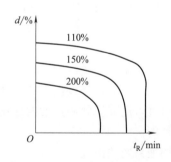

图 5.27　永磁式直流伺服电动机的负载周期曲线

5.3.2　直流电动机的驱动控制

直流电动机伺服驱动系统为了达到速度和位置的控制，一般采用三闭环的控制方式。所谓三闭环指的是电流环、速度环和位置环。电流环反馈元件一般采用取样电阻以及传感器；速度环反馈一般采用测速发电机等；而位置环反馈常采用光栅、直线感应同步器等检测装置。

由电工学的知识可知，在转子磁场不饱和的情况下，改变电枢电压即可改变转子转速。直流电机的转速和其他变量的关系可用式（5.6）表示：

$$n = \frac{U - IR}{C_e \phi} \tag{5.6}$$

式中，n 为转速，r/min；U 为电枢电压，V；I 为电枢电流，A；R 为电枢回路总电压，Ω；ϕ 为励磁磁通，Wb；C_e 为由电机结构决定的电动势常数。

根据上述关系式，实现电机调速是主要方法有三种：

① 调节电枢供电电压 U：电动机加以恒定励磁，用改变电枢两端电压 U 的方式来实现调速控制，这种方法也称为电枢控制。

② 减弱励磁磁通 ϕ：电枢加以恒定电压，用改变励磁磁通的方法来实现调速控制，这种方法也称为磁场控制。

③ 改变电枢回路电阻 R 来实现调速控制。

对于要求在一定范围内无级平滑调速的系统来说，以改变电枢电压的方式最好；改变电枢回路电阻只能实现有级调速，调速平滑性比较差；减弱磁通，虽然具有控制功率小和能够平滑调速等优点，但调速范围不大，往往只是配合调压方案，在基速（即电机额定转速）以上作小范围的升速控制。因此，直流伺服电机的调速主要以电枢电压调速为主。

数控机床进给伺服系统多采用永磁式直流伺服电动机作为执行元件，与普通直流电动机相比，永磁式直流伺服电动机有更高的过载能力，更大的转矩转动惯量比，调速范围大等优点。直流伺服电机的调整方法主要是调整电机电枢电压，目前数控机床伺服系统中，速度控制已经成为一个独立、完整的模块，称为速度控制模块或速度控制单元。现在直流调速单元较多采用晶闸管调速系统（即可控硅，SCR-Silicon Controlled Rectifier）和晶体管脉宽调制调速系统（即 Pulse Width Modulation，简称 PWM）。由于晶体管脉宽调制调速具有响应快、效率高、调速范围宽、定位速度快、定位精度高、噪声污染小、抗负载扰动的能力强、简单可靠等一系列优点，因而已成为数控设备驱动系统的主流，在直流驱动装置上被大量采用。目前，在中小功率的伺服驱动装置中，大多采用性能优异的晶体管脉宽调速系统，而在大功率场合中，则采用晶闸管调速系统。这两种调速系统都是改变电机的电枢电压，其中以晶体管脉宽调速 PWM 系统应用最为广泛。下面以晶闸管脉宽调制（PWM）方式为例，说明直流伺服电动机的驱动方式。

(1) 脉宽调制的基本概念

利用脉宽调制器，将直流电压转换成某一频率的矩形波电压，加到直流电动机的转子回路两端，通过对矩形波脉冲宽度的控制，改变转子回路两端的平均电压，从而达到调节电动机转速的目的。

(2) 调速系统的组成

由控制电路、主回路及功率整流电路三部分组成。其中控制电路由速度调节器、电流调节器和脉宽调制器（包括固定频率振荡器、调制信号发生器、脉宽调制及基极驱动电路）组成。系统的核心部分是主回路和脉宽调制器，如图 5.28 所示。

(3) 晶体管脉宽调速的基本原理

在 PWM 直流调速系统中，多采用 H 形（也称桥式）开关功率放大器作为主回路。H 形开关功率放大器是由四个大功率开关管和四个续流二极管构成桥式电路。有单极性和双极性两种工作方式。H 形双极性功率驱动电路的电路原理如图 5.29 所示。图中 $VD_1 \sim VD_4$ 为续流二极管，用于保护功率晶体管 $VT_1 \sim VT_4$，M 是直流伺服电动机。

四个功率晶体管分为两组，VT_1 和 VT_4 是一组，VT_2 和 VT_3 为另一组，同一组的两个晶体管同时导通或同时关断。一组导通另一组关断，两组交替导通和关断，不能同时导通。即 $U_{b1} = U_{b4}$，$U_{b2} = U_{b3} = -U_{b1}$。假设加在晶体管基极上的电压波形如图 5.30 所示。

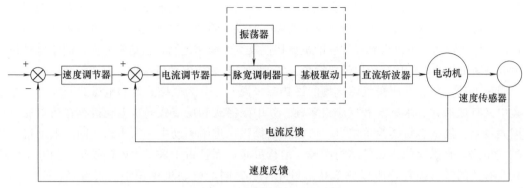

图 5.28　直流 PWM 系统原理

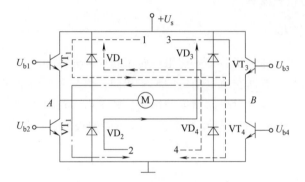

图 5.29　H 形回路的驱动原理

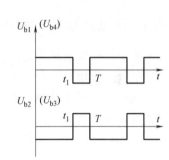

图 5.30　H 形驱动回路的工作电压

当 $0 \leqslant t \leqslant t_1$ 时，$U_{b1} = U_{b4}$ 为正，使 VT_1、VT_4 饱和导通，$U_{b2} = U_{b3}$ 为负，使 VT_2、VT_3 截止。直流伺服电动机 M 的电枢电压 $U_{AB} = U_s$，流经 M 的电枢电流 i_a 沿回路 1 流通。

当 $t_1 \leqslant t \leqslant T$ 时，$U_{b1} = U_{b4}$ 为负，使 VT_1、VT_4 截止，$U_{b2} = U_{b3}$ 为正，但是由于电枢电感反电动势的作用，电枢电流 i_a 经 VD_2、VD_3 续流，沿回路 2 流通，由于 VD_2、VD_3 的压降使 VT_2、VT_3 承受反电压，所以 VT_2、VT_3 并不能立即导通。如果 $t_1 \sim T$ 时间很短，即负半周时间较短，而续流 i_a 较大，则 VT_2、VT_3 还未来得及导通，下一个正半周到来，又使 VT_1、VT_4 导通，i_a 又开始上升，使 i_a 维持在一个正值上下波动，电动机继续维持正转。

如果加在基极上的电压负半周 $t_1 \sim T$ 时间较长，在 $t_1 \sim T$ 时间内，脉冲宽度大或者 i_a 续流较小时，则在 $t_1 \sim T$ 时间续流 i_a 可能降到 0，于是 VT_2、VT_3 在电源电压 U_s 作用下导通，电流 i_a 沿回路 3 流通，与回路 1 方向相反，电动机反转。

若加在 U_{b1} 和 U_{b4} 上的方波正半周比负半周宽，因此加到电机电枢两端的平均电压为正，电机正转。反之，则电机反转。若方波电压的正负宽度相等，加在电枢的平均电压等于零，电机不转。加在基极上的电压正脉冲宽度越大，电压平均值越大，电动机转速越高，反之，负脉冲宽度越大，电压平均值 U_{AB} 绝对值越大，反转转速越高，正脉冲宽度等于负脉冲宽度，电压平均值为 0，电动机停止。

5.4　交流伺服驱动系统

在交流伺服系统中既可以用交流感应电动机，也可以采用交流同步电动机。交流同步电动机的转速与所接电源的频率之间存在着一种严格的关系，即在电源电压和频率固定不变时，它的转速是稳定不变的。因此可以设想，由变频电源供电给同步电动机时，可方便地获得与频率成正比的可变转速，可以得到非常硬的机械特性及宽的调速范围。在结构方面，同步电动机虽比感应电动机复杂，但比直流电动机简单。它的定子与感应电动机一样，而转子则不同。

同步电动机从建立所需气隙磁场的磁势源来说，可分为电磁式及非电磁式两大类。在后一类中又有磁滞式、永磁式和反应式多种。其中磁滞式和反应式同步电动机存在效率低、功率因数较差、制造容量不大等缺点。所以在数控机床进给驱动中多为永磁式同步电动机。与电磁式相比，永磁式的优点是结构简单，运行可靠，而且由于采用永磁铁励磁，消除了励磁损耗及有关的杂散损耗，所以效率高。另外，永磁同步电动机体积小、重量轻、功率因数高，转子无发热问题，有大的过载能力，小的转动惯量和小的转矩脉动。下面以永磁交流同步伺服电动机为例介绍交流伺服系统的相关内容。

5.4.1　永磁交流同步伺服电机的结构

永磁交流伺服电机主要由三部分组成，即定子、定子绕组、转子和检测元件和接线盒组成。定子具有齿槽，内有三相绕组，形状与普通交流电动机的定子相同，但其外形多呈多边形，且无外壳，利于散热。可以避免电动机发热对机床精度的影响。转子由多块永久磁铁和冲片组成，如图 5.31 所示。同一种冲片和相同的磁铁块数可以装成不同的极数，如图 5.32 所示（a）为 8 极，（b）为 4 极。

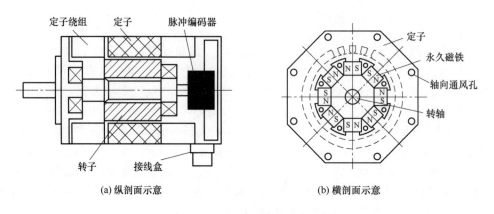

(a)纵剖面示意　　　　　　　　　　　(b)横剖面示意

图 5.31　永磁交流伺服电机结构

5.4.2　永磁交流同步伺服电机工作原理

永磁交流同步伺服电机的工作原理很简单，与励磁式交流同步电机类似，即转子磁场与定子磁场相互作用的原理。所不同的是，转子磁场不是由转子中励磁绕组产生，而是由转子永久磁铁产生。具体是：当定子三相绕组通上交流电后，就产生一个旋转磁场，该旋转磁场以同步转速 n_s 旋转（见图 5.33）。根据磁极的同性相斥、异性相吸的原理，定子旋转磁极就要与转子的永久磁铁磁极互相吸引住，并带着转子一起旋转。因此，转子也将以同步转数 n_s 与定子旋转磁场一起旋转。当转子轴上加有负载转矩之后，将造成定子磁场轴线与转子磁极轴线不一致（不重合），相差一个 θ 角，负载转矩变化，θ 角也变化。只要不超过一定界限，转子仍然跟着定子以同步转数旋转。设转子转速为 n_0（r/min），则

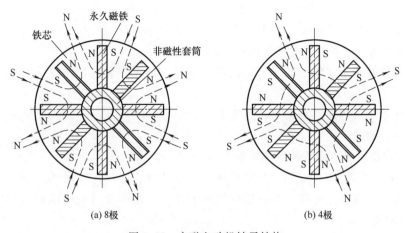

(a) 8极 (b) 4极

图 5.32 永磁电动机转子结构

$$n_0 = n_s = \frac{60f}{p} \qquad (5.7)$$

式中，f 为电源交流电频率，Hz；p 为转子磁极对数。

因此，转子转速 n_0 决定于电源频率 f 和极对数 p。但当负载超过一定极限后，转子不再按同步转速旋转，甚至可能不转，这就是所谓同步电动机失步现象。此负载的极限称为最大同步转矩。由于转子有磁极，在极低的频率下也能够运行，因此调速范围宽。同步伺服电动机的机械特性分为两个区，即连续工作区与断续工作区，如图 5.34 所示。在连续工作区，转速与转矩的任何组合都能连续工作；在断续工作区，电动机可间断运行。

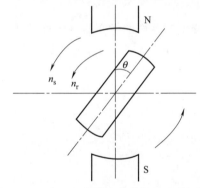

图 5.33 永磁交流同步伺服电机工作原理

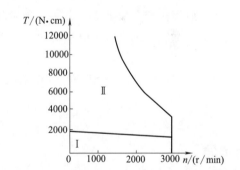

图 5.34 永磁交流同步伺服电机的特性曲线

永磁同步电动机自起动能力较差。这是因为当三相电源供给定子绕组时，虽已产生旋转磁场，但此时转子仍处于静止状态。由于惯性作用跟不上旋转磁场的转动，此时转子受到的平均转矩为零。因此，永磁同步电动机往往不能自起动。造成不能自起动的主要原因是转子本身存在惯量以及定子、转子磁场之间的转速相差过大。因此一般在设计时设法降低转子惯量，或者在速度控制单元中采取措施，让电动机先在低速下起动，然后再提高到所要求的速度，从而解决自起动问题。

5.4.3 永磁交流同步伺服电机的特性

(1) 永磁交流同步伺服电机的性能

① 交流伺服电动机的机械特性比直流伺服电动机的机械特性要硬，其直线更为接近水

平线。另外，断续工作区范围更大，尤其是高速区，这有利于提高电动机的加减速能力。

② 高可靠性。用电子逆变器取代了直流电动机换向器和电刷，工作寿命由轴承决定。因无换向器及电刷，也省去了此项目的保养和维护。

③ 主要损耗在定子绕组与铁芯上，故散热容易，便于安装热保护；而直流电动机损耗主要在转子上，散热困难。

④ 转子惯量小，因而其结构允许高速工作。

⑤ 体积小，质量小。

(2) 交流同步伺服电动机的速度控制

由式（5.7）可知，要改变电机转速可采用以下几种方法：

① 改变磁极对数 p。这是一种有级的调速方法。它是通过对定子绕组接线的切换以改变磁极对数调速的。

② 变频调速。

可以通过改变电动机电源频率 f 来调节电动机的转速。此法可以实现无级调速，能够较好地满足数控机床的要求。变频调速是平滑改变定子供电电压频率而使转速平滑变化的调速方法。电机从高速到低速其转差率都很小，因而变频调速的效率和功率因数都很高。变频调速的关键是设计能为电动机提供变频电源的变频器。变频器分为交—直—交变频器和交—交变频器。

交—直—交变频器先将电网交流电通过整流变为直流，再经过电容或电感或电容、电感组合电路滤波后供给逆变器。逆变器输出的是电压和频率可调的交流电。

交—交变频器该变频器没有中间环节，直接将电网的交流电变为频率和电压都可变的交流电。

目前应用比较多的是交—直—交变频器，交—直—交变频器中的逆变器有多种类型。数控机床进给伺服系统中所用电动机的容量都比较小，一般采用 PWM 逆变器。PWM 逆变器的关键技术是 PWM 的调制方法。现已研制出的调制方法有十余种之多，其中最基本、应用最广泛的一种调制方法是 SPWM（正弦波脉宽调制）。

训练题

5.1　什么是数控伺服系统？主要有哪些性能指标？

5.2　什么是开环和闭环伺服系统？各自有哪些特点？闭环和半闭环伺服系统的区别是什么？各自有何特点？

5.3　步进电动机的工作原理是什么？如何将其分类？步进电动机的主要性能指标是什么？

5.4　反应式步进电动机的步距角大小与哪些因素有关？如何控制步进电动机的输出角位移量和转速？

5.5　直流伺服电动机的工作原理是什么？其调速方法有哪几种？各有何特点？数控直流伺服系统主要采用哪种调速方法？

5.6　交流伺服电动机的调速原理是什么？实际应用中是如何实现的？

第6章
数控机床主轴运动的控制

【知识提要】 本章对数控机床主轴运动控制的特点、主轴电动机的工作特性和常用驱动装置做了介绍，重点介绍主轴驱动装置的工作原理、主轴分段无级变速及控制、主轴准停控制的概念与控制方法。

【学习目标】 通过本章内容的学习，学习者应对主轴运动的控制方式及特点有基本了解、对主轴驱动装置的工作原理有基本掌握、对主轴分段无级变速的概念及实现方法、主轴准停控制的概念与控制方法有深刻理解并熟练掌握。

6.1 数控机床对主轴驱动系统的要求

主轴驱动系统是数控机床的重要组成部分之一。在数控机床上，主轴夹持工件或刀具旋转，直接参加表面成形运动。主轴部件的刚度、精度、抗振性和热变形直接影响加工零件的精度和表面质量。主运动的转速高低及转速范围，传动功率大小和动力特性，决定了数控机床的切削效率和加工工艺能力。

随着数控技术的不断发展，传统的主轴驱动已不能满足加工要求，与普通机床一样，数控机床也必须通过变速，才能使主轴获得不同的转速，以适应不同的加工要求。在变速的同时，还要求传递一定的功率和足够的转矩来满足切削的需要。作为高度自动化的机械加工设备，现代数控机床对主轴传动提出了更高的要求，具体表现在：

① 数控机床主传动要有较宽的调速范围。以保证加工时选用合理的切削用量，从而获得最佳的生产率、加工精度和表面质量。特别对多道工序自动换刀的数控机床（加工中心），为适应各种刀具、工序和各种材料的要求。对主轴的调速范围要求更高。数控机床主轴的变速是依指令自动进行的，要求能在较宽的转速范围内进行无级调速。目前主轴驱动装置普遍具有调速范围达 1∶100～1∶1000、恒功率调速范围达 1∶30、过载 1.5 倍可正常运行达 30min 的能力。主轴变速分为有级变速、无级变速和分段无级变速三种形式，其中有级变速仅用于经济型数控机床，绝大多数数控机床均采用无级变速或分段无级变速。

② 要求主轴在整个调速范围内均能提供切削所需功率．并尽可能在全速度范围内提供主轴电动机的最大功率，即恒功率范围要宽。由于主轴电动机与驱动的限制，其在低速段均为恒转矩输出，为满足数控机床低速强力切削的需要，常采用分段无级变速的方法，即在低速段采用机械减速装置，以提高输出转矩。

③ 要求主轴在正、反向转动时均可进行自动加减速控制，即要求具有四象限驱动能力，并且加、减速时间要短。

④ 为了降低噪声、减轻发热、减少振动，主轴驱动系统应简化结构，减少传动件。润滑充分，冷却可靠。

⑤ 为满足加工中心自动换刀（ATC）以及某些加工工艺的需要，要求主轴具有高精度的准停功能。

⑥ 在车削中心上，为了扩展机床的功能，还要求主轴具有旋转进给轴（*C* 轴）的控制功能。主轴还需要安装位置检测装置，以便实现对主轴位置的控制。

⑦ 为保证加工工件的表面质量，数控磨床和数控车床还要求恒线速控制功能，采用恒线速车削和磨削来减小工件表面的粗糙度数值，提高表面质量。

6.2 主轴驱动装置的工作原理

6.2.1 主轴驱动装置的特点

为满足数控机床对主轴驱动的要求，主轴驱动系统必须具备的功能有：①输出功率大；②在整个调速范围内速度稳定，且恒功率范围宽；③在断续负载下电动机转速波动小，过载能力强；④加、减速时间短；⑤电动机温升低；⑥振动、噪声小；⑦电动机可靠性高、寿命长、易维护；⑧体积小、重量轻，与机械连接容易。

6.2.2 直流主轴电动机及驱动装置

(1) 直流主轴电动机

为了满足上述数控机床对主轴驱动的要求，主轴电动机必须具备上述 8 个功能。为了实现上述要求，在早期的数控机床上多采用直流主轴驱动系统，在一段时间内由于该系统具有很好的调速性能，一度在对精度、速度要求高的数控机床上得到广泛应用。

直流主轴电动机的结构与永磁式直流伺服电动机的结构不同。因为要求主轴电动机输出很大的功率，所以在结构上不能做成永磁式，而与普通的直流电动机相同，也是由定子和转子两部分组成，如图 6.1 所示。转子与直流伺服电动机的转子相同，由电枢绕组和换向器组成。而定子则完全不同，它由主磁极和换向极组成。有的主轴电动机在主磁极上不但有主磁极绕组，还带有补偿绕组。

这类电动机在结构上的特点是，为了改善换向性能，在电动机结构上都有换向极；为缩小体积，改善冷却效果，以免使电动机热量传到主轴上，采用了轴向强迫通风冷却或水管冷却；为适应主轴调速范围宽的要求，一般主轴电动机都能在调速比 1：10 范围内实现无级调速，而且在基本速度以上达到恒功率输出，在基本速度以下为恒转矩输出，以适应重负荷的要求。电动机的主极和换向都采用硅钢片叠成，以便在负荷变化或加速、减速时有良好的换向性能。电动机外壳结构为密封式，以适应机加工车间的环境。在电动机的尾部一般都同轴安装有测速发电机作为速度反馈元件。

(2) 直流主轴电动机特性

直流主轴电动机的转矩-功率特性曲线如图 6.2 所示。在基本速度以下时属于恒转矩范围，用改变电枢电压来调速；在基本速度以上时属于恒功率范围，采用控制励磁的调速方法调速。一般来说，恒转矩的速度范围与恒功率的速度范围之比为 1：2。

直流主轴电动机一般都有过载能力，且大都能过载 150%（即为连续额定电流的 1.5 倍）。至于过载的时间，则根据生产厂的不同，有较大的差别，从 1min 至 30min 不等。

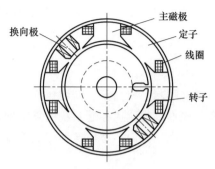

图 6.1 直流主轴电动机结构示意

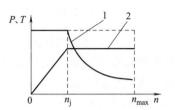

图 6.2 直流主轴电机特性曲线
1—转矩特性曲线；2—功率特性曲线

（3）直流主轴驱动装置

直流主轴控制系统类似于直流速度控制系统，它也是由速度环和电流环构成的双环控制系统，来控制直流主轴电动机的电枢电压。主回路采用可逆整流电路。因为主轴电动机的容量较大，所以，主回路的功率开关元件采用晶闸管元件。

直流主轴控制系统的驱动装置有可控硅和脉宽调制（PWM）调速两种形式。由于脉宽调制（PWM）调速具有很好的调速性能，因而曾经在对精度、速度要求较高的数控机床进给驱动装置上广泛使用。而三相全控可控硅调速装置则在大功率应用方面具有优势，因而常用于直流主轴驱动装置。

数控机床常用的直流主轴驱动系统的原理框图如图 6.3 所示。

① 调磁调速回路。图 6.3 的上半部分为励磁控制回路，由于主轴电动机功率通常较大，且要求恒功率调速范围尽可能大，因此，一般采用他励电动机，励磁绕组与电枢绕组相互独立，并由单独的可调直流电源供电。

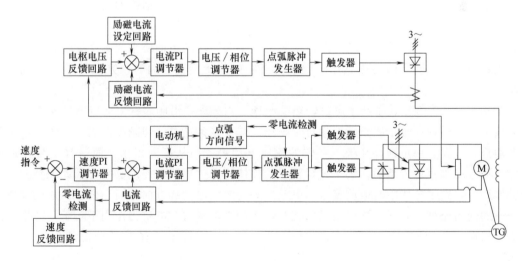

图 6.3 直流主轴驱动系统

图 6.3 中，励磁控制回路的电流给定、电枢电压反馈、励磁电流反馈三组信号经比较之后输入至 PI 调节器，调节器的输出经过电压/相位转换器，控制晶闸管触发脉冲的相位，调节励磁绕组的电流大小，实现电动机的恒功率弱磁调速。

② 调压调速回路。图 6.3 中的下部分为调压调速回路，类似于直流进给伺服系统，它

也是由速度环和电流环构成的双闭环速度控制系统，通过控制直流主轴电动机的电枢电压实现变速。

6.2.3 交流主轴电动机及驱动装置

由于直流电动机有机械换向的弱点，其应用受到很多限制。换向器表面线速度及换向电流、换向电压均受到限制，增加了电动机制造的难度、成本以及调速控制系统的复杂性，限制了其转速和功率的提高，并且它的恒功率调速范围也较小。换向器必须定期停机检查和维修，使用和维护都比较麻烦。

进入 20 世纪 80 年代后，微电子技术、交流调速理论、现代控制理论等有了很大发展，同时新型大功率半导体器件、大功率晶体管 GTR、绝缘栅双极晶体管 IGET 不断成熟，为交流驱动进入实用阶段创造了必要的条件。

现在绝大多数数控机床均采用交流主轴电动机配矢量变换控制的变频调速装置的主轴驱动系统。

这是因为一方面鼠笼式交流电动机克服了直流电动机机械换向的弱点以及在高速、大功率方面受到的限制，另一方面配置矢量变换控制的变频交流驱动的性能已达到直流驱动的水平。另外，交流电动机体积小、重量轻，采用全封闭罩壳，防灰尘和油污性能较好，因而交流电动机取代直流电动机已是必然趋势。

(1) 交流主轴电动机

目前交流主轴驱动中均采用鼠笼式感应电动机。鼠笼式感应电动机由固定的、有三相绕组的定子和可以旋转的、有笼条的转子构成。定子的三相对称绕组通入三相交流电后，在电动机气隙中产生旋转磁场，这一点与同步电动机相同。鼠笼式感应电动机转子的结构比较特殊，在转子铁芯上开有许多槽，每个槽内装有一根导体，所有导体两端短接在端环上。如果去掉铁芯，转子绕组的形状像一个笼型，所以叫做笼型转子，其结构如图 6.4 所示。

图 6.5 所示为一个简单的实验装置，磁极 N、S 表示定子旋转磁场，把一个能够自由转动的笼型转子放在可用手柄转动的两极永久磁铁中间，转动手柄使永久磁铁旋转，笼型转子也将跟着转动，且转子的转速总比磁铁慢。当磁极改变旋转方向时，笼型转子也跟着改变方向。

图 6.6 所示为笼型转子产生电磁转矩的原理。永久磁铁沿顺时针方向以速度 n 旋转，其磁力线也顺时针切割转子笼条，而相对于磁场，转子笼条逆时针切割磁力线，转子中产生感应电动势。根据右手定则，N 极下导体的感应电动势方向从纸面出来，而 S 极下导体的感应电动势方向垂直进入纸面。由于笼型转子的导体均通过短路环连接起来，因此在感应电动势的作用下，转子导体中有电流流过，电流方向与感应电动势方向相同。再根据通电导体在磁场中的受力原理，转子导体要与磁场相互作用产生电磁力，电磁力作用于转子，产生电磁转矩。根据左手定则，转矩方向与磁铁转动方向一致，转子便在电磁转矩的作用下转动起来。

因为电动机轴上总带有机械负载，即使空载时也存在摩擦、风阻等。为了克服负载阻力，转子绕组中必须有一定大小的电流，以产生足够的电磁转矩。而转子绕组中的电流是由旋转磁场切割转子产生的，要产生一定的电流，转子转速必须低于磁场转速。因为如果两者转速相同，则不存在相对运动，转子导体将不切割磁力线，感应电动势、电流以及电磁转矩也就不会产生。这一点与同步电动机有本质差别。而转子转速比旋转磁场低多少主要由机械负载决定，负载大则需要较大的导体电流，转子导体相对旋转磁场就必须有较大的相对速度。

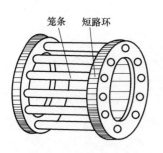

图 6.4 笼型转子的结构

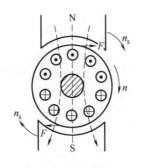

图 6.5 鼠笼型感应电动机的工作原理

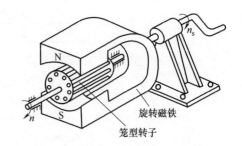

图 6.6 笼型转子电磁转矩的产生

因为这种电动机的转子总要滞后于定子旋转磁场，所以称其为异步电动机。又因为电动机转子中本来没有电流，转子导体的电流是切割定子旋转磁场时感应产生的，因此异步电动机也叫作感应电动机。鼠笼式感应电动机具有结构简单、价格便宜、运行可靠、维护方便等许多优点。

(2) 交流主轴驱动特性

典型的交流主轴驱动的工作特性曲线如图 6.7 所示。由于矢量变换控制的交流驱动具有与直流驱动相似的数学模型，下面以直流驱动的数学模型进行分析。由工作特性曲线可见，基速 n_0 以下属于恒转矩调速，通过改变电枢电压的方法实现，其调速基本公式为

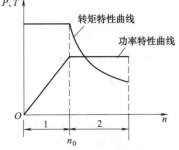

图 6.7 交流主轴驱动的工作特性曲线

$$n = \frac{U - I_a R}{C_e \Phi}$$

$$\Phi = K I_f$$

式中，n 为转子转速，r/min；U 为电枢电压，V；I_a 为电枢电流，A；R 为电枢电阻，Ω；C_e 为电动势常数；Φ 为主磁极磁通，Wb；I_f 为励磁电流，A。

最大转矩计算公式为

$$T_{max} = C_m \Phi I_{max}$$

式中，T_{max} 为最大转矩，N·m；C_m 为转矩常数；I_{max} 为电枢电流的最大值，A。

基数 n_0 以下的励磁电流 I_f 不变，通过改变电枢电压 U 调速，其输出的最大转矩 T_{max} 取决于电枢电流的最大值 I_{max}。主轴电动机的最大电流是恒定的，因此所能输出的最大转矩也是恒定的，因此基速 n_0 以下称为恒转矩调速。

基速 n_0 以上采用弱磁升速的方法调速，即采用调节励磁电流 I_f 的方法。它输出的最大功率为

$$P_{max} = T_{max} n$$

在弱磁升速中，I_f 减小 K 倍，相应的转数即增加 K 倍，电动机所输出最大转矩则因为磁通 Φ 的减小而减小 K 倍，因此所能输出的最大功率不变，所以称为恒功率调速。

图 6.8 为某交流主轴驱动装置的特性曲线，其功率为 5.5～7.5kW，通常主轴驱动装置

的过载能力较强，可在 30min 内过载 30％左右运行。

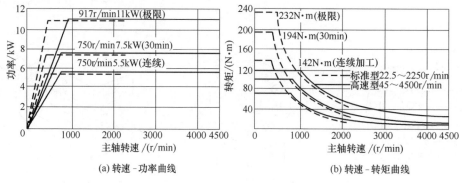

图 6.8　交流主轴驱动的特性曲线

(3) 交流主轴驱动装置

过去交流调速的性能无法与直流调速相比，因而大大限制了它在数控机床中的应用。矢量变换控制是 1971 年由德国 Felix Blaschke 等人提出的，是对交流电动机调速控制的理想方法。矢量控制法的应用使交流电动机变频调速后的机械特性和动态性能足以与直流电动机相媲美。

直流电动机的励磁电路磁场 Φ 和电枢电流 I_a 是互相独立的，电磁转矩与磁场 Φ 和电枢电流 I_a 成正比，而异步电动机的励磁电流和负载电流彼此互相关联。

直流电动机的主磁场和电枢磁场在空间互相垂直，而异步电动机的主磁场与转子电流磁场间的夹角，与转子回路的功率因数有关。

直流电动机通过独立调节主磁场和电枢磁场之一进行调速，异步电动机则不能。因此，如果在交流电动机中，也能对负载电流和励磁电流分别进行控制，并使它们的磁场在空间上垂直，则交流电动机的调速性能就可以和直流电动机相比。

矢量变换控制的基本思路就是用等效概念，通过复杂的坐标变换，将三相交流输入电流变为等效的、彼此独立的励磁电流 I_f 和电枢电流 I_a，从而使交流电动机能像直流电动机一样，通过对等效电枢绕组电流和励磁绕组电流的反馈控制，达到控制转矩和励磁磁通的目的。最后，通过相反的变换，将等效的直流量再还原为三相交流量，控制实际的三相感应电动机。采用这种控制方法，交流电动机的数学模型与直流电动机极其相似，使交流电动机能得到与直流电动机同样的调速性能。

6.3　主轴分段无级变速及控制

6.3.1　主轴分段无级变速的概念

数控机床在实际生产中，并不需要在整个变速范围内均为恒功率。一般要求在中、高速段为恒功率传动，在低速段为恒转矩传动。为了确保数控机床主轴低速时有较大的转矩和主轴的变速范围尽可能大，有的数控机床在交流或直流电动机无级变速的基础上配以齿轮变速，使之成为分段无级变速，如图 6.9（a）所示。采用齿轮减速后虽然低速的输出转矩增大，但降低了最高主轴转速。因此通常均采用齿轮自动变速，达到同时满足低速转矩和最高主轴转速的要求。一般来说，数控系统均提供 2～4 挡变速功能，而数控机床通常使用两挡即可满足要求。

① 带有变速齿轮的主传动，见图 6.9（a）。这是大中型数控机床较常采用的配置方式，通过少数几对齿轮传动，扩大变速范围。由于电动机在额定转速以上的恒功率调速范围为 2～5，当需扩大这个调速范围时常用加变速齿轮的办法来扩大调整范围，滑移齿轮的移位大都采用液压拨叉或直接由液压缸带动齿轮来实现。

② 通过带传动的主传动，见图 6.9（b）。这种传动主要用在转速较高、变速范围不大的机床。电动机本身的调整就能够满足要求，不用齿轮变速，可以避免由齿轮传动所引起的振动和噪声，它适用于高速低转矩特性的主轴，常用的是同步齿形带。

③ 用两个电动机分别驱动主轴，这是上述两种方式的混合传动，具有上述两种性能，见图 6.9（c）。高速时，由一个电动机通过带传动；低速时，由另一个电动机通过齿轮传动，齿轮起到降速和扩大变速范围的作用，这样就使恒功率区增大，扩大了变速范围，避免了低速时转矩不够且电动机功率不能充分利用的问题。但两个电动机不能同时工作，避免浪费。

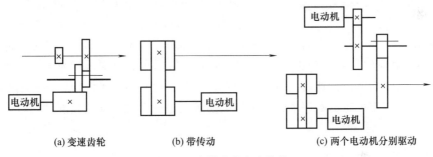

(a) 变速齿轮   (b) 带传动   (c) 两个电动机分别驱动

图 6.9 主轴分段变速结构

6.3.2 主轴分段无级变速的原理

数控装置可通过三种方式实现主轴变速。一种是通过主轴模拟电压输出接口，输出 0～±10V 模拟电压到主轴驱动装置，电压的正负控制电动机转向，电压的大小控制电动机的转速。另一种是输出单极性 0～+10V 模拟电压至主轴驱动装置，通过正转与反转开关量信号指定正反转。第三种是选择数控装置输出 12 位二进制代码或 2 位 BCD 码（3 位 BCD 码）开关量信号至主轴驱动，控制主轴的转速。

不论采用哪一种方法，均可实现主轴电动机的无级调速：采用无级调速的主轴机构，主轴箱虽然得到大大简化，但其低速段的输出转矩常常无法满足机床切削转矩的要求。如单纯追求无级调速，势必要增大主轴电动机的功率，从而使主轴电动机与驱动装置的体积、重量及成本大大增加。电动机的运行效率会大大降低。因此数控机床常采用 1～4 挡齿轮变速与无级调速相结合的方案，即分段无级变速。图 6.10 所示为采用与不采用齿轮减速主轴的输出特性。

在数控系统参数区设置 M41～M44 四挡对应的最高主轴转速后，即可用 M41～M44 指令控制齿轮自动换挡。控制过程中，数控系统将根据当前 S 指令值，自动判断挡位，向 PLC 输出相应的 M41～M44 指令，由 PLC 控制变换齿轮位置；数控装置同时输出相应的模拟电压或数字信号设定对应的速度。其控制结构如图 6.11 所示。

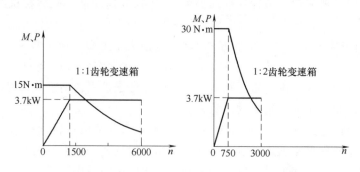

图 6.10　二挡齿轮变速 $M(n)$ 和 $P(n)$ 曲线

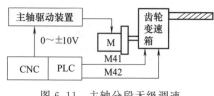

图 6.11　主轴分段无级调速

例如，M41 对应的主轴最高转速为 1000r/min，M42 对应的主轴最高转速为 3500r/min，主轴电动机对应的最高转速为 3500r/min，当 S 指令在 0～1000r/min 范围时，M41 对应的齿轮啮合。S 指令在 1001～3500r/min 范围时，M42 对应的齿轮啮合。数控机床主轴变挡有多种方式，都由 PLC 完成。目前常采用液压拨叉或电磁离合器来带动不同齿轮的啮合。此例中 M42 对应的齿轮传动比为 1∶1，而 M41 对应的齿轮传动比为 1∶3.5，此时主轴输出的最大转矩为主轴电动机最大输出转矩的 3.5 倍。为解决变速时出现顶齿问题，在变速时，数控系统须控制主轴电动机低速转动或振动，以实现齿轮的顺序啮合。主轴电动机低速转动或振动的速度可在数控系统参数区中设定。

6.3.3　自动换挡的实现

现代数控机床常采用主轴电动机→变速齿轮传递→主轴的结构，当然变速齿轮箱比传统机床主轴箱要简单得多。液压拨叉和电磁离合器是两种常用的变速方法。

(1) 液压拨叉换挡

液压拨叉是一种用一只或几只液压缸带动齿轮移动的变速机构。最简单的是用二位液压缸实现双联齿轮变速。对于三联或三联以上的齿轮变速则需使用差动液压缸。图 6.12 为三位液压拨叉的原理图，其由液压缸 1 与 5、活塞 2、拨叉 3 和套筒 4 组成，通过改变不同的通油方式可以使三联齿轮获得三个不同的变速位置。

当液压缸 1 通压力油而液压缸 5 排油卸压时［图 6.12（a）］，活塞杆 2 带动拨叉 3 使三联齿轮移到左端。当液压缸 5 通压力油而液压缸 1 排油卸压时［图 6.12（b）］，活塞杆 2 和套筒 4 一起向右移动，在套筒 4 碰到液压缸 5 的端部之后，活塞杆 2 继续右移到极限位置，此时三联齿轮被拨叉 3 移到右端。当压力油同时进入左右两缸时［图 6.12（c）］，由

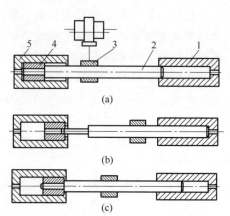

图 6.12　三位液压拨叉的工作原理

1，5—液压缸；2—活塞；3—拨叉；4—套筒

于活塞杆 2 的两端直径不同，使活塞杆向左移动。在设计活塞杆 2 和套筒 4 的截面面积时，应使油压作用在套筒 4 的圆环上向右的推力大于活塞杆 2 向左的推力，因而套筒 4 仍然压在液压缸 5 的右端，使活塞杆 2 紧靠在套筒 4 的右端，此时，拨叉和三联齿轮被限制在中间位置。

注意：每个齿轮到位后需要到位检测元件检测，检测信号有效时，说明变挡已经结束。

液压拨叉变速必须在主轴停车之后才能进行，但停车时拨动滑移齿轮啮合又可能出现"顶齿"现象。在自动变速的数控机床主运动系统中，通常增设一台微电机，它在拨叉移动滑移齿轮的同时带动各传动齿轮作低速回转，这样，滑移齿轮便能顺利啮合。液压拨叉变速是一种有效的方法，但它增加了数控机床液压系统的复杂性，而且必须将数控装置送来的信号先转换成电磁阀的机械动作，然后再将压力油分配到相应的液压缸，因而增加了变速的中间环节，带来了更多的不可靠因素。

(2) 电磁离合器换挡

电磁离合器是应用电磁效应接通切断运行的元件，便于实现自动化操作，但它的缺点是体积大，磁通易使机械零件磁化。在数控机床主传动中，使用电磁离合器能够简化变速机构，通过安装在各传动轴上离合器的吸合与分离，形成不同的运动组合传动路线，实现主轴变速。

在数控机床中常使用无滑环摩擦片式电磁离合器和牙嵌式电磁离合器。图 6.13 是啮合式电磁离合器（也称牙嵌式电磁离合器）的结构图。当线圈 1 通电后，带有端面齿的衔铁 2 被吸引，与磁轭 8 的端面齿相啮合。衔铁 2 又通过花键与定位环 5 相连接，再通过螺钉 7 传递给齿轮。隔离环 6 用于防止磁力线从传动轴构成回路而削弱电磁吸力。保证了传动精度，衔铁 2 和定位环 5 采

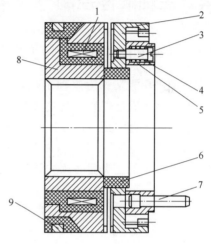

图 6.13　啮合式电磁离合器结构

1—线圈；2—衔铁；3,7—螺钉；4—压力弹簧；
5—定位环；6—隔离环；8—磁轭；9—旋转环

用渐开线花键连接，保证了衔铁与传动轴的同轴度，使端面间齿轮更可靠地啮合。采用螺钉 3 和压力弹簧 4 的结构能使离合器的安装方式不受限制，不管衔铁是水平还是垂直、向上还是向下安装，当线圈 1 断电时都能保证合理的齿端间隙。

(3) 自动换挡控制

自动换挡动作时序如图 6.14 所示。控制过程如下：

① 当数控系统读到有挡位变化的 S 指令时，则输出相应的 M 代码（M41、M42、M43、M44），代码由 BCD 码输出还是由二进制输出可由数控系统的参数确定，输出信号送至可编程控制器。

② 50ms 后，CNC 发出 M 选通信号 M strobe，指示可编程控制器可以读取并

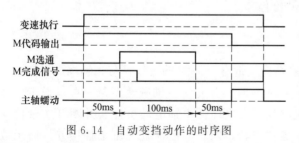

图 6.14　自动变挡动作的时序图

执行 M 代码，选通信号持续 100ms。之所以 50ms 后读取是为了让 M 代码稳定，保证读取的数据正确。

③ 可编程控制器接收到 M strobe 信号后，立即使 M 完成信号为无效，告知数控系统 M 代码正在执行。

④ 可编程控制器开始对 M 代码进行译码，并执行相应的变速控制逻辑。

⑤ M 代码输出 200ms 后，数控系统根据参数设置输出一定的主轴微动量，从而使主轴慢速转动或振动，以解决齿轮顶齿问题。

⑥ 可编程控制器完成变速后，置 M 信号有效，并告诉数控系统变速工作已经完成。

⑦ 数控系统根据参数设置的每挡主轴最高转速。自动输出新的模拟电压，使主轴转速为给定的值。

6.4 主轴准停控制

6.4.1 主轴准停控制在数控机床上的作用

主轴准停功能又称为主轴定位功能（Spindle Specified Position Stop），即当主轴停止时，控制其停于固定位置，这是实现自动换刀所必需的功能。在自动换刀的镗铣加工中心上，切削的转矩通常是通过刀杆的端面键来传递的，这就要求主轴具有准确定位于圆周上特定角度的功能，见图 6.15。当加工阶梯孔或精镗孔后退刀时，为防止刀具与小阶梯孔碰撞或拉毛已精加工的孔表面必须先让刀，再退刀，而要让刀具必须具有准停功能，如图 6.16 所示。

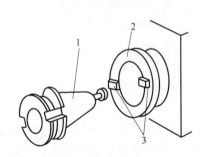

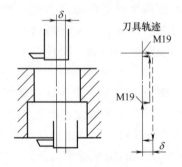

图 6.15　主轴准停换刀示意图　　　　图 6.16　主轴准停镗阶梯孔或
　　1—刀柄；2—主轴；3—键　　　　　　　　精镗孔示意图

主轴准停功能分为机械式准停和电气式准停。

6.4.2 机械准停控制

图 6.17 为典型的 V 形槽轮定位盘准停结构。带有 V 形槽的定位盘与主轴端面保持一定的关系，以确定定位位置。当指令准停控制 M19 时，首先使主轴减速至某一可以设定的低速转动，然后当无触点开关有效信号被检测到后，立即使主轴电动机停转并断开主轴传动链，此时主轴电动机与主轴传动件靠惯性继续空转，同时准停油缸定位销伸出并压向定位盘。当定位盘 V 形槽与定位销正对时，由于油缸的压力，定位销插入 V 形槽中，LS_2 准停到信号有效，表明准停动作完成。这里 LS_1 为准停释放信号。采用这种准停方式，必须有

一定的逻辑互锁，即当 LS_2 有效时，才能进行下面诸如换刀等动作。而只有当 LS_1 有效时才能起动主轴电动机正常运转。上述准停功能通常可由数控系统所配的可编程控制器完成。

机械准停还有其他方式，如端面螺旋凸轮准停等，但基本原理是一样的。

6.4.3　电气准停控制

目前国内外中高档数控系统均采用电气准停控制，采用电气准停控制有如下优点：

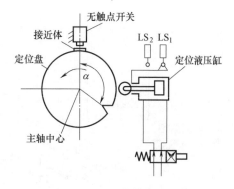

图 6.17　V 形槽轮定位准停

① 简化机械结构。与机械准停相比，电气准停只需在这种旋转部件和固定部件上安装传感器即可。

② 缩短准停时间。准停时间包括在换刀时间内，而换刀时间是加工中心的一项重要指标。采用电气准停，即使主轴在高速转动时，也能快速定位于准停位置。

③ 可靠性增加。由于无需复杂的机械开关、液压缸等装置，也没有机械准停所形成的机械冲击，因而准停控制的寿命与可靠性大大增加。

④ 性价比提高。由于简化了机械结构和强电控制逻辑，这部分的成本大大降低。但电气准停常作为选择功能，订购电气准停附件需另增费用。但总体来看，性价比大大提高。

目前电气准停通常有以下三种方式：

(1) 磁传感器准停

磁传感器主轴准停控制由主轴驱动自身完成。当执行 M19 时数控系统只需发出主轴准停启动命令 ORT，主轴驱动完成准停后会向数控装置回答完成信号 ORE，然后数控系统再进行下面的工作。其基本结构如图 6.18 所示。

由于采用了传感器，故应避免与产生磁场的元件如电磁线圈、电磁阀等与磁发体和磁传感器安装在一起。另外磁发体（通常安装在主轴旋转部件上）与磁传感器（固定不动）的安装是有严格要求的，应按说明书要求的精度安装。

采用磁传感器准停步骤如下：当主轴转动或停止时，接收到数控装置发来的准停开关信号量 ORT，主轴立即加速或减速至某一准停速度（可在主轴驱动装置中设定）。主轴到达准停速度且准停位置到达时（即磁发体与磁传感器对准），主轴立即减速至某一爬行速度（可在主轴驱动装置中设定）。然后当磁传感器信号出现时，主轴驱动立即进入磁传感器作为反馈元件的位置闭环控制，目标位置为准停位置。准停完成后，主轴驱动装置输出准停完成 ORE 信号给数控装置，从而可进行自动换刀（ATC）或其他动作。磁发体与磁传感器在主轴上的位置如图 6.19 所示，准停控制时序如图 6.20 所示。

(2) 编码器型主轴准停

编码器主轴准停功能也是由主轴驱动完成的，CNC 只需发出 ORT 命令即可，主轴驱动完成准停后回答准停完成 ORE 信号。

图 6.21 所示为编码器主轴准停控制结构。可采用主轴电动机内部安装的编码器信号（来自于主轴驱动装置），也可以在主轴上直接安装另外一个编码器。采用前一种方式要注意传动链对主轴准停精度的影响。主轴驱动装置内部可自动转换，使主轴驱动处于速度控制或位置控制状态。

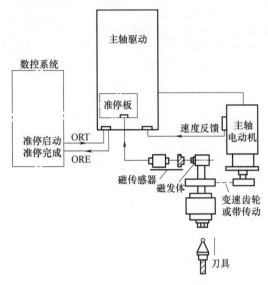

图 6.18　磁传感器准停控制系统

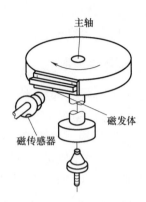

图 6.19　磁发体与磁传感器

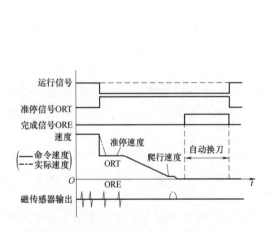

图 6.20　磁传感器准停时序

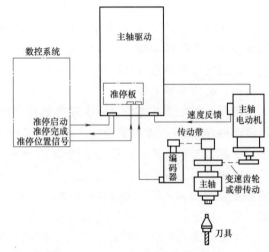

图 6.21　编码器主轴准停控制原理

准停角度可由外部开关量设定，这一点与磁准停不同，磁准停的角度无法随意设定，要想调整准停位置，只有调整磁发体与磁传感器的相对位置。编码器准停控制时序见图 6.22，其步骤与磁传感器型类似。

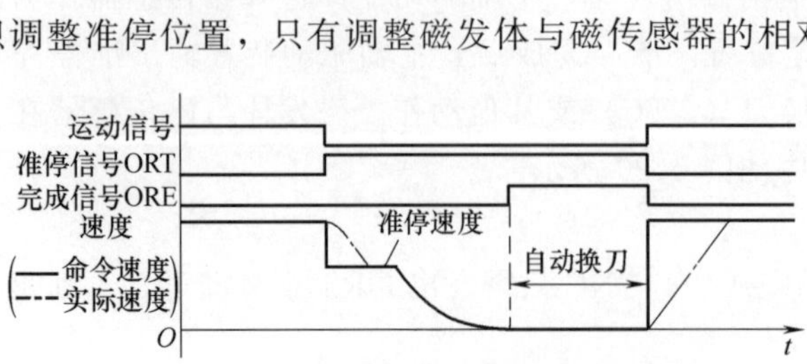

对于上述两种方式，无论采用何种准停方案（特别是对磁传感器准停方式），当需在主轴上安装元件时应注意动平衡问题，因为数控机床精度很高，转速也很高，因此对动平衡要求严格。一般对中速以下的主轴来说，

图 6.22　编码器准停时序图

有一点不平衡还不至于有太大的问题，但对高速主轴这一不平衡量会引起主轴振动。为适应主轴高速化的需要，国外已开发出整环式磁传感器主轴准停装置，由于磁发体是整环，所以

动平衡好。

(3) 数控系统准停

这种准停控制方式是由数控系统完成的，采用这种控制方式需注意以下问题：

① 数控系统须具有主轴闭环控制功能。通常为避免冲击，主轴驱动都具有软启动功能，但这会对主轴位置闭环控制产生不良影响。此时位置增益过低则准停精度和刚度（克服外界扰动的能力）不能满足要求，而过高则会产生严重的定位振荡现象。因此必须使主轴进入伺服状态，此时其特性与进给系统伺服系统相近，可进行位置控制。

② 当采用电动机轴端编码器信号反馈给数控装置，这时主轴传动链精度可能对准停精度产生影响。数控系统控制主轴准停的原理与进给位置控制的原理非常相似，如图 6.23 所示。

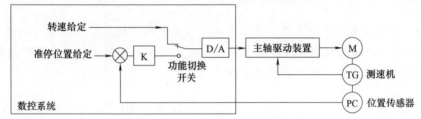

图 6.23　数控系统控制主轴准停

采用数控系统控制主轴准停时，角度指定由数控系统内部设定，因此准停角度可更方便地设定。准停步骤如下：

数控系统执行 M19 或 M19S ＿＿时，首先将 M19 送至可编程控制器，可编程控制器经译码送出控制信号使主轴驱动进入伺服状态，同时数控系统控制主轴电动机降速并寻找零位脉冲 C，然后进入位置闭环控制状态。如执行 M19，无 S 指令，则主轴定位于相对于零位脉冲 C 的某一缺省位置（可由数控系统设定）。如执行 M19S ＿＿，则主轴定位于指令位置，也就是相对零位脉冲由 S 指定的角度位置。

例如：

M03　S1200	主轴以 1200r/min 正转
M19	主轴准停于缺省位置
M19　S100	主轴准停转至 100°处
S1200	主轴再次以 1200r/min 正转
M19　S200	主轴准停至 200°处

训练题

6.1　数控机床对主传驱动的要求是什么？

6.2　主传动变速有几种方式？各有何特点？

6.3　主轴为何需要"准停"？如何实现"准停"？

6.4　试述三位液压拨叉的工作原理。

6.5　什么叫主轴分段无级变速？为什么要采用主轴分段无级变速？

6.6　主轴电器准停于机械准停相比有何优点？

6.7　试述磁传感器准停系统的结构与工作原理。

第7章

数控机床的机械结构

【知识提要】 本章主要介绍数控车床、铣床及加工中心的组成与布局、分类，数控车床、铣床及加工中心的主传动系统、进给传动系统、工装夹具，数控车床、铣床及加工中心的刀具等内容。

【学习目标】 通过本章内容的学习，学习者应对数控车床、铣床及加工中心的组成与布局、分类、主传动系统、进给传动系统、工装夹具、刀具的知识全面掌握，对数控车床、铣床及加工中心的机械结构有全面认识并熟练掌握。

7.1 数控车床的机械结构

数控车床、数控铣床及加工中心的机械结构既有相同或相似的部分，也有各自不同的部分，对于不同的部分，将分开介绍，对于相同或相似的部分，例如滚珠丝杠螺母副、导轨、主传动的形式等内容，为了避免重复，将分别安排在不同的节次介绍。

7.1.1 数控车床的组成与布局

(1) 数控车床的基本组成

数控车床一般由数控装置（NC 装置）、床身、主轴系统（主轴箱、主轴电动机、卡盘、夹紧装置）、刀架、进给系统（工作台、伺服电动机、传动机构）、尾座、辅助系统（液压装置、冷却装置、润滑装置）、电气柜等部分组成，图 7.1 为数控车床的结构简图。

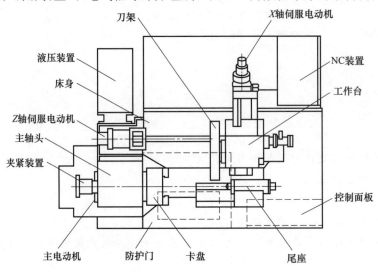

图 7.1　数控车床的结构

① 主轴箱。主轴箱固定在床身的最左边。主轴箱中的主轴通过卡盘等夹具夹住工件，主轴箱支承主轴并使主轴带动工件按照规定的转速旋转，以实现车床的主运动。

② 刀架。刀架安装在车床的刀架滑板上，在刀架上可安装 4～12 把车刀，加工时可实现自动换刀。

③ 刀架进给系统。刀架进给系统由横向（X 向）和纵向（Z 向）进给系统组成。纵向进给系统安装在床身导轨上，沿床身实现纵向（Z 向）运动；横向进给系统安装在纵向进给系统上，沿纵向进给系统实现横向（X 向）运动。

④ 尾座。尾座安装在床身导轨上，可以沿床身导轨进行纵向移动。其作用是安装顶尖支承工件。

⑤ 床身。床身固定在机床底座上，是车床的基本支承件，在车床上安装车床的各主要部件。

⑥ 底座。底座是车床的基础，用于支承车床的各部件，连接电器柜，支承防护罩和安装排屑装置。

⑦ 防护罩。防护罩安装在车床底座上，用于加工时保护操作者的安全和保护环境的清洁。

⑧ 液压装置。液压装置实现车床上的一些辅助运动，主要是实现车床主轴的变速、尾座的移动及工件自动夹紧机构的动作。

⑨ 润滑系统。润滑系统是为车床运动部件提供润滑和冷却的系统。

⑩ 切削液系统。切削液系统为车床在加工中提供切削液以满足切削加工的需要。

⑪ 车床电器控制系统。车床电器控制系统由数控系统（包括数控装置、伺服系统及可编程控制器）、车床的强电器控制系统组成，它完成对车床的自动控制。

（2）数控车床的布局

数控车床的主轴、尾座等部件相对于床身的布局形式与普通机床基本一致，而刀架和导轨的布局形式发生了根本的变化，这是因为刀架和导轨的布局形式直接影响数控车床的使用性能、结构和外观。数控车床的床身结构和导轨的布局形式有多种形式，主要有平床身、斜床身、平床身斜滑板和立床身（如图 7.2 所示）。

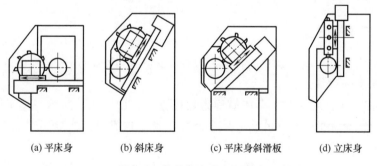

|(a) 平床身|(b) 斜床身|(c) 平床身斜滑板|(d) 立床身|

图 7.2　数控车床的布置形式

① 平床身。平床身的工艺性好，并配有水平放置的刀架可提高刀架的运动精度，但下部空间小，故排屑困难。从结构尺寸上看，刀架水平放置使得滑板横向尺寸较长，从而加大了车床宽度方向的结构尺寸。故平床身的数控车床一般用于大型或小型精密数控车床的布局。

② 斜床身。斜床身导轨倾斜的角度为 30°、45°、60°、75°和 90°（称为立式床身）。倾斜角度小，排屑不便；倾斜角度大，导轨的导向性差，受力也受影响。导轨倾斜角度大小还会影响车床高度和宽度的比例。综合考虑，中小规格的数控车床，其床身倾斜度以 60°为宜。

③ 平床身斜滑板。水平床身配倾斜放置的滑板并配置倾斜导轨，其具有平床身的工艺性好的特点，车床宽度方向的结构尺寸较平床身配置滑板的要小，排屑方便，且占地面积小、外形简洁美观，故中、小型数控车床普遍采用这种布局形式。

④ 立床身。立床身是指床身导轨倾斜的角度为 90°的布置。立床身的排屑方便，但导轨的导向性差，受力也较差。故数控车床较少用该种布置形式。

(3) 数控车床的结构特点

与传统车床相比，数控车床的结构有以下特点：

① 由于数控车床刀架的两个方向运动分别由两台伺服电动机驱动，所以它的传动链短。不必使用挂轮、光杠等传动部件，用伺服电动机直接与丝杠连接带动刀架运动。伺服电动机丝杠间也可以用同步皮带副或齿轮副连接。

② 多功能数控车床是采用直流或交流主轴控制单元来驱动主轴，按控制指令作无级变速，主轴之间不必用多级齿轮副来进行变速。为扩大变速范围，现在一般还要通过一级齿轮副，以实现分段无级调速，即使这样，床头箱内的结构已比传统车床简单得多。数控车床的另一个结构特点是刚度大，这是为了与控制系统的高精度控制相匹配，以便适应高精度的加工。

③ 轻拖动。刀架移动一般采用滚珠丝杠副，用滚珠滚动代替普通丝杠螺母副的滑动，从而减小了传动的摩擦阻力。同时，为了拖动轻便，数控车床的润滑都比较充分，大部分采用油雾自动润滑。

④ 由于数控机床的价格较高、控制系统的寿命较长，所以数控车床的滑动导轨也要求耐磨性好。数控车床一般采用镶钢导轨，这样机床精度保持的时间就比较长，其使用寿命也可延长许多。

⑤ 数控车床还具有加工冷却充分、防护较严密等特点，自动运转时一般都处于全封闭或半封闭状态。

⑥ 数控车床一般还配有自动排屑装置。

7.1.2 数控车床的分类

由于数控车床的品种繁多、功能各异，数控车床可从不同的角度对其进行分类。

(1) 按车床主轴位置分类

① 立式数控车床。立式数控车床简称为数控立车，如图 7.3 所示，其车床主轴垂直于水平面，一个直径很大的圆形工作台，用来装夹工件。这类机床主要用于加工径向尺寸大、轴向尺寸相对较小的大型复杂零件。

② 卧式数控车床。卧式数控车床又分为水平导轨卧式数控车床和倾斜导轨卧式数控车床。其中，倾斜导轨结构可以使车床具有更大的刚性，并易于排除切屑。如图 7.4 所示为水平导轨卧式数控车床。

(2) 按加工零件的基本类型分类

① 卡盘式数控车床。这类车床没有尾座，适合车削盘类（含短轴类）零件。夹紧方式多为电动或液动控制，卡盘结构多具有可调卡爪或不淬火卡爪（即软卡爪）。

图 7.3　立式数控车床

图 7.4　水平导轨卧式数控车床

② 顶尖式数控车床。这类车床配有普通尾座或数控尾座，适合车削较长的零件及直径不太大的盘类零件。

（3）按刀架数量分类

① 单刀架数控车床，如图 7.5 所示，数控车床一般都配置有各种形式的单刀架，如四工位卧动转位刀架或多工位转塔式自动转位刀架。

② 双刀架数控车床，如图 7.6 所示，这类车床的双刀架配置平行分布，也可以是相互垂直分布。

图 7.5　单刀架数控车床

图 7.6　双刀架数控车床

（4）按功能分类

① 经济型数控车床。采用步进电动机和单片机对普通车床的进给系统进行改造后形成的简易型数控车床，成本较低，但自动化程度和功能都比较差，车削加工精度也不高，适用于要求不高的回转类零件的车削加工。

② 普通数控车床。根据车削加工要求在结构上进行专门设计并配备通用数控系统而形成的数控车床，数控系统功能强，自动化程度和加工精度也比较高，适用于一般回转类零件的车削加工。这种数控车床可同时控制两个坐标轴，即 X 轴和 Z 轴。

③ 车削加工中心（如图 7.7 所示）。在普通数控车床的

图 7.7　车削加工中心

基础上，增加了 C 轴（如图 7.8 所示）和动力头，更高级的数控车床带有刀库，可控制 X、Z 和 C 三个坐标轴，联动控制轴可以是 $(X，Z)$、$(X，C)$ 或 $(Z，C)$。由于增加了 C 轴和铣削动力头，这种数控车床的加工功能大大增强，除可以进行一般车削外可以进行径向和轴向铣削、曲面铣削、中心线不在零件回转中心的孔和径向孔的钻削等加工。

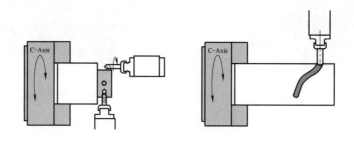

图 7.8　C 轴控制

7.1.3　数控车床的主传动系统

(1) 主传动系统概述

数控机床的主传动系统是指驱动主轴运动的系统，主轴是数控机床上带动刀具和工件旋转，产生切削运动的运动轴，它往往是数控机床上单轴功率消耗最大的运动轴。

数控车床的主传动系统一般采用直流或交流无级调速电动机，通过皮带传动，带动主轴旋转，实现自动无级调速及恒线速度控制。

主传动系统有如下作用：

① 传递动力，传递切削加工所需要的动力；

② 传递运动，传递切削加工所需要的运动；

③ 运动控制，控制主运动运行速度的大小、方向和起停。

与进给伺服系统相比，它具有转速高、传递的功率大等特点，是数控机床的关键部件之一，对它的运动精度、刚度、噪声、温升、热变形都有较高的要求。

(2) 数控车床主传动系统的主轴部件

主轴部件是机床实现旋转运动的执行件，其结构如图 7.9 所示，工作原理如下：

交流主轴电动机通过带轮 15 把运动传给主轴 7。主轴有前后两个支承。前支承由一个圆锥孔双列圆柱滚子轴承 11 和一对角接触球轴承 10 组成，轴 11 用来承受径向载荷，两个角接触球轴承一个大口向外（朝向主轴前端），另一个大口向里（朝向主轴后端），用来承受双向的轴向载荷和径向载荷。前支承轴的间隙用螺母 8 来调整。螺钉 12 用来防止螺母 8 回松。主轴的后支承为圆锥孔双列圆柱滚子轴承 14，轴承间隙由螺母 1 和 6 来调整。螺钉 17 和 13 是防止螺母 1 和 6 回松的。主轴的支承形式为前端定位，主轴受热膨胀向后伸长。前后支承所用圆锥孔双列圆柱滚子轴承的支承刚性好，允许的极限转速高。前支承中的角接触球轴承能承受较大的轴向载荷，且允许的极限转速高。主轴所采用的支承结构适宜低速大载荷的需要。主轴的运动经过同步带轮 16 和 3 以及同步带 2 带动脉冲编码器 4，使其与主轴同速运转。脉冲编码器用螺钉 5 固定在主轴箱体 9 上。

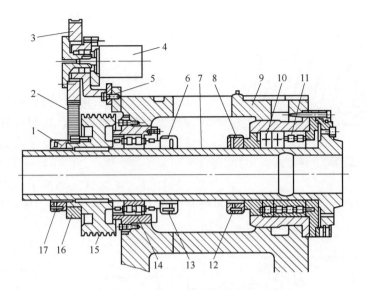

图 7.9　数控车床的主轴部件

1,6,8—螺母；2—同步带；3,16—同步带轮；4—脉冲编码器；5,12,13,17—螺钉；7—主轴；

9—主轴箱体；10—角接触球轴承；11,14—圆柱滚子轴承；15—带轮

7.1.4　数控车床的进给传动系统

数控车床的进给传动系统多采用伺服电机直接或通过同步齿形带带动滚珠丝杠旋转。其横向进给传动系统是带动刀架作横向（X 轴）移动的装置，它控制工件的径向尺寸；纵向进给装置是带动刀架作轴向（Z 轴）运动的装置，它控制工件的轴向尺寸。

(1) 进给传动系统作用

数控机床的进给传动系统负责接受数控系统发出的脉冲指令，并经放大和转换后驱动机床运动执行件实现预期的运动。

(2) 对进给传动系统的要求

为保证数控机床高的加工精度，要求其进给传动系统有高的传动精度、高的灵敏度（响应速度快）、工作稳定、有高的构件刚度及使用寿命、小的摩擦及运动惯量，并能清除传动间隙。

(3) 进给传动系统种类

① 步进伺服电机伺服进给系统。一般用于经济型数控机床。

② 直流伺服电机伺服进给系统。功率稳定，但因采用电刷，其磨损导致在使用中需进行更换。一般用于中档数控机床。

③ 交流伺服电机伺服进给系统。应用极为普遍，主要用于中高档数控机床。

④ 直线电机伺服进给系统。无中间传动链，精度高，进给快，无长度限制；但散热差，防护要求特别高，主要用于高速机床。

(4) 进给系统传动部件

① 滚珠丝杠螺母副。数控加工时，需将旋转运动转变成直线运动；故采用丝杠螺母传动机构。数控机床上一般采用滚珠丝杠螺母副，如图 7.10 所示，它可将滑动摩擦变为滚动摩擦，满足进给系统减少摩擦的基本要求。该传动副传动效率高，摩擦力小，并可消除间

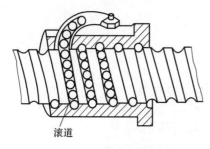

滚道

图 7.10　滚珠丝杠螺母副

隙，无反向空行程；但制造成本高，不能自锁，尺寸亦不能太大，一般用于中小型数控机床的直线进给。

a. 滚珠丝杠的结构组成。目前国内外生产的滚珠丝杠副可分为内循环及外循环两类。图 7.11（a）所示为内循环滚珠丝杠副，在螺母外侧孔中装有接通相邻滚道的反向器，以迫使滚珠翻越丝杠的齿顶而进入相邻滚道。图 7.11（b）所示为外循环螺旋槽式滚珠丝杠副，在螺母的外圆上铣有螺旋槽，并在螺母内部装上挡珠器，挡珠器的舌部切断螺纹滚道，迫使滚珠流入通向螺旋槽的孔中而完成循环。

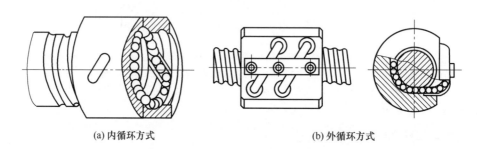

(a) 内循环方式　　　　　　　(b) 外循环方式

图 7.11　滚珠丝杠螺母副的循环方式

b. 滚珠丝杠螺母副的特点。

（a）传动效率高、摩擦损失小。滚珠丝杠螺母副传动的效率 η 高达 $85\%\sim98\%$，是普通滑动丝杠的 $2\sim4$ 倍。因此，功率消耗只相当于常规丝杠的 $1/4\sim1/2$。

（b）运动灵敏，低速时无爬行。由于滚珠与丝杠和螺母之间的摩擦是滚动摩擦，运动件的摩擦阻力及动、静摩擦阻力之差都很小，采用滚珠丝杠螺母副是提高进给系统灵敏度、定位精度和防止爬行的有效措施之一。

（c）传动精度高，刚性好。通过适当的预紧，可消除传动间隙，实现无间隙传动。

（d）滚珠丝杠螺母副的磨损很小，使用寿命长。

（e）无自锁能力，具有传动的可逆性，故对于垂直使用的丝杠，由于重力的作用，当传动切断时不能立即停止运动，应增加自锁装置。

（f）滚珠丝杠螺母副制造工艺复杂，滚珠丝杠和螺母的材料、热处理和加工要求与滚动轴承相同，且螺旋滚道必须磨削，因而制造成本高。

c. 滚珠丝杠的支承结构。数控机床的进给传动系统要获得较高传动刚度，除了加强滚珠丝杠螺母副本身的刚度外，滚珠丝杠的正确安装及支承结构的刚度也是不可忽视的因素。常用的滚珠丝杠支承形式有以下四种，如图 7.12 所示。

（a）一端装推力轴承。这种安装方式适用于短丝杠，它的承载能力小，轴向刚度低。一般用于数控机床的调节环节或升降台式数控铣床的垂直方向。

（b）一端装推力轴承，另一端装深沟球轴承。此种方式用于丝杠较长的情况，当热变形造成丝杠伸长时，其一端固定，另一端能作微量的轴向浮动。安装时应注意使推力轴承端远离热源及丝杠的常用段，以减少丝杠热变形的影响。

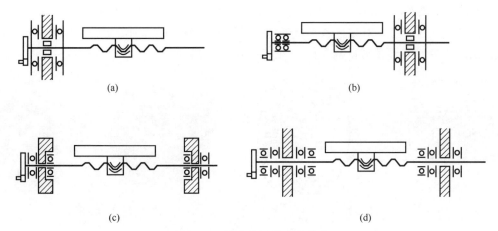

图 7.12　滚珠丝杠的支承形式

（c）两端装推力轴承。把推力轴承装在滚珠丝杠的两端，并施加预紧拉力，可以提高轴向刚度，但这种安装方式对丝杠的热变形较为敏感。

（d）两端装推力轴承及深沟球轴承，它的两端均采用双重支承并施加预紧，使丝杠具有较大的刚度，这种方式还可使丝杠的温度变形转化为推力轴承的预紧力。但设计时要求提高推力轴承的承载能力和支承刚度。

d. 滚珠丝杠的制动。滚珠丝杠螺母副的传动效率高但不能自锁，需要设置制动装置（特别是用在垂直传动或高速大惯量场合时）。

最常见的制动方式是电气电磁方式，即采用电磁制动器，且这种制动器在电动机内部。图 7.13 为伺服电动机电磁制动器的示意图。机床工作时，在电磁线圈 7 电磁力的作用下，外齿轮 8 与内齿轮 9 脱开，弹簧受压缩，当停机或停电时，永久磁铁 5 失电，在弹簧恢复力作用下，齿轮 8、9 啮合，内齿轮 9 与电动机端盖合为一体，故与电动机轴连接的丝杠得到制动，这种电磁制动器装在电动机壳内，与电动机形成一体化的结构。

② 导轨。该部分内容将在数控铣床部分介绍。

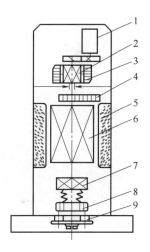

图 7.13　电磁制动器示意
1—旋转变压器；2—测速发电机转子；3—测速发电机定子；4—电刷；5—永久磁铁；6—伺服电机转子；7—电磁线圈；8—外齿轮；9—内齿轮

7.1.5　数控车床的工装夹具

（1）数控车床夹具

数控车床夹具主要有三爪自定心卡盘、四爪单动卡盘、花盘等，除此之外，还有液压卡盘。

三爪自定心卡盘如图 7.14 所示，可自动定心，装夹方便，应用较广，但它夹紧力较小，不便于夹持外形不规则的工件。

四爪单动卡盘如图 7.15 所示，其四个爪都可单独移动，安装工件时需找正，夹紧力大，适用于装夹毛坯及截面形状不规则和不对称的较重、较大的工件。

通常用花盘装夹不对称和形状复杂的工件，装夹工件时需反复校正和平衡。

　　液压卡盘（如图 7.16 所示）是数控车削加工时夹紧工件的重要附件，对一般回转类零件可采用普通液压卡盘；对零件被夹持部位不是圆柱形的零件，则需要采用专用卡盘；用棒料直接加工零件时需要采用弹簧卡盘（如图 7.17 所示）。

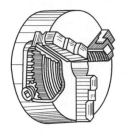  

图 7.14　三爪卡盘　　　　　图 7.15　四爪卡盘　　　　　图 7.16　液压卡盘

（2）数控车床的尾座

　　对轴向尺寸和径向尺寸的比值较大的零件，需要采用安装在液压尾架上的活顶尖对零件尾端进行支承，才能保证对零件进行正确的加工。尾架有普通液压尾架和可编程液压尾座（如图 7.18 所示）。

图 7.17　弹簧夹头卡盘　　　　　　　图 7.18　可编程液压尾座

（3）数控车床的刀架

　　自动回转刀架是数控车床上使用的一种简单的自动换刀装置，有四方刀架和六角刀架等多种形式。数控车床根据其功能，刀架上可安装的刀具数量一般为 4 把（如图 7.19 所示）、8 把、10 把、12 把（如图 7.20 所示）或 16 把，有些数控车床可以安装更多的刀具。回转刀架又有立式和卧式两种，立式回转刀架的回转轴与机床主轴成垂直布置，结构比较简单，经济型数控车床多采用这种刀架。

图 7.19　电动四方刀架　　　　　　　图 7.20　可转位 12 工位刀架

　　刀架的结构形式一般为回转式，刀具沿圆周方向安装在刀架上，可以安装径向车刀、轴向车刀、钻头、镗刀。车削加工中心还可安装轴向铣刀、径向铣刀。少数数控车床的刀架为直排式，刀具沿一条直线安装，如图 7.21 所示。

　　数控车床可以配备两种刀架：

　　① 专用刀架。由车床生产厂商自己开发，所使用的刀柄也是专用的。这种刀架的优点是制造成本低，但缺乏通用性。

　　② 通用刀架。根据一定的通用标准而生产的刀架，数控车床生产厂商可以根据数控车床的功能要求进行选择配置。

（4）数控车床的铣削动力头

　　数控车床刀架上安装铣削动力头可以大大扩展数控车床的加工能力。主要特点是通过铣削动力头的转化使车削加工中心在一次装夹中不仅能完成车削功能，还能完成铣削功能，这样就使车削加工中心和车削机床的应用范围扩大。由于是一次装夹完成多种功能，如：车、钻、铰、攻螺纹、铣平面、铣槽、切口等，所以工件的加工精度和质量较高，而且也提高了加工效率。车削动力头必须安装在有动力输出的机床上。其外观结构如图 7.22 所示。

　　车削动力头，按传动力传导方向分为径向动力头和轴向动力头；每一种动力头按使用用途分为钻铣类、攻螺纹类、铣槽类和镗孔类。

图 7.21　排式刀架

图 7.22　数控车床铣削动力头的外观结构

7.1.6　数控车床的刀具

　　数控车床的刀具在数控车削加工中直接接触工件，从工件上切除多余量的执行件，数控车刀性能的优劣直接决定了切削效率的高低及工件质量的好坏。所以合理选用和使用数控车刀已成为充分发挥数控车床性能、降低成本、提高效率、达到工件质量要求的重要保证。图 7.23 所示为数控车床各种外轮廓刀具的具体用途。

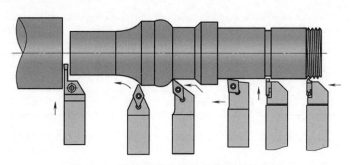

图 7.23　数控车床各种外轮廓刀具的作用

数控车床上使用的车刀按结构可分为整体车刀、焊接车刀、机夹车刀和可转位车刀。

① 整体车刀。整体车刀是采用整块高速钢制造成长条状刀条,然后磨出切削刃。该车刀在切削过程中磨钝后可根据加工要求重新修磨,但刀具的几何角度不易精确控制,对操作者磨刀的要求较高。整体车刀韧性好,可靠性高,刀具材料利用性较高,能制造小型刀具。

② 焊接车刀。焊接车刀是由硬质合金刀片和普通结构钢刀杆通过焊接而成,也称硬质合金焊接式车刀。其结构简单、制作方便、刀具刚性好、使用灵活,故使用广泛,如图7.24所示。焊接车刀刀片分为A、B、C、D、E五类,刀片型号由一个字母和一个或两个数字组成,字母表示刀片形状、数字代表刀片主要尺寸。

③ 机夹车刀。机夹车刀采用优质碳素工具钢或合金工具钢制造刀杆,硬质合金制造刀片,用机械夹紧的方式将刀片装入刀杆,如图7.25所示。机夹车刀的刀刃位置可以根据车削加工的需要调整,并且用钝后可重磨;刀杆机构复杂,制造成本高,但可反复使用。

④ 可转位车刀。

a. 可转位车刀的特点。可转位车刀采用优质碳素工具钢或合金工具钢制造刀杆,硬质合金制造刀片,并在硬质合金刀片上预制有多条几何角度相同的切削刃,然后用机械夹紧的方式将刀片装入刀杆,如图7.26所示。可转位车刀的硬质合金刀片在使用的过程中,刀片的一条刃在磨钝后只需要转动刀片就可更换切削刃;当几条切削刃都磨钝后,只需要更换相同型号规格的新刀片就可继续使用。该种车刀使换刀的时间大大缩短,有效地提高了切削的效率。刀杆制造精度高,可反复使用。

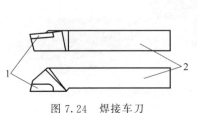

图7.24 焊接车刀

1—焊接刀片;2—刀柄

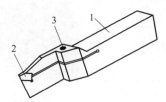

图7.25 机夹车刀

1—刀柄;2—刀片;3—螺钉

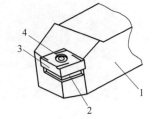

图7.26 可转位车刀

1—刀柄;2—垫片;3—可转位刀片;
4—螺钉

b. 可转位车刀的种类。可转位车刀按其用途可分为外圆车刀、仿形车刀、端面车刀、内圆车刀、切槽车刀、切断车刀和螺纹车刀等,见表7.1。

表7.1 可转位车刀的种类

类型	主偏角	适用机床
外圆车刀	90°、50°、60°、75°、45°	普通车床和数控车床
仿形车刀	93°、107.5°	仿形车床和数控车床
端面车刀	90°、45°、75°	普通车床和数控车床
内圆车刀	45°、60°、75°、90°、91°、93°、95°、107.5°	普通车床和数控车床
切断车刀		普通车床和数控车床
螺纹车刀		普通车床和数控车床
切槽车刀		普通车床和数控车床

c. 可转位车刀的结构形式。

（a）杠杆式，其结构见图 7.27，由杠杆、螺钉、刀垫、刀垫销、刀片所组成。这种方式依靠螺钉旋紧压靠杠杆，由杠杆的力压紧刀片达到夹固的目的。其特点适合各种正、负前角的刀片，有效的前角范围为 $-6°\sim+18°$；切屑可无阻碍地流过，切削热不影响螺孔和杠杆；两面槽壁给刀片有力的支撑，并确保转位精度。

（b）楔块式，其结构见图 7.28，由紧定螺钉、刀垫、销、楔块、刀片所组成。这种方式依靠销与楔块的挤压力将刀片紧固。其特点适合各种负前角刀片，有效前角的变化范围为 $-6°\sim+18°$。两面无槽壁，便于仿形切削或倒转操作时留有间隙。

（c）楔块夹紧式，其结构见图 7.29，由紧定螺钉、刀垫、销、压紧楔块、刀片所组成。这种方式依靠销与楔块的压力将刀片夹紧。其特点同楔块式，但切屑流畅性不如楔块式。

此外还有压孔式、螺栓上压式、上压式等形式。

图 7.27 杠杆式车刀

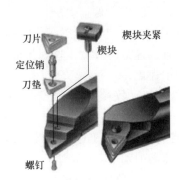

图 7.28 楔块式车刀

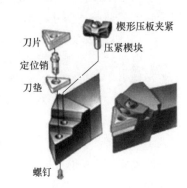

图 7.29 楔块夹紧式车刀

7.2 数控铣床的机械结构

7.2.1 数控铣床的组成与特点

(1) 数控铣床的组成

数控铣床主要由床身、铣头、纵向工作台、横向床鞍、升降台、电气控制系统等组成。能够完成基本的铣削及自动工作循环等工作，可加工各种形状复杂的凸轮、样板及模具零件等。图 7.30 所示为数控铣床，床身固定在底座上，用于安装和支承机床各部件，控制台上有彩色液晶显示器、机床操作按钮和各种开关及指示灯。纵向、横向工作台安装在升降台上，通过纵向进给伺服电机、横向进给伺服电机和垂直升降进给伺服电机的驱动，完成 X、Y、Z 坐标的进给。电气柜安装在床

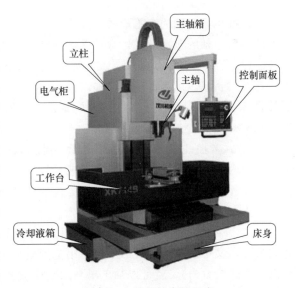

图 7.30 数控铣床的组成

身立柱的后面，并装有电气控制部分。

① 主轴系统包括主轴箱体和主轴传动系统（包括 Z 轴伺服电机等），在主轴的夹具上装夹刀具并带动刀具旋转，主轴转速范围和输出扭矩对加工有直接的影响。

② 进给伺服系统由进给电机和进给执行机构组成，按照程序设定的进给速度来实现刀具和工件之间的相对运动，包括直线进给运动和旋转运动。

③ 控制系统。数控铣床运动控制的中心，执行数控加工程序控制机床进行加工。

④ 辅助装置。如液压、气动、润滑、冷却系统和排屑、防护等装置。

⑤ 机床基础件。通常是指底座、立柱、横梁等，它是整个机床的基础和框架。

(2) 数控铣床的结构特点

与传统铣床相比，数控铣床的结构有以下特点：

① 半封闭或全封闭式防护。经济型数控铣床多采用半封闭式；全功能型数控铣床会采用全封闭式防护，防止冷却液、切屑溅出，保证安全。

② 主轴无级变速且变速范围宽。主传动系统采用伺服电机（高速时采用无传动方式——电主轴）实现无级变速，且调速范围较宽，这既保证了良好的加工适应性，同时也为小直径铣刀工作形成了必要的切削速度。

③ 采用手动换刀，装夹刀具方便。数控铣床没有配备刀库，采用手动换刀，刀具安装方便。

④ 一般为三坐标联动。数控铣床多为三坐标（即 X，Y，Z 三个直线运动坐标）、三轴联动的机床，以完成平面轮廓及曲面的加工。

⑤ 应用广泛。与数控车床相比，数控铣床有着更为广泛的应用范围，能够进行外形轮廓铣削、平面或曲面型腔铣削及三维复杂型面的铣削，如各种凸轮、模具等，若再添加圆工作台等附件（此时变为四坐标），则应用范围将更广，可用于螺旋桨、叶片等空间曲面零件。此外，随着高速铣削技术的发展，数控铣床可以加工形状更为复杂的零件，加工精度也更高。

7.2.2　数控铣床的分类

(1) 按机床主轴的布置形式分类

按机床主轴的布置形式，数控铣床通常可分为立式、卧式和立卧两用式三种。

① 立式数控铣床，如图 7.31 所示，立式数控铣床的主轴轴线垂直于水平面，是数控铣床中最常见的一种布局形式，应用范围最广泛，其中以三轴联动铣床居多。立式数控铣床主要用于水平面内的型面加工，增加数控分度头后，可在圆柱表面上加工曲线沟槽。

② 卧式数控铣床，如图 7.32 所示，卧式数控铣床的主轴轴线平行于水平面，主要用于垂直平面内的各种型面加工，配置万能数控转盘后，还可以对工件侧面上的连续回转轮廓进行加工，并能在一次安装后加工箱体零件的四个表面。通常采用增加数控转盘来实现四轴或五轴加工。

③ 立卧两用式数控铣床。立卧两用式数控铣床的主轴轴线方向可以变换，既可以进行立式加工，又可以进行卧式加工，使用范围更大，功能更强。若采用数控万能主轴（主轴头可以任意转换方向），就可以加工出与水平面成各种角度的工件表面；若采用数控回转工作台，还能对工件实现除定位面外的五面加工。

图 7.31　立式数控铣床

图 7.32　卧式数控铣床

(2) 按数控系统的功能分类

① 简易型数控铣床。简易型数控铣床是在普通铣床的基础上,对机床的机械传动结构进行简单的改造,并增加简易数控系统后形成的。这种数控铣床成本较低,自动化程度和功能都较差,一般只有 X、Y 两坐标联动功能,加工精度也不高,可以加工平面曲线类和平面型腔类零件。

② 普通数控铣床。普通数控铣床可以三坐标联动,用于各类复杂的平面、曲面和壳体类零件的加工,如各种模具、样板、凸轮和连杆等。

③ 数控仿形铣床。数控仿形铣床主要用于各种复杂型腔模具或工件的铣削加工,特别对不规则的三维曲面和复杂边界构成的工件更显示出其优越性。

④ 数控工具铣床。数控工具铣床在普通工具铣床的基础上,对机床的机械传动系统进行了改造,并增加了数控系统,从而使工具铣床的功能大大增强。这种铣床适用于各种工装、刀具对各类复杂的平面、曲面零件的加工。

(3) 按构造分类

① 工作台升降式数控铣床。这类数控铣床采用工作台移动、升降,而主轴不动的方式。小型数控铣床一般采用此种方式。

② 主轴头升降式数控铣床。这类数控铣床采用工作台纵向和横向移动,且主轴沿垂向溜板上下运动;主轴头升降式数控铣床在精度保持、承载重量、系统构成等方面具有很多优点,已成为数控铣床的主流。

③ 龙门式数控铣床。如图 7.33 所示,这类数控铣床主轴可以在龙门架的横向与垂向溜板上运动,而龙门架则沿床身作纵向运动。大型数控铣床,因要考虑到扩大行程,缩小占地面积及刚性等技术上的问题,往往采用龙门架移动式结构。

7.2.3　数控铣床的主运动系统

(1) 数控铣床主运动的特点

与普通机床相比数控机床主运动系统具有下列特点。

① 转速高、功率大。这样能使数控机床进行大功率的切削和高速切削,实现高效率加工。

② 变速范围宽。数控机床的主传动系统有较宽的调速范

图 7.33　龙门数控铣床

围，以保证加工时能选用合适的切削用量，从而获得最佳的生产率、加工精度和表面质量。

③ 主轴变速迅速可靠。数控机床的变速是按照控制指令自动进行的，因此变速机构必须适应自动操作的要求。由于直流和交流主轴电动机的调速范围日趋完善，不仅能够方便地实现宽范围无级调速，而且减少了中间传递的环节，提高了变速控制的可靠性。

④ 主轴组件耐磨性高。这样就能使传动系统长期保证精度。凡有机械摩擦的部位（如轴承、锥孔等），都有足够的硬度，轴承处还有良好的润滑。

（2）数控铣床的主轴部件

主轴部件是数控铣床上的重要部件之一，它带动刀具旋转完成切削，其精度、抗振性和热变形对加工质量有直接的影响。

① 主轴。数控铣床的主轴为一中空轴，其前端为锥孔，与刀柄相配，在其内部和后端安装有刀具自动夹紧机构，用于刀具装夹。有自动装卸刀功能数控铣床的主轴结构如图7.34（a）所示。对于电主轴而言，往往设有温控（冷却）系统，且主轴外表面有槽结构，以确保散热冷却。图7.34（b）所示为电主轴实物，图7.34（c）所示为电主轴机构。

② 刀具自动夹紧机构。在数控铣床上多采用气压或液压装夹刀具，常见的刀具自动夹紧机构主要由拉杆、拉杆端部的夹头、蝶形弹簧、活塞、气缸等组成。夹紧状态时，蝶形弹簧通过拉杆及夹头，拉住刀柄的尾部，使刀具锥柄和主轴锥孔紧密配合；松刀时，通过气缸活塞推动拉杆，压缩蝶形弹簧，使夹头松开，夹头与刀柄上的拉钉脱离，即可拔出刀具，进行新、旧刀具的交换，新刀装入后，气缸活塞后移，新刀具又被蝶形弹簧拉紧。

③ 端面键。带动铣刀旋转，传递运动和动力。

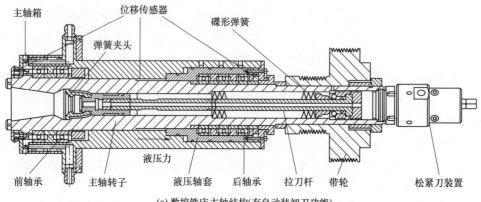

(a) 数控铣床主轴结构(有自动装卸刀功能)

(b) 电主轴实物

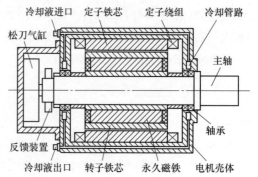

(c) 电主轴结构

图 7.34 数控铣床的主轴

④ 自动切屑清除装置。自动清除主轴孔内的灰尘和切屑是换刀过程中的一个不容忽视的问题。如果主轴锥孔中落入了切屑、灰尘或其他污物，在拉紧刀杆时，锥孔表面和刀杆的锥柄就会被划伤，甚至会使刀杆发生偏斜，破坏刀杆的正确定位，影响零件的加工精度，甚至会使零件超差报废。为了保持主轴锥孔的清洁，常采用的方法是使用压缩空气经主轴内部通道吹屑，清除主轴孔内脏物。

7.2.4　数控铣床的进给系统

如图 7.35 所示，数控铣床的进给传动装置多采用伺服电机直接带动滚珠丝杠旋转，在电动机轴和滚珠丝杠之间用锥环无键连接或高精度十字联轴器结构，以获得较高的传动精度。下面介绍进给系统传动部件。

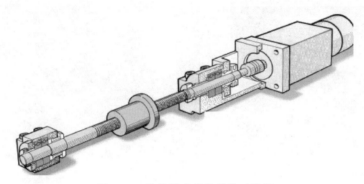

图 7.35　数控铣床的进给传动装置

（1）滚珠丝杠螺母副

在数控车床部分已作介绍，这里不再详述。

（2）回转工作台

为了扩大数控机床的工艺范围，数控机床除了沿 X、Y、Z 三个坐标轴作直线进给外，往往还需要有绕 Y 或 Z 轴的圆周进给运动。数控机床的圆周进给运动一般由回转工作台来实现，对于加工中心，回转工作台已成为一个不可缺少的部件。

数控机床中常用的回转工作台有分度工作台和数控回转工作台。

① 分度工作台。分度工作台只能完成分度运动，不能实现圆周进给，它是按照数控系统的指令，在需要分度时将工作台连同工件回转一定的角度。分度时也可以采用手动分度。分度工作台一般只能回转规定的角度（如 $90°$、$60°$ 和 $45°$ 等）。

② 数控回转工作台。数控回转工作台（如图 7.36 所示）外观上与分度工作台相似，但内部结构和功用大不相同。数控回转工作台的主要作用是根据数控装置发出的指令脉冲信号，完成圆周进给运动，进行各种圆弧加工或曲面加工，它也可以进行分度工作。

（3）导轨

导轨是进给传动系统的重要环节，是机床基本结构的要素之一，它在很大程度上决定数控机床的刚度、精度与精度保持性。目前，数控机床上的导轨形式主要有滑动导轨、滚动导轨和液体静压导轨等。

① 滑动导轨。如图 7.37 所示，滑动导轨具有结构简单、制造方便、刚度好、抗振性高等优点，在数控机床上应用广泛，目前多数使用金属对塑料形式，称为贴塑导轨。贴塑滑动导轨的特点：摩擦特性好、耐磨性好、运动平稳、工艺性好、速度较低。

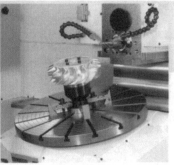

图 7.36 数控回转工作台

图 7.37 滑动导轨

图 7.38 滚动导轨

② 滚动导轨。如图 7.38 所示，滚动导轨是在导轨面之间放置滚珠、滚柱或滚针等滚动体，导轨面之间为滚动摩擦而不是滑动擦擦。滚动导轨与滑动导轨相比，其灵敏度高，摩擦系数小，且动、静摩擦系数相差很小，因而运动均匀，尤其是在低速移动时，不易出现爬行现象；定位精度高，重复定位精度可达 $0.2\mu m$；牵引力小，移动轻便；磨损小，精度保持性好，使用寿命长。但滚动导轨的抗振性差，对防护要求高，结构复杂，制造困难，成本高。常用的滚动导轨有滚动导轨块和直线滚动导轨两种。

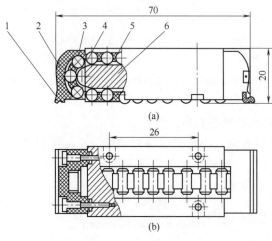

图 7.39 滚动导轨块结构

1—防护板；2—端盖；3—滚珠；
4—导向片；5—保护架；6—本体

a. 滚动导轨块。图 7.39 所示为一种滚动导轨块组件，其特点是刚度高、承载能力大、导轨行程不受限制。当运动部件移动时，滚珠 3 在支承部件的导轨与本体6 之间滚动，同时绕本体 6 循环滚动。每一导轨上使用导轨块的数量可根据导轨的长度和负载的大小确定。

b. 直线滚动导轨。直线滚动导轨结构如图 7.40 所示，主要由 LM（直线运动）滑块、LM 轨道（导轨）、滚珠（钢球）、保持器、防尘器等组成。由于它将支承导轨和运动导轨组合在一起，作为独立的标准导轨副部件由专门生产厂家制造，故又称单元式滚动导轨。在使用时导轨固定在不运动的部件上，滑块固定在运动的部件上。当滑块沿导轨体运动时，滚珠在导轨体和滑块之间的圆弧直槽内滚动，并通过端盖内的暗道从工作负载区到非工作负载区，然后再滚动回工作负载区，不断循环，从而把导轨体和滑块之间的滑动，变为滚珠的滚动。

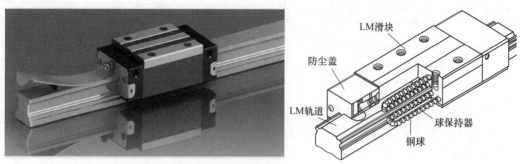

图 7.40　直线滚动导轨的结构

7.2.5　数控铣床的夹具

(1) 数控铣床夹具基本要求

在数控铣削加工中一般不要求很复杂的夹具，只要求简单的定位、夹紧就可以了，其设计的原理也与通用铣床夹具相同，结合数控铣削加工的特点，这里提出一些基本要求：

① 为保证工件在本工序中所有需要完成的待加工面充分暴露在外，夹具要做得尽可能开敞，因为夹紧机构元件和加工面之间应保持一定的安全距离，同时要求夹紧机构元件能低则低，以防止夹具与铣床主轴套筒或刀套、刃具在加工过程中发生干涉。

② 为保持零件的安装方位与机床坐标系及编程坐标系方向的一致性，夹具应保证在机床上实现定向安装，还要求协调零件定位面与机床之间保持一定的坐标联系。

③ 夹具的刚性与稳定性要好。尽量不采用在加工过程中更换夹紧点的设计，当非要在加工过程中更换夹紧点时，要特别注意不能更换因更换夹紧点而破坏夹具或工件的定位精度。

(2) 常用夹具的种类

① 万能组合夹具。如图 7.41 所示，这类夹具适用于小批量生产或研制时的中、小型工件在数控铣床上进行铣削加工。

② 专用铣削夹具。它是特别为某一项或类似的几项工件设计制造的夹具，一般在批量生产或研制时非要不可的情况采用。

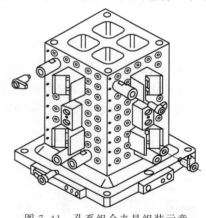

图 7.41　孔系组合夹具组装示意

③ 多工位夹具。可以同时装夹多个工件，可减少换刀次数，也便于一面加工，一面装卸工件，有利于缩短准备时间，提高生产率，较适宜于中批量生产。

④ 气动或液压夹具。如图 7.42 所示，这类夹具适用于生产批量较大，采用其他夹具又特别费工、费力的工件。能减轻工人劳动强度和提高生产率，但此类夹具结构较复杂，造价往往较高，而且制造周期较长。

⑤ 通用铣削夹具。有通用可调夹具、平口钳（如图 7.43 所示）、分度头和三爪卡盘等。

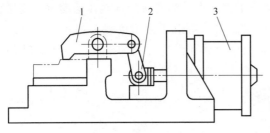

图 7.42　气动夹具

1—压板；2—连杆；3—气缸

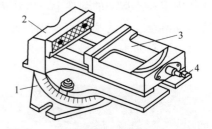

图 7.43　平口钳

1—底座；2—固定钳口；3—活动钳口；4—螺杆

(3) 数控铣床夹具的选用原则

在选用夹具时，通常需要考虑产品的生产批量、生产效率、质量保证及经济性，选用时可参考下列原则：

① 在生产量小或研制时，应广泛采用万能组合夹具，只用在组合夹具无法解决时才考虑采用其他夹具。

② 小批量或成批生产时可考虑采用专用夹具，但应尽量简单。

③ 在生产批量较大的可考虑采用多工位夹具和气动、液压夹具。

7.2.6　数控铣床的刀具

(1) 数控铣削刀具的基本要求

① 铣刀刚性要好。为提高生产率而采用大切削用量的需要；为适应数控铣床加工过程中难以调整切削用量的特点。

② 铣刀的耐用度要高。尤其是当一把铣刀加工的内容很多时，如刀具不耐用而磨损很快，就会影响工件的表面质量与加工精度，而且会增加换刀引起的调刀与对刀次数，也会使工件表面留下因对刀误差而形成的接刀台阶，降低了工件的表面质量。

除上述两点之外，铣刀切削刃的几何角度参数的选择及排屑性能等也非常重要，切屑粘刀形成积屑瘤在数控铣削中是十分忌讳的。

总之，根据被加工工件材料的热处理状态、切削性能及加工余量，选择刚性好、耐用度高的铣刀，是充分发挥数控铣床的生产效率和获得满意的加工质量的前提。

图 7.44　数控铣床各种刀具

(2) 常用铣刀的种类

图 7.44 所示为数控铣床的各种刀具。

① 面铣刀。如图 7.45 所示，面铣刀的圆周表面和端面上都有切削刃，端部切削刃为副切削刃。面铣刀多制成套式镶齿结构，刀齿为高速钢或硬质合金，刀体为 40Cr。面铣刀主要用于面积较大的平面铣削和较平坦的立体轮廓的多坐标加工。

② 立铣刀。立铣刀也可称为圆柱

铣刀，如图 7.46 所示，广泛用于加工平面类零件。立铣刀圆柱表面和端面上都有切削刃，它们可同时进行切削，也可单独进行切削。立铣刀圆柱表面的切削刃为主切削刃，端面上的切削刃为副切削刃。

图 7.45 面铣刀

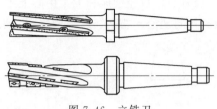

图 7.46 立铣刀

③ 模具铣刀。模具铣刀由立铣刀发展而成，它是加工金属模具型面的铣刀的通称。可分为圆锥形立铣刀（圆锥半角 = 3°、5°、7°、10°）、圆柱形球头立铣刀和圆锥形球头立铣刀三种，如图 7.47 所示。其柄部有直柄、削平型直柄和莫氏锥柄。它的结构特点是球头或端面上布满了切削刃，圆周刃与球头刃圆弧连接，可以作径向和轴向进给。

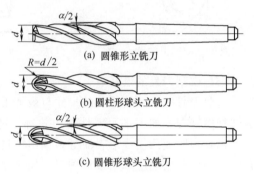

(a) 圆锥形立铣刀

(b) 圆柱形球头立铣刀

(c) 圆锥形球头立铣刀

图 7.47 高速钢模具铣刀

④ 键槽铣刀。如图 7.48 所示为两刃直柄键槽铣刀，它有两个刀齿，圆柱面和端面都有切削刃，端面刃延至中心，既像立铣刀，又像钻头。用键槽铣刀铣削键槽时，先轴向进给达到槽深，然后沿键槽方向铣出键槽全长。图 7.49 所示为专门铣削 T 形槽的键槽铣刀。

图 7.48 键槽铣刀

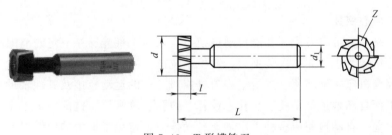

图 7.49 T 形槽铣刀

⑤ 鼓形铣刀。如图 7.50 所示的是一种典型的鼓形铣刀，它的切削刃分布在半径为 R 的圆弧面上，端面无切削刃。加工时控制刀具上下位置，相应改变刀刃的切削部位，可以在工件上切出从负到正的不同斜角。R 越小，鼓形刀所能加工的斜角范围越广，但所获得的表面质量也越差。这种刀具的缺点是刃磨困难，切削条件差，而且不适于加工有底的轮廓表面，主要用于对变斜角面的近似加工。

⑥ 成形铣刀。成形铣刀一般都是为特定的工件或加工内容专门设计制造的，适用于加

工平面类零件的特定形状（如角度面、凹槽面等），也适用于特形孔或台，如图7.51所示的是几种常用的成形铣刀。

⑦ 锯片铣刀。锯片铣刀可分为中小型规格的锯片铣刀和大规格锯片铣刀（GB/T 6120—2012），数控铣床和加工中心上主要用中小型规格的锯片铣刀。锯片铣刀主要用于大多数材料的切槽、切断、内外槽铣削、组合铣削、缺口实验的槽加工、齿轮毛坯粗齿加工。

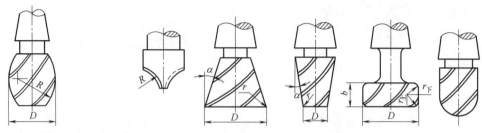

图7.50　鼓形铣刀　　　　　　　　图7.51　几种常用的成形铣刀

（3）铣削刀具的选择

选取刀具时，要使刀具的尺寸与被加工工件的表面尺寸和形状相适应。加工较大的平面应选择面铣刀；加工平面零件周边轮廓、凹槽、较小的台阶面应选择立铣刀；加工空间曲面、模具型腔或凸模成形表面等多选用模具铣刀；加工封闭的键槽选用键槽铣刀；加工变斜角零件的变斜角面应选用鼓形铣刀；加工立体型面和变斜角轮廓外形常采用球头铣刀、鼓形刀；加工各种直的或圆弧形的凹槽、斜角面、特殊孔等应选用成形铣刀。

7.3　加工中心的机械结构

加工中心的夹具系统和进给传动系统与普通数控铣床的基本一样，可以参照前面所讲的，这里不再介绍。

7.3.1　加工中心的基础知识

（1）加工中心概述

加工中心是一种带有刀库，并能自动更换刀具，对工件能够在一定的范围内进行多种加工操作的数控机床。工件在一次装夹后，数控系统能控制机床按不同工序，自动选择和更换刀具，自动改变机床主轴转速、进给量和刀具相对工件的运动轨迹及其他辅助功能，连续地对工件的加工面自动地进行钻孔、锪孔、铰孔、镗孔、攻螺纹、铣削等多工序加工。由于加工中心能集中地、自动地完成多种工序，能自动换刀，避免了人为的操作误差、减少了工件装夹、测量和机床的调整时间及工件周转、搬运和存放时间，大大提高了加工效率和加工精度，所以具有良好的经济效益。机床的切削时间达到机床开动时间的80%左右（普通机床仅为15%～20%）；同时也减少了工序之间的工件周转、搬运和存放时间，缩短了生产周期，具有明显的经济效果。加工中心适用于零件形状比较复杂、精度要求较高、产品更换频繁的中小批量生产。

（2）加工中心的结构

同类型的加工中心与数控铣床的结构布局相似，主要在刀库的结构和位置上有区别。加工中心一般由床身、主轴箱、工作台、滑座、立柱、进给机构、刀库、自动换刀装置（机械手）、辅助系统（气液、润滑、冷却）、数控装置等组成，如图 7.52 所示。

① 主轴箱。包括主轴箱体和主轴传动系统，用于装夹刀具并带动刀具旋转，主轴转速范围和输出扭矩对加工有直接的影响。

② 进给伺服系统。由进给电机和进给执行机构组成，按照程序设定的进给速度实现刀具和工件之间的相对运动，包括直线进给运动和旋转运动。

③ 控制系统。加工中心运动控制的中心，执行数控加工程序控制机床进行加工。

④ 辅助装置。如液压、气动、润滑、冷却系统和排屑、防护等装置。

⑤ 刀库及自动换刀装置。刀库用来存储加工刀具及辅助工具，按其结构形式可分为直线刀库、鼓盘式刀库、链式刀库和箱格式刀库。

自动换刀装置的作用是用来自动更换加工过程中所需刀具。加工中心对自动换刀装置的要求是换刀时间短、刀具重复定位精度高、刀具存储容量大、刀库占地面积小及安全可靠性要高。

⑥ 机床基础件。通常是指底座、立柱、横梁等，它是整个机床的基础和框架。

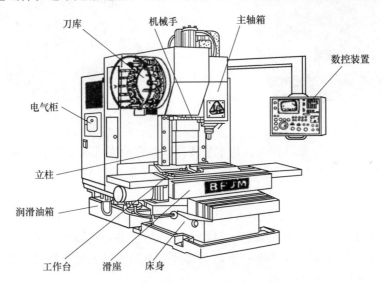

图 7.52　加工中心的基本组成

7.3.2　加工中心的分类

(1) 按主轴在空间所处的状态分

加工中心常按主轴在空间所处的状态分为立式加工中心和卧式加工中心。

① 立式加工中心。如图 7.53 所示，立式加工中心的主轴处于垂直位置。它能完成铣削、镗削、钻削、攻螺纹和切削螺纹等工序。立式加工中心最少是三轴二联动，一般可实现三轴三联动。有的可进行五轴、六轴控制，工艺人员可根据其同时控制的轴数确定该加工中心的加工范围。

立式加工中心立柱高度是有限的，确定 Z 轴的运动范围时要考虑：a. 工件的高度；b. 工装夹具的高度；c. 刀具的长度；d. 机械手换刀占用的空间。

立式加工中心最适于加工 Z 轴方向尺寸相对较小的工件，一般的情况下除底面不能加工外，其余五个面都可用不同的刀具进行轮廓和表面加工。

② 卧式加工中心。如图 7.54 所示，卧式加工中心的主轴是水平设置的。一般的卧式加工中心有三个到五个坐标轴，常配有一个回转轴（或回转工件台），主轴转速在 10～10000r/min 之内，最小分辨率一般为 1μm，定位精度为 10～20μm。卧式加工中心刀库容量一般较大，有的刀库可存放几百把刀具。卧式加工中心的结构较立式加工中心复杂，体积和占地面积较大，价格也较高。

卧式加工中心较适于加工箱体类零件。只要一次装夹在回转工作台上，即可对箱体（除顶面和底面之外）的四个面进行铣、镗、钻、攻螺纹等加工。特别是对箱体类零件上的一些孔和型腔有位置公差要求的（如孔系之间的平行度、孔与端面的垂直度、端面与底面的垂直度等），以及孔和型腔与基准面（底面）有严格尺寸精度要求的，在卧式加工中心上通过一次装夹加工，容易得到保证，适合于批量工件的加工。

图 7.53　立式加工中心

图 7.54　卧式加工中心

③ 复合加工中心。主轴可作垂直和水平转换的，称为立卧式加工中心或五面加工中心，也称复合加工中心。是指工件一次装夹后，能完成多个面的加工的设备。现有的五面加工中心，它在工件一次装夹后，能完成除安装底面外的五个面的加工。这种加工中心兼有立式和卧式加工中心的功能，在加工过程中可保证工件的位置公差。常见的五面加工中心有两种形式，一种是主轴做 90°或相应角度旋转，可成为立式加工中心或卧式加工中心。另一种是工作台带着工件做 90°旋转，主轴不改变方向而实现五面加工。无论是哪种五面加工中心都存在着结构复杂，造价昂贵的缺点。

五面加工中心的功能比多工作台加工中心的功能还要多，控制系统先进，其价格是工作台尺寸相同的多工位加工中心的二倍左右。

（2）按立柱的数量分

按立柱的数量分类，加工中心可分为单柱式加工中心和双柱式（龙门式）加工中心。

（3）按运动坐标数和同时控制的坐标数分

按运动坐标数和同时控制的坐标数分类，加工中心可分为三轴二联动加工中心、三轴三联动加工中心、四轴三联动加工中心、五轴四联动加工中心、六轴五联动加工中心等。三轴、四轴是指加工中心具有的运动坐标数，联动是指控制系统可以同时控制运动的坐标数，从而实现刀具相对工件的位置和速度控制。

（4）按工作台的数量和功能分

按工作台的数量和功能分类，加工中心可分为单工作台加工中心、双工作台加工中心和多工作台加工中心。

(5)　按加工精度分

按加工精度分类，加工中心可分为普通加工中心和高精度加工中心。普通加工中心分辨率为 $1\mu m$，最大进给速度 $15\sim25 m/min$，定位精度 $10\mu m$ 左右。高精度加工中心分辨率为 $0.1\mu m$，最大进给速度为 $15\sim100 m/min$，定位精度为 $2\mu m$ 左右。介于 $2\sim10\mu m$ 之间的，以 $\pm5\mu m$ 较多，可称精密级。

7.3.3　加工中心的主运动系统

(1)　加工中心主运动的特点

① 调速范围大并能实现无级变速。为了获得较好的工件质量，提高加工的效率并合理地选用切削用量，同时还要适应各种材料和各种工序的加工要求，要求加工中心有较大的调速范围，并能实现无级变速。

② 精度高、刚性好。加工精度与传动的精度密切相关，为了获得较好的工件精度，对主传动的精度要求也高。静刚度反映了主轴部件和零件抵抗外载荷的能力，为保证加工过程中工件的变形小，对主轴部件的刚性要求也高。

③ 良好的抗振性和抗热性。加工中心在加工过程中，由于加工余量不均匀、运动部件速度快且不平衡、切削中切削力的变化和切削中的自振等都会影响加工工件的质量，故要求加工中心主传动有良好的抗振性。加工中心主传动的发热会使得主传动的零部件产生热变形，从而影响加工工件的位置精度和尺寸精度，造成加工误差，故要求加工中心主传动有良好抗热性。

④ 刀具具有自动夹紧功能。加工中心突出的特点是具有自动换刀功能；同时为保证加工的连续和高效率，要求刀具必须具有自动夹紧功能。

(2)　加工中心的主传动及变速

与普通机床相比，数控机床的工艺范围更宽，工艺能力更强，因此要求其主传动具有较宽的调速范围，以保证在加工时能选用合理的切削用量，从而获得最佳的加工质量和生产率。现代数控机床的主运动广泛采用无级变速传动，用交流调速电机或直流调速电机驱动，能方便地实现无级变速，且传动链短、传动件少。根据数控机床的类型与大小，其主传动主要有以下三种形式。

① 带有变速齿轮的主传动。如图 7.55（a）所示，它通过少数几对齿轮传动，使主传动成为分段无级变速，以便在低速时获得较大的扭矩，满足主轴对输出扭矩特性的要求。这种方式在大中型数控机床采用较多，但也有部分小型数控机床为获得强力切削所需扭矩而采用这种传动方式。

② 通过带传动的主传动。如图 7.55（b）所示，电机轴的转动经带传动传递给主轴，因不用齿轮变速，故可避免因齿轮传动而引起的振动和噪声。这种方式主要用在转速较高、变速范围不大的机床上，常用的带有三角带和同步齿形带。

③ 由主轴电机直接驱动的主传动。如图 7.55（c）所示，主轴与电机转子合二为一，从而使主轴部件结构更加紧凑，重量轻，惯量小，提高了主轴启动、停止的响应特性，目前高速加工机床主轴多采用这种方式，这种类型的主轴也称为电主轴。

(3)　加工中心的主轴部件

图 7.56 为 ZHS-K63 型加工中心主轴结构部件图，主轴内部装有刀具自动夹紧机构，其刀具可以在主轴上自动装卸并进行自动夹紧，其工作原理如下：

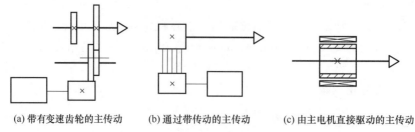

(a) 带有变速齿轮的主传动   (b) 通过带传动的主传动   (c) 由主电机直接驱动的主传动

图 7.55   数控机床主传动的配置方式

当刀具 2 装到主轴孔后，其刀柄后部的拉钉 3 便被送到主轴拉杆 7 的前端，在碟形弹簧 9 的作用下，通过弹性卡爪 5 将刀具拉紧。当需要换刀时，电气控制指令给液压系统发出信号，使液压缸 14 的活塞左移，带动推杆 13 向左移动，推动固定在拉杆 7 上的轴套 10，使整个拉杆 7 向左移动，当弹性卡爪 5 向前伸出一段距离后，在弹性力作用下，弹性卡爪 5 自动松开拉钉 3，此时拉杆 7 继续向左移动，喷气嘴 6 的端部把刀具顶松，机械手便可把刀具取出进行换刀。装刀之前，压缩空气从喷气嘴 6 中喷出，吹掉锥孔内脏物，当机械手把刀具装入之后，压力油通入液压缸 14 的左腔，使推杆退回原处，在碟形弹簧的作用下，通过拉杆 7 又把刀具拉紧。冷却液喷嘴 1 用来在切削时对刀具进行大流量冷却。

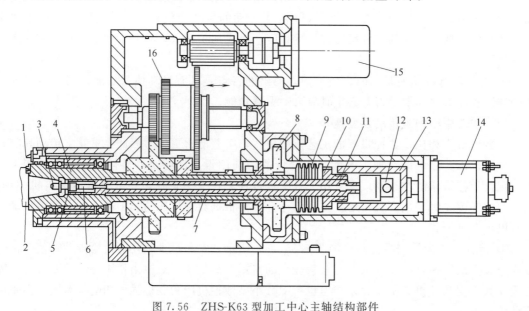

图 7.56   ZHS-K63 型加工中心主轴结构部件

1—冷却液喷嘴；2—刀具；3—拉钉；4—主轴；5—弹性卡爪；6—喷气嘴；7—拉杆；
8—定位凸轮；9—碟形弹簧；10—轴套；11—固定螺母；12—旋转接头；13—推杆；
14—液压缸；15—交流伺服电机；16—换挡齿轮

(4) 主轴准停装置

加工中心的主轴部件上设有准停装置，其作用是使主轴每次都准确地停在固定不变的周向位置上，以保证自动换刀时主轴上的端面键能对准刀柄上的键槽，同时使每次装刀时刀柄与主轴的相对位置不变，提高刀具的重复安装精度，从而可提高孔加工时孔径的一致性。另外，一些特殊工艺要求，如在通过前壁小孔镗内壁的同轴大孔，或进行反倒角等加工时，也要求主轴实现准停，使刀尖停在一个固定的方位上，以便主轴偏移一定尺寸后，使大刀刃能通过前壁小孔进入箱体内对大孔进行镗削。

7.3.4　加工中心的刀具系统

　　加工中心的刀具系统由刀库和刀具交换机构组成。刀具换刀过程较为复杂，加工前在机外进行尺寸预调整之后，将全部刀具分别安装在标准的刀柄上（如图 7.57 所示），将一把刀具装到主轴上，其余的装入刀库，换刀时按加工程序先在刀库中进行选刀，将新刀具装入主轴，把旧刀具放回刀库。由于加工中心的刀库装刀具的容量较大，它既可安装在主轴箱的侧面或上方，也可作为单独部件安装到机床以外。

　　(1) 加工中心刀具系统标准

　　数控镗铣类刀具系统采用的标准有国际标准（ISO 7388）、德国标准（DIN 69871）、美国标准（ANSI/ASME B5.50）、日本标准（MAS 403，其高速刀柄采用 HSK 标准）和中国标准（GB/T 10944.1～5—2013）等。由于标准繁多，我们在机床使用时务必注意，所具备的刀具系统的标准必须与所使用的机床相适应，如在我国，由于较多购进德国及美国机床，按机床要求便较多地使用其标准刀具。

　　(2) 刀柄

　　① 刀柄的作用。加工中心使用的刀具通过刀柄与主轴相连，刀柄通过拉钉和主轴内的拉刀装置固定在主轴上，由刀柄夹持传递速度、扭矩，如图 7.58 所示。刀柄的强度、刚性、耐磨性、制造精度以及夹紧力等对加工有直接的影响。

图 7.57　加工中心刀柄

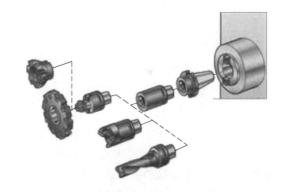

图 7.58　刀柄作用示意

　　刀柄与主轴孔的配合锥面一般采用 7∶24 的锥度，这种锥柄不自锁，换刀方便，与直柄相比有较高的定心精度和刚度。为了保证刀柄与主轴的配合与连接，刀柄与拉钉的结构和尺寸均已标准化和系列化，图 7.59 所示为 BT40 系列刀柄和拉钉。其中，BT 表示采用日本标准 MAS403 的刀柄，其后数字为相应的 ISO 锥度号，如 50 和 40 分别代表大端直径 ϕ69.85mm 和 ϕ44.45mm 的 7∶42 锥度。

　　② 常用刀柄使用方法。加工中心各种刀柄均有相应的使用说明，在使用时可仔细阅读。这里仅以最为常见的弹簧夹头刀柄举例说明：

　　a. 将刀柄放入卸刀座并锁紧；

　　b. 根据刀具直径选取合适的卡簧，清洁工作表面；

　　c. 将卡簧装入锁紧螺母内；

　　d. 将铣刀装入卡簧孔内，并根据加工深度控制刀具悬伸长度；

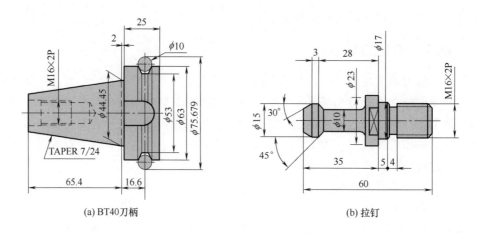

图 7.59 刀柄及拉钉

e. 用扳手将锁紧螺母锁紧；

f. 检查，将刀柄装上主轴。

7.3.5 自动换刀装置

加工中心是一种备有刀库并能自动更换刀具对工件进行多工序加工的数控机床。工件一次装夹后，数控系统能控制机床连续完成多工步的加工，工序高度集中。自动换刀装置是加工中心的重要组成部分。

(1) 刀库

① 刀库的布局。刀库是加工中心用于存放加工过程中所使用的全部刀具的装置，它的容量从几把到上百把刀具。如图 7.60 所示，刀库的布局形式有刀库在工作台上 [图 7.60 (a)]、刀库在立柱上 [图 7.60 (b)]、刀库装在主轴箱上 [图 7.60 (c)]、刀库独立装在机床之外 [图 7.60 (d)]、刀库远离机床 [图 7.60 (e)] 等。

② 刀库的类型。加工中心刀库的形式很多，结构也各不相同，常见的有直线刀库、鼓盘式刀库、链式刀库和格子式刀库。

a. 直线刀库。刀具在刀库中直线排列，其结构简单，存放刀具数量有限（一般 8～12 把），现在较少使用。

b. 鼓盘式刀库。鼓盘式刀库结构简单、紧凑，在钻削中心上应用较多。一般存放刀具数目不超过 32 把。目前，大部分刀库安装在机床立柱的顶面和侧面，当刀库容量较大时，为了防止刀库转动造成的振动对加工精度的影响，也有的安装在单独的地基上。图 7.61 所示为盘式刀库实物。

c. 链式刀库。链式刀库是在环形链条上装有许多刀座，刀座的孔中装夹各种刀具，链条由链轮驱动。链式刀库有单链式 [如图 7.62 (a) 所示] 和多链环式 [如图 7.62 (b) 所示] 等几种，当链条较长时，可以增加支承链轮的数目，使链条折叠回绕，提高空间利用率，如图 7.62 (c) 所示。图 7.63 所示为链式刀库实物。

d. 箱格式刀库。如图 7.64 所示，这种刀库的刀具分几排直线排列，由纵横向移动的机械手完成选刀运动，将选取的刀具送到固定的换刀位置刀座上，由换刀机械手交换刀具。这种形式的刀具排列紧密，空间利用率高，刀库容量大。

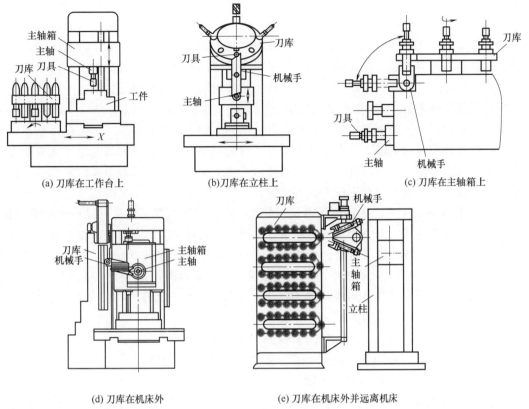

(a) 刀库在工作台上　　　　(b)刀库在立柱上　　　　(c) 刀库在主轴箱上

(d) 刀库在机床外　　　　(e) 刀库在机床外并远离机床

图 7.60　刀库的布局形式

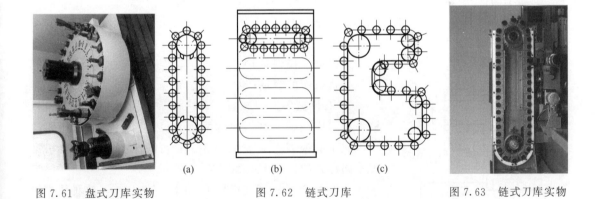

(a)　　　　　　(b)　　　　　　(c)

图 7.61　盘式刀库实物　　　　图 7.62　链式刀库　　　　图 7.63　链式刀库实物

(2) 刀具的选取

　　按数控装置的刀具选择指令，从刀库中挑选各工序所需要的刀具的操作称为自动选刀。常用的选刀方式有顺序选刀和任意选刀。

　　① 顺序选刀。刀具的顺序选择方式是将刀具按加工工序的顺序，依次放入刀库的每一个刀座内，刀具顺序不能搞错。当加工零件改变时，刀具在刀库上的排列顺序也要相应改变。这种选刀方式的缺点是同一工件上的相

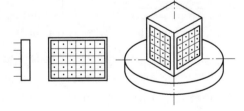

图 7.64　箱格式刀库

同刀具不能重复使用，因此刀具的数量增加，降低了刀具和刀库的利用率，优点是它的控制以及刀库的运动等比较简单。

② 任意选刀。任意选刀方式是预先把刀库中每把刀按刀具（或刀座）编上代码，选刀时按照刀具编码选刀，刀具在刀库中的位置可以不固定，不必按照工件的加工顺序排列。任意选刀有四种方式：刀具编码式、刀座编码式、附件编码式及计算机记忆式。

（3）刀具交换装置

加工中心目前大量使用的是带有刀库的自动换刀装置。由于有刀库，加工中心只需要一个夹持刀具进行切削的主轴。当需要某一刀具进行切削加工时，将该刀具自动地从刀库交换到主轴上，切削完毕后又将用过的刀具自动地从主轴上放回刀库。带有刀库的自动换刀装置可分为无机械手换刀装置和有机械手换刀装置。

① 无机械手换刀装置。无机械手的换刀装置一般把刀库放在主轴箱可以运动到的位置，即整个刀库或刀库的某一刀位能移到主轴箱可以到达的位置。刀库中刀具的存放方向一般与主轴箱的装刀方向一致，换刀时通过主轴和刀库的相对运动执行换刀动作，利用主轴取走或放回刀具。图 7.65 为某立式加工中心无机械手换刀结构示意图，其换刀顺序如下。

a. 按换刀指令，机床工作台快速向右移动，工件从主轴下面移开，刀库移到主轴下面，使刀库的某个空刀座对准主轴。

b. 主轴箱下降，将主轴上用过的刀具放回刀库的空刀座中。

c. 主轴箱上升，刀库回转，将下一工步所需用的刀具对准主轴。

d. 主轴箱下降，刀具插入机床主轴。

e. 主轴箱及主轴带着刀具上升。

f. 机床工作台快速向左返回，刀库从主轴下面移开，工件移至主轴下面，使刀具对准工件的加工面。

g. 主轴箱下降，主轴上的刀具对工件进行加工。

h. 加工完毕后，主轴箱上升，刀具从工件上退出。

无机械手换刀结构相对简单，但换刀动作麻烦，时间长，并且刀库的容量相对少。

② 有机械手换刀装置。有机械手的换刀装置一般由机械手和刀库组成。其刀库的配置、位置及数量的选用要比无机械手的换刀系统灵活得多。它可以根据不同的要求配置不同形式的机械手，如图 7.66 所示。

a. 单臂单爪回转式机械手［图 7.66（a）］。这种机械手的手臂可以回转不同的角度进行自动换刀，手臂上只有一个夹爪，不论在刀库上或在主轴上，均靠这一个夹爪来装刀及卸刀，因此换刀时间较长。因此目前大多数加工中心都配有带机械手的换刀装置。由于刀库位置和机械手换刀动作的不同，其自动换刀装置的结构形式也多种多样。

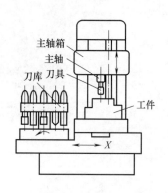

图 7.65　无机械手换刀示意图

b. 单臂双爪摆动式机械手［图 7.66（b）］。这种机械手的手臂上有两个夹爪，两个夹爪有所分工，一个夹爪只执行从主轴上取下"旧刀"送回刀库的任务，另一个夹爪则执行由刀库取出"新刀"送到主轴的任务，其换刀时间较上述单爪回转式机械手要短。

c. 单臂双爪回转式机械手［图 7.66（c）］。这种机械手的手臂两端各有一个夹爪，两个夹爪可同时抓取刀库及主轴上的刀具，回转 180°后又同时将刀具放回刀库及装入主轴。换刀时间较以上两种单臂机械手均短，是最常用的一种形式。图 7.66（c）右边的一种机械手在抓取刀具或将刀具送入刀库及主轴时，两臂可伸缩。

　　d. 双机械手［图 7.66（d）］。这种机械手相当于两个单臂单爪机械手，相互配合起来进行自动换刀。其中一个机械手从主轴上取下"旧刀"送回刀库；另一个机械手由刀库中取出"新刀"装入机床主轴。

　　e. 双臂往复交叉式机械手［图 7.66（e）］。这种机械手的两手臂可以往复运动，并交叉成一定的角度。一个手臂从主轴上取下"旧刀"送回刀库，另一个机械手由刀库中取出"新刀"装入主轴。整个机械手可沿某导轨直线移动或绕某个转轴回转，以实现刀库与主轴间的换刀运动。

　　f. 双臂端面夹紧式机械手［图 7.66（f）］。这种机械手只是在夹紧部位上与前几种不同。前几种机械手均靠夹紧刀柄的外圆表面以抓取刀具，这种机械手则夹紧刀柄的两个端面。

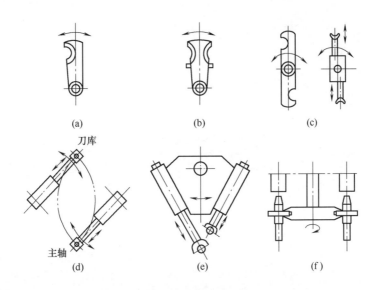

图 7.66　常见的机械手形式

训练题

　　7.1　数控车床由哪几部分组成？各有什么特点？

　　7.2　数控车床的布局有哪几种形式？各有什么特点？

　　7.3　与传统车床相比，数控车床的结构有什么特点？

　　7.4　数控车床如何分类？各种分类方式可分为哪几种数控车床？

　　7.5　数控车床主传动系统的变速形式有哪几种？各有什么特点？

　　7.6　数控车床进给传动系统的种类有哪几种？各适用于哪类数控车床？

　　7.7　常见的数控车床夹具有哪些？各有什么特点？

7.8　数控车床上使用的车刀按结构可分哪几种？各有什么特点？

7.9　数控铣床由哪几部分组成？各有什么特点？

7.10　数控铣床如何分类？各种分类方式可分为哪几种数控铣床？

7.11　常见的数控铣床夹具有哪些？各有什么特点？

7.12　常见的数控铣刀有哪几种？各有什么特点？

7.13　与传统机床相比，加工中心有什么特点？

7.14　加工中心如何分类？各种分类方式可分为哪几种数控加工中心？

7.15　根据加工中心刀库存放刀具的数目和取刀方式，常见的刀库类型有哪几种？各有什么特点？

7.16　常见的自动换刀装置有哪几种？各有什么特点？

第8章

数控机床的使用与维修

【知识提要】 本章主要介绍数控机床的选用、安装、调试及验收；数控机床的日常保养和维护；数控机床故障诊断和排除等内容。

【学习目标】 通过本章内容的学习，学习者应对数控机床的选用原则和要点有所了解，对数控机床的调试和验收方法要非常熟悉，对数控机床的日常保养内容和措施要全面掌握，对数控机床常见故障的诊断方法与排除措施要熟练掌握。

8.1 数控机床的选用

8.1.1 数控机床的选用原则

由于数控机床运用数字控制技术控制机床，它涉及到电子、机械、电气、液压、气动、光学等多种学科，因此，数控机床的选择、使用、操作和维修，远比一般传统机床复杂。

按我国的具体情况，数控机床可划分为三个层次：

① 高档型数控机床。高档型数控机床是指可加工复杂形状、具有多轴控制、工序集中、自动化程度高、具有高度柔性的数控机床。一般采用的数控系统具有 32 位或 64 位微处理器，机床的进给采用交流伺服驱动，能控制 5 轴或 5 轴以上，并实现 5 轴或 5 轴以上的联动。进给分辨率可达 $0.1\mu m$，快速进给速度可达 $100m/min$，且具有通讯联网、监控、管理等功能。这类机床功能齐全，价格昂贵，主要包括 5 轴以上的数控铣床，大、重型数控机床，五面加工中心，车削中心和柔性加工单元等。

② 普及型数控机床。这一档次的数控机床具有人机对话功能，应用较广，价格适中，也称为全功能数控机床。所配置的数控系统采用 16 位或 32 位微处理器，机床的进给多用交流或直流伺服驱动，其控制的轴数和联动轴数在 4 轴和 4 轴以下，进给分辨率为 $1\mu m$，快速进给速度为 $20m/min$ 以上。这类数控机床的品种门类极多，其总的趋势是趋向简单、实用，不追求过多的功能，进而使机床的价格适当降低。

③ 经济型数控机床。这一档次的数控机床结构简单，精度一般，但价格便宜，能满足一般加工精度的要求，能加工形状较复杂的直线、斜线、圆弧及带螺纹的零件等。采用的数控系统是单片机或 PC 机，机床进给为步进电机开环驱动，控制的轴数和联动轴数在 3 轴或 3 轴以下，进给分辨率为 $10\mu m$，快速进给速度可达 $10m/min$。

一般在选用数控机床时需遵循以下原则：

(1) 实用性

选用数控机床的目的是为了解决生产中的问题，首要的是为了用。实用性就是要使所选的数控机床能最大限度地实现预定目标。例如选数控机床时要明确是为了加工复杂的零件，提高加工效率，提高精度，还是为了集中工序，缩短周期，或是实现柔性加工要求。有了明确的目标后有针对性地选用机床，才能以合理的投入获得最佳效果。

（2）经济性

经济性是指所选用的数控机床在满足加工要求的条件下，要求投入最经济。经济性往往是和实用性相联系的，机床选得实用则经济上也会合理。

（3）可操作性

用户选用的数控机床要与本企业的操作和维修水平相适应。选用了较复杂、功能齐全、较为先进的数控机床，如果没有适当的操作者操作使用，没有熟悉的技工维护修理，那么再好的机床也发挥不了应有的作用。

（4）稳定可靠性

稳定可靠性既与数控系统有关，也与机械部分有关。要保证数控机床工作时稳定可靠，选用时一定要选择著名机床生产厂家的名牌产品（包括主机、系统和配套件）。

8.1.2 数控机床选用的基本要点

（1）确定典型加工对象

确定典型加工对象是数控机床选型的基础。对于单件或小批量生产，多品种中、小批量轮番生产和大批量生产，由于生产性质各不同，数控机床选用的侧重点也会有所差别。

一般来讲，对每一类数控机床都有其最佳加工的典型零件，如数控车床适用于车削有多种型面（螺纹面、球面、锥面、台阶面）的轴类零件和法兰类零件；车削中心适用于加工有复合加工要求的轴类和法兰类的零件（指在回转体零件上进行钻、铣、镗等加工）；卧式加工中心适用于加工箱体零件（箱体、泵体、阀体和壳体等）；台式加工中心适用于加工板类零件（箱盖、盖板、壳体、型腔模具和平面凸轮等单面加工的零件）；数控铣床适用于铣削有空间轮廓型面的零件。适于加工和不适于加工是相对比较而言，评价的标准不仅仅是该机床能否加工出这些零件，而要综合考虑生产效率和加工精度等因素。

（2）数控机床类型的确定

要根据典型零件的图纸和加工工艺确定机床的种类。如箱体类零件可采用数控镗铣床、加工中心或柔性加工单元（FMC）加工。又如轴杆类零件和圆盘类零件的加工，因主要涉及车、磨工艺，而常采用数控车床、车削加工中心和数控磨床来完成加工。

（3）机床规格的选择

数控机床的规格应根据确定的典型零件来选择。在一些新的数控机床用户中，往往认为机床选大不选小，机床规格选偏大一点，小工件照样可以在大机床上加工。这样做的结果造成机床投资大幅度增加，机床加工费用增加、生产率下降（大行程机床在加工小工件时空行程辅助时间将成倍增加）等问题。

数控机床的主要规格选择反映在数控坐标的行程和主轴电机功率方面。数控坐标的行程范围反映机床能容纳工件的大小和加工空间；主轴电机功率反映机床的切削能力，即生产率。对加工中心、数控铣床和镗床，其三个基本直线坐标反映机床允许的加工空间，一般情况下加工工件的轮廓尺寸应在机床的加工空间范围以内。

数控车床和车削中心的 X 轴行程反映机床最大能加工工件的半径，Z 轴行程反映能车削棒料的长度。车床上配置的动力卡盘对允许夹持的最大工件、夹持力矩、通过主轴孔上料的工件最大直径等又有新的限制。

机床主轴电机功率反映了机床对金属加工的能力，也从一个侧面反映机床在切削时的刚性，在一些数控铣床和加工中心，主轴电机每千瓦功率对应 $20\sim30\mathrm{cm}^3$ 金属切除率（一般指中低碳钢）。例如，主轴电机 7.5kW，该机床在负荷切削试验时，应该能在 1min 内切除 $150\mathrm{cm}^3$ 金属材料。数控机床中主轴电机一般都采用可控大功率的直流或交流调速电机，现代调速电机有很好的调速性能，一般都能达到 1∶100 以上自动调速范围。所以，主传动系统中机械变速齿轮大大减少，有的机床甚至主轴直接由电机带动或主轴上内装主轴电机。这样的驱动方式在高速切削中还可以，但在低速切削中输出转矩受到一定限制。这是由于调速电机在低转速时输出功率比额定功率要下降很多，因此数控机床主轴电机通常加大规格选用，实际生产中同一规格数控机床和普通机床对比，就会发现数控机床要比普通机床的主轴电机额定功率大一号到两号，低速限制主轴转矩要小一到两挡。当需要加工大直径和加工余量很大的工件时，必须对机床低速扭矩进行校核。

随着市场需求的多样化，数控机床中又发展了不少高速轻载型、经济型等机型，即使同样大小规格的机床主轴电机，其功率也可以相差几倍。例如，德国生产的机床主轴电机一般比日本生产的高一挡到二挡，我国生产的规格类似的三种数控车床其电机功率也差几倍。

这就要求用户根据自己的典型零件毛坯加工余量大小所要求的切削能力（单位时间金属切除量）、要求达到的加工精度、能配置的刀具等因素综合考虑选择机床。机床主轴电机功率选择最好与将来使用的刀具规格联系起来考虑。目前市场上能买到各类品牌刀具，但实际切削效率可相差几倍到几十倍，当然价格相差也是很大的，因此根据将来实际使用时刀具能达到的切削效率来选择主轴电动机。

(4) 机床的精度选择

数控机床往往是生产中的关键设备，因此机床的精度是用户选型时的重点。机床的各项精度指标并不都同等重要。机床选型时必须根据典型加工对象的精度要求，对机床各项精度指标因素作具体分析。数控车床一般测量尺寸比较方便，机床系统误差（定位精度）对尺寸精度的影响可以通过更改加工程序而基本予以消除。选用时应主要考虑随机误差（重复定位精度）对零件精度的影响。镗铣类机床的精度主要影响位置和形状公差，而形位公差的检查比较困难，往往需要先进的设备或仪器（如三坐标测量机）才能进行，因此镗铣类机床应以定位精度作为选择机床精度的主要指标。

(5) 机床刚度的确定

机床的刚度直接影响到生产率和加工精度，但目前机床的刚性评价还没有标准而循。实际上用户在选择机床时，综合自己的使用要求，对机床主参数和精度进行选择时，都包含了对机床刚性的要求。选择用于难切削材料加工的机床时，应特别注意机床的刚性。此时为了获得机床的高刚性，往往选用相对于零件尺寸大 $1\sim2$ 个档次规格的机床。

(6) 数控系统的选择

当今世界上适用于数控机床的数控系统的种类规格极其繁多，为了能使数控系统更好地满足用户要求，更好地与机床相匹配，在选择机床及其数控系统时，应考虑下述几点。

① 根据数控机床类型选择相应的数控系统。一般来说，不同机型设备适合配置不同型号数控系统，如车、铣、镗、磨、冲压等机床根据其主要功能有相应数控系统相匹配。

② 根据数控机床主要使用指标选择系统。在供可选择的数控系统中，其性能高低差别很大，一般专业生产公司都有高、中、低几档产品供选用，有全功能型、经济型等。对于一般中小型机械加工设备，就目前刀具能达到的切削能力，追求过高的运动速度显然是很不合

理的，并且会使数控机床成本大为增加。因此，不能片面追求高水平、新系统、全功能、大容量等，而应对要求的使用性能和供货价格等作综合分析，追求最佳的性能价格比，选用合适的系统。

③ 根据数控机床的性能合理地选择数控系统的功能。目前，标准的数控系统供货清单中，除了基本功能以外，还有大量可供选择的功能。一些厂商追求基本系统商品的低价，把一些重要功能都列入选择功能。对机床用户来说，达到满足使用要求是基本的，追求太多的选择功能，会使数控系统最后供货价格很高。

④ 订购数控系统时要考虑周到。争取把需要的系统功能一次订全，避免遗漏，否则以后补订会给用户造成很大的经济损失，甚至有些功能不能在原系统上增补或不能正常使用。

⑤ 选择数控系统应尽量集中在少数几家公司的产品。因为每一公司生产的系统都需要有相应的操作者、维修者、维修备件、外联维修网络等一系列技术后勤支持条件，所以相对集中地购买对以后长期使用和维修是有利的。

⑥ 其他。在功能满足使用要求的前提下，当考虑了价格优势后，还应了解系统制造者的制造工艺技术水准。有大量实例证明，数控系统长期使用的工作可靠性与制造工艺技术直接相关。售后技术服务条件是否具备，维修服务提供是否快捷等也至关重要。

(7) 生产能力的估算

设备选型时必须要考虑设备能达到的生产能力。也就是说，要求选定的设备在一年之内能加工几种典型零件、加工出多少数量的零件。要得到这些数据必须对每一种确定的典型零件进行加工工时和生产节拍估算。

(8) 机床可靠性的确定

对于加工大型复杂零件使用的数控机床（尤其是加工中心或柔性加工单元），机床连续运转稳定性的要求尤为突出，有的零件一次装夹后可连续加工数十小时。随着数控技术和FMS系统的发展，对这些系统的主体设备连续运行的可靠性要求越来越高。在现有条件下，用户在选型过程中对机床可靠性的评价，一般采取走访被选择厂家的老用户，了解机床使用情况的方法。多台机床选型时，应尽可能选用同一厂家的数控系统，这样可给备件准备及维修工作带来方便。

(9) 刀具（刀柄）的选择

目前，大部分数控机床都争相发展复合加工技术，因此在单机基础上配置加工工具（刀具）自动储存、自动交换的功能越来越多。如数控铣床和数控镗床上配置自动刀具交换装置（ATC）形成加工中心，数控车床配置动力刀架和 C 轴形成车削中心，数控冲床配置成组冲头及激光切割头等工具形成综合加工能力。自动换刀装置（ATC）引入数控机床是采用工序集中、提高数控机床生产率的重要标志，但它的工作质量直接关系到整机质量，直接影响到整机的性能价格比。例如，以加工中心为例，自动换刀装置的投资往往占整机投资的$20\%\sim50\%$，现场经验表明，加工中心使用中的故障有 50% 以上与 ATC 有关。因此，自动换刀装置的选择也是设备选择的重要部分。

用户应十分重视 ATC 的工作质量和刀具储存容量。ATC 的工作质量主要表现为换刀时间和故障率。加工中心的换刀时间越短越好，目前市场上数控机床的换刀时间差别也比较大。在满足用户使用的前提下，本着经济适用的原则，尽量选用结构简单和可靠性高的ATC，这样可以适当降低机床价格。

一般的加工中心刀库容量一般不宜太大，刀库容量大，刀库成本高，结构复杂，故障率也相应增加。刀柄增多，刀具管理复杂，相应地也增加成本。

车削加工中心或数控车床的刀具也不宜太多，满足加工需要就行。配备双刀架双主轴的车削加工中心对多品种、小批量的加工比较实用。

加工中心工具系统的选择，主要是刀柄和刀具的选择。本着适用的原则，选用著名厂家系统性好的成套刀柄，同时选择合适的刀柄存贮、装卸、搬运工具，方便维护和更换。根据加工材料和工艺的需要选用合适的刀具。

刀具预调仪的选择。根据加工需要选择适应整个刀具系统的精度适宜、价格合理、性能稳定的刀具预调仪。

(10) 机床附件的选择

机床附件的选择基本原则是：全面配置、长远和近期效益综合考虑。对一些价格增加不多，但对使用又带来很多方便的附件及功能，应该尽可能配置齐全，附件也配置成套保证机床到现场后能立即投入生产。切忌将几十万元甚至几百万元购买来的一台数控设备运到用户单位后，因缺少一个几十元或几百元的附件而迟迟不能顺利投入生产。对多台机床可以合用的附件，要考虑接口的通用、连接尺寸的通用，实现多台机床的合用，这样可大大减少设备投资。

近年来，在保证加工质量的措施上也开发了许多附件，如自动测量装置、接触式测头、刀具磨损和破损检测装置等附件，这些附件的使用对加工质量、加工精度均有提高，但也相应带来费用增加和占用机床加工工时等问题。因此，这些附件的选用原则是在保证其性能可靠的前提下，讲究实效的配置，不片面追求新颖。对一些次要的附件也不能忽视，在技术上也要讲究成套性。

(11) 关于机床的噪声和造型

对于机床的噪声，各国的机床厂家都有明确的标准，噪声等级不允许超过标准值。

机床造型也称为机床的感观质量。目前大多数用户在机床选型时还未把机床造型作为要求的内容。但是机床造型对工业安全、人机关系、生产效率等有着潜在而又非常重要的影响。

8.2　数控机床的调试和验收

8.2.1　数控机床的安装与调试

(1) 数控机床的安装

① 做好机床安装基础，并在基础上留出地脚螺栓的孔，以便机床到厂后能及时就位安装。

② 小型数控机床比较简单，机床就位再稳定好地脚螺栓后，就可以连接机床的总电源线，调整机床的水平。大、中型设备的安装比较复杂，因为大、中型设备一般都是解体后分别装箱运输的，组装前要把导轨和各滑动面、接触面上的防锈涂料清洗干净，把机床各部件（如数控柜、电气柜立柱、刀库、机械手等）组装成整机。

③ 连接电缆、油管、气管。电、气、油、水等管线的安装一定要符合技术、安全及环保规范的要求、连接时要注意电缆管道的标记，以免接错。

④ 数控系统的连接。数控系统外部电缆的连接，指数控装置与 MDI/CRT 单元、强电柜、机床操作面板、进给伺服电动机和主轴电动机动力线、反馈信号线等的连接。这些连接必须符合随机提供的连接手册的规定，最好使用随机配套的电缆。

数控机床地线的连接十分重要，良好的接地不仅对设备和人身安全十分重要，同时能减少电气干扰，保证机床的正常运行。机床生产厂家对接地线的要求都有明确的规定。一般都采用辐射式接地法，即数控柜中的信号地、强电地、机床地等连接到公共接地点上，公共接地点再与大地连接。

⑤ 电源连接。由于各国的供电制式不尽相同，国外机床生产厂家为了适应各国不同的供电情况，数控系统的电源变压器和伺服变压器都有多个抽头。因此必须根据我国供电的具体情况，正确地连接。我国市电规格是三相交流 380V 以及交流单相 220V，频率为 50Hz。有些国家的供电制式与我国不一样，例如日本交流三相的线电压是 200V，单相是 100V，频率是 60Hz。日本出口的设备一般都配有电源变压器，变压器上设有多个抽头供用户选择使用。有些电路板上还设有 50/60Hz 频率转换开关。

另外还要进行电源电压波动范围的确认，检查本厂电源电压的波动范围是否在数控系统允许的范围之内。一般数控系统允许电压的波动范围为额定值的 110％～85％，而欧美的一些系统要求更高。如果本单位电源电压的波动范围超过数控系统的要求，就应考虑配备交流稳压器，这样才能保证设备安全可靠地工作。

某些伺服系统在连接时还要进行输入电源电压相序的确认。例如采用晶闸管控制元件的速度控制单元和主轴控制单元，如果相序不对，接通电源后就会"放炮"，烧断速度控制单元的保险，所以通电前要先用相序表检查相序是否正确。

⑥ 参数的设定和确认。数控系统的印刷电路板上有许多短路设定点，用以适应各种型号机床的不同要求。对于整机购入的数控机床，一般情况下，机床制造厂已经设定好，用户只需确认即可。如果是单独购进的数控系统，用户必须根据所配机床的需要自行设定。

数控系统及其机床的型号和规格多种多样。为了满足各类不同规格、型号机床的要求，数控系统的许多参数（包括 PLC 参数等）设计成可变动的，用户可以根据实际要求设定，以使机床具有最佳工作性能。数控机床出厂时都随机附有参数资料。参数资料是很重要的技术资料，必须妥善保存。当进行机床维修，特别是当系统中的参数丢失或发生错乱而需要重新恢复机床性能时，参数表更是不可缺少的依据。

对于整机购进的数控机床，各种参数已在机床出厂前设定好，无需用户重新设定，但必须要对照参数表进行核对。

(2) 通电试车

通电试车前要做好准备工作。首先是按照机床说明书的要求，给机床润滑油箱、润滑点加注规定的油液或油脂，清洗液压油箱及过滤器，加足规定标号的液压油，接通气源，再调整机床的水平。中小型数控机床一般都是机电一体化的整体结构，可以一次同时接通各部分电源。对于大型设备，为了安全可以先分别将各部分通电，没有异常后再全面供电试验。数控系统第一次接通电源时，一定要做好按"急停"按钮的准备，以便随时切断电源。

通电正常后，要检查手动方式是否可实现各基本运动功能。如果试验后没发现问题，说明设备基本正常，就可以用快干水泥灌注主机和各部件的地脚螺栓。

(3) 机床的水平调整和试运行

在水泥已经凝固的地基上用地脚螺栓和垫铁精调机床床身的水平，使其各轴在全行程上的不平行度均在允许的范围之内，同时要注意所有垫铁都应处于垫紧状态。

为了全面地检查机床的功能及工作可靠性，数控机床在安装调试后应在一定负载（或空载下）进行较长一段时间的自动运行考验。国家标准 GB/T 9061—2006 中规定了自动运行考验的时间，数控车床为 16h，加工中心为 32h，并要求连续运转。自动运行考机程序要包括控制系统的主要功能，如主要 G 指令，M 指令，换刀指令，工作台交换指令，主轴的最高、最低和常用转速，轴进给的快速和常用速度等。另外，刀库上应装满刀柄，工作台上最好有一定的负载。

8.2.2 数控机床的验收

验收工作主要根据机床出厂合格证上规定的验收条件，及用户实际能提供的检测手段，测定机床合格证上的各项技术指标。

以下以卧式加工中心为例简单介绍数控机床的验收工作。

（1）开箱检验

数控机床到厂后，设备管理部门要及时组织有关人员开箱检验。参加检验的人员应包括设备管理人员、设备采购员等。如果是进口设备，还需有进口商务代理、海关商检人员等。检验的主要内容是：

① 装箱单；

② 核对随机操作、维修说明书，图纸资料，合格证等技术文件；

③ 按合同规定，对照装箱单清点附件、备件、工具的数量、规格及完好状况；

④ 检查主机、数控柜、操作台等有无明显损伤、变形、受潮、锈蚀等。

（2）外观检查

外观检查包括机床外观和数控柜外观检查。还需检查所有的连接电缆、屏蔽线有无破损，紧固螺钉是否拧紧，各印刷电路板是否插到位，接线端子或插接件是否松动等。

（3）机床性能及数控功能的检验

① 机床性能的检验。机床性能主要包括主轴系统、进给系统、自动换刀系统、其他电气装置、安全装置、润滑装置、气液装置及各附属装置等的性能。不同类型机床的检验项目有所不同。有的机床有气动、液压装置；有的还有自动排屑装置、自动上料装置、主轴润滑恒温装置、接触式测头装置等；加工中心还有刀库及自动换刀装置、工作台自动交换装置以及其他附属装置。要检验这些装置的工作是否正常可靠。

② 数控功能的检验。数控系统的功能按所配机床的类型有所不同。检验时要按照机床配备的数控系统的说明书和订货合同的规定，用手动方式或程序方式检测该机床应该具备的主要功能。如快速定位、直线插补、圆弧插补、自动加减速、暂停、平面选择、固定循环、单程序段、跳读、条件停止、进给保持、紧急停止、程序结束停止、镜像功能、旋转功能、刀具长度补偿、刀具半径补偿、螺距误差补偿、反向间隙补偿、用户宏程序以及图形显示等。

（4）数控机床精度的验收

数控机床的高精度最终是要靠机床本身的精度来保证，数控机床精度包括几何精度和切削精度。另一方面，数控机床各项性能的好坏及数控功能能否正常发挥将直接影响到机床的正常使用。因此，数控机床精度检验对初始使用的数控机床及维修调整后机床的技术指标恢复是很重要的。

数控机床精度的验收，必须在地基水泥完全凝固后，按照 GB/T 17421.1—1998《机床检验通则　第 1 部分：在无负荷或精加工条件下机床的几何精度》或生产厂家所提供的精度检测内容和精度指标进行。精度验收的内容主要包括几何精度、定位精度和切削精度。

① 几何精度的验收。数控机床的几何精度，又称静态精度检验，综合反映了该机床关键零部件及其组装后的几何形状误差。目前，检测机床几何精度的常用检测工具有精密水平仪、精密方箱、直角尺、平尺、平行光管、千分表、测微仪、高精度检验棒及刚性好的千分表杆等。检测工具的精度必须比所测的几何精度高一个等级，否则测量的结果将是不可信的。其检测内容和方法与普通机床相似。

数控机床几何精度的检查对机床地基有严格要求，应当在地基及地脚螺栓的固定混凝土完全固化后再进行。精调时应把机床的主床身调到较精确的水平面以后，再精调其他几何精度。机床几何精度的检测必须在机床精调后一次完成，不允许调整一项检测一项，因为几何精度有些项目是相互关联相互影响的。例如在立式加工中心检测中，如发现 Y 轴上和 Z 轴方向移动的相互垂直度误差较大，则可以适当调整立柱底部床身的地脚垫铁，使立柱适当前倾或后仰，减小该项误差。但这样也会改变主轴回转轴心线对工作台面的垂直度误差。因此，对各项几何精度检测工作应在精调后一气呵成，否则会造成由于调整后一项几何精度而把已检测合格的前一项精度调成不合格。

机床几何精度检测应在机床稍有预热的条件下进行，所以机床通电后各移动坐标应往复运动几次，主轴也应按中速回转几分钟后才能进行检测。

以普通立式加工中心为例，该机床的几何精度检测内容如下。

a. 工作台面的平面度；

b. 各坐标方向移动时的相互垂直度；

c. X 坐标方向移动时工作台面的平行度；

d. Y 坐标方向移动时工作台面的平行度；

e. X 坐标方向移动时工作台面 T 形槽侧面的平行度；

f. 主轴的轴向窜动；

g. 主轴孔的径向跳动；

h. 主轴箱沿 Z 坐标方向移动时主轴轴心线的平行度；

i. 主轴回转轴心线对工作台面的垂直度；

j. 主轴箱在 Z 坐标方向移动时的直线度等。

普通卧式加工中心几何精度检测内容与立式加工中心几何精度检测内容大致相似，仅多几项与平面转台有关的几何精度。

② 定位精度的检验。数控机床定位精度，是指机床各坐标轴在数控装置控制下运动所能达到的位置精度。数控机床的定位精度又可以理解为机床的运动精度。普通机床由手动进给，定位精度主要决定于读数误差，而数控机床的移动是靠数字程序指令实现的，故定位精度决定于数控系统和机械传动误差。机床各运动部件的运动是在数控装置的控制下完成的，各运动部件所能达到的精度直接反映加工零件所能达到的精度，所以，定位精度是一项很重要的检测内容。

定位精度主要检测以下内容。

a. 各直线运动轴的定位精度和重复定位精度；

b. 直线运动各轴机械原点的复归精度；

c. 直线运动各轴的反向误差；

d. 回转运动（回转工作台）的定位精度和重复定位精度；

e. 回转运动的反向误差；

f. 回转轴原点的复归精度。

测量直线运动的检测工具有测微仪和成组块规、标准刻度尺、光学读数显微镜和双频激光干涉仪等。测量回转运动检测工具有 360°齿精确分度的标准转台或角度多面体、高精度圆光栅及平行光管等。

③ 切削精度的检验。机床的切削精度，又称动态精度，是一项综合精度，它不仅反映了机床的几何精度和定位精度，同时还包括了试件的材料、环境温度、刀具性能以及切削条件等各种因素造成的误差和计量误差。为了反映机床的真实精度，要尽量排除其他因素的影响。切削试件时可参照 GB/T 17421.1—1998 规定的有关条文的要求进行，或按机床厂规定的条件，如试件材料、刀具技术要求、主轴转速、背吃刀量、进给速度、环境温度以及切削前的机床空运转时间等。切削精度检验可分单项加工精度检验和加工一个标准的综合性试件精度检验两种。被切削加工试件的材料除特殊要求外，一般都采用一级铸铁，使用硬质合金刀具按标准的切削用量切削。

对于普通立式加工中心来说，其主要单项加工有以下几项。

a. 镗孔精度；

b. 端面铣刀铣削平面的精度；

c. 镗孔的孔距精度和孔径分散度；

d. 直线铣削精度；

e. 斜线铣削精度；

f. 圆弧铣削精度。

对于普通卧式加工中心，则还应增加以下几个项目。

a. 箱体掉头镗孔同轴度；

b. 水平转台回转 90°铣四方加工精度。

8.3　数控机床的维护与保养

8.3.1　数控机床维护与保养的意义

数控机床综合应用了计算机、自动控制、精密测量、现代机械制造和数据通信等多种技术，是机械加工领域中典型的机电一体化设备，适于多品种、中小批量的复杂零件的加工。数控机床作为实现柔性制造系统（FMS）、计算机集成制造系统（CIMS）和未来工厂自动化（FA）的基础已成为现代制造技术中不可缺少的设备，因此得到了巨大的发展。

要发挥数控机床的效率，就要求机床开动率高，这对数控机床提出了可靠性的要求。衡量可靠性的主要指标是平均无故障工作时间（Mean Time Between Failures，MTBF）：

$$MTBF＝总工作时间/总故障次数$$

平均无故障工作时间是指设备在一个比较长的使用过程中，两次故障间隔的平均时间。当数控设备发生了故障，需要及时进行排除。从开始排除故障直到数控设备能正常使用所需要的时间称为平均修复时间（Mean Time To Repair，MTTR），反映了数控设备的可维修性。

衡量数控机床的可靠性和可维修性的指标是平均有效度 A：

$$A = \text{MTBF}/(\text{MTBF} + \text{MTTR})$$

平均有效度是指可维修的设备在某一段时间内维持其性能的概率，这是一个小于 1 的正数。数控机床故障的平均修复时间越短，则 A 就越接近 1，那么数控机床的使用性能就越好。

数控机床的故障诊断与维修是数控机床使用过程中重要的组成部分，也是目前制约数控机床发挥作用的因素之一，因此学习数控机床故障诊断与维修的技术和方法有重要的意义。数控机床的生产厂商加强数控机床的故障诊断与维修的力量，可以提高数控机床的质量，有利于数控机床的推广和使用。数控机床的使用单位培养掌握数控机床的故障诊断与维修的技术人员，有利于提高数控机床的使用率。随着数控机床的推广和使用，培养更多的掌握数控机床故障诊断与维修的高素质人才的任务也越来越迫切。

8.3.2 数控机床的日常保养

一般维修应包含两方面的含义。一是日常的维护，这是为了延长平均无故障时间；二是故障维修，此时要缩短平均修复时间。为了延长各元器件的寿命和正常机械磨损周期，防止意外恶性事故的发生，争取机床能在较长时间内正常工作，必须对数控机床进行日常保养。

由于数控机床具有机、电、气、液集于一身，技术密集和知识密集的特点，所以数控机床的维护人员不仅要有机械、加工工艺以及液压、气动方面的知识，也要具备计算机、自动控制、伺服驱动及自动检测等方面的知识，这样才能全面了解、掌握数控机床，及时做好维修工作。操作人员在操作前应详细阅读数控机床有关说明书，对数控机床有一个详尽的了解，包括机床结构、特点，机床的梯形图和数控系统的工作原理及框图，以及它们的电缆连接。使用者对数控机床平时的正确维护保养，及时排除故障和及时修理，是充分发挥机床性能的基本保证。

数控机床的日常维护主要分为日常点检、月检查要点、半年检查要点、生产点检等。

(1) 日常点检

① 数控机床的日常点检。

a. 接通电源前。检查切削液、液压油、润滑油的油量是否充足。如果是手动润滑，必须首先供给润滑油；检查工具、检测仪器等是否已准备好；检查工作台上工具是否收好。

b. 接通电源后。检查操作盘上的各指示灯是否正常，各按钮、开关是否处于正确位置；CRT 显示屏上是否有任何报警显示；若有问题应及时予以处理；液压装置的压力表是否指示在所要求的范围内；各控制箱的冷却风扇是否正常运转；刀具是否正确装夹；若机床带有导套、夹簧，应确认其调整是否合适。

c. 机床运转后。检查运转中，主轴、导轨、滚珠丝杠等处是否有异常噪声；有无与平常不同的异常现象，如声音、温度、裂纹、气味等；各种仪表显示是否正常。

② 数控机床的日常点检要点。

a. 从工作台、基座等处清除污物和灰尘，擦去机床表面上的润滑油、切削液和切屑。清除没有罩盖的滑动表面上的一切东西，擦净丝杠的暴露部位。

b. 清理、检查所有限位开关、接近开关及其周围表面。

c. 检查各润滑油箱及主轴润滑油箱的油面，使其保持在合理的油面。

d. 检查液压泵的压力是否符合要求。

e. 确保空气滤杯内的水完全排出。

f. 确保操作面板上所有指示灯为正常显示。

g. 检查机床主液压系统是否漏油。

h. 检查切削液软管及液面，清理管内及切削液槽内的切屑等杂物。

i. 检查各坐标轴是否处在原点上。

j. 检查主轴端面、刀夹及其他配件是否有毛刺、破裂或损坏现象。

③ 月检查要点。

a. 清理电气控制箱内部，使其保持干净。

b. 校准工作台及床身基准的水平，必要时调整垫铁。

c. 消洗空气滤网，必要时予以更换。拧紧螺母。

d. 检查液压装置、管路及接头，确保无松动、无磨损。

e. 清理导轨滑动面上的刮垢板。

f. 检查各电磁阀、行程开关、接近开关，确保它们能正确工作。

g. 检查液压箱内的滤油器，必要时予以清洗。

h. 检查各电缆及接线端子是否接触良好。

i. 确保各联锁装置、时间继电器、继电器能正确工作，必要时予以修理或更换。

j. 确保数控装置能正确工作。

④ 半年检查要点。

a. 清理电气控制箱内部，使其保持干净。

b. 更换液压装置内的液压油及润滑装置内的润滑油。

c. 检查各电动机轴承是否有噪声，必要时予以更换。

d. 检查机床的各有关精度。

e. 外观检查所有各电气部件及继电器等是否可靠工作。

f. 测量各进给轴的反向间隙，必要时予以调整或进行补偿。

g. 检查各伺服电动机的电刷及换向器的表面，必要时予以修整或更换。

h. 检查一个试验程序的完整运转情况。

数控机床的保养，除了定期保养外，还应对一些部件进行不定期保养。

(2) 生产点检

负责对生产运行中的数控机床进行点检，并负责润滑、紧固等工作。点检作为一项工作制度，必须认真执行并持之以恒，这样才能保证数控机床的正常运行。

(3) 数控系统日常维护

每种数控系统的日常维护保养要求，在数控系统使用、维修说明书中一般都有明确规定。一般应注意以下几个方面。

a. 机床电气柜的散热通风。

b. 尽量少开电气控制柜门。

c. 每天检查数控柜、电器柜。

d. 控制介质输入/输出装置的定期维护。

e. 定期检查和清扫直流伺服电动机。

　　f. 支持电池的定期更换。

　　g. 备用印制线路板的定期通电。

　　h. 数控系统处在长期闲置的情况下，要经常给系统通电。在机床锁住不动的情况下让系统空运行，空气湿度较大的雨季尤其要注意。如果数控机床闲置不用达半年以上，应将电刷从直流电动机中取出。

8.4　数控机床的故障与排除

8.4.1　数控机床故障诊断的基本知识

(1) 对维修人员的素质要求

　　数控设备是技术密集型和知识密集型的机电一体化产品，其技术先进、结构复杂、价格昂贵，在生产上往往起着关键作用，因此对维修人员有较高的要求。维修工作做得好坏，首先取决于维修人员的素质，他们必须具备以下条件：

　　① 专业知识面广。具有大专以上文化程度。掌握或了解计算机原理、电子技术、电工原理、自动控制与电力拖动、检测技术、机械传动及机加工工艺方面的基础知识。既要懂电、又要懂机。电方面包括强电和弱电；机方面包括机械、液压和气动技术。维修人员还必须经过数控技术方面的专门学习和培训，掌握数字控制、伺服驱动及 PLC 的工作原理，懂得 NC 和 PLC 编程。

　　② 具有一定的英语阅读能力。数控系统的操作面板、CRT 显示屏以及随机技术手册大都用英文书写，不懂英文就无法阅读这些重要的技术资料，无法通过人机对话，操作数控系统，甚至不识报警提示的含义。对照英文翻字典翻译资料，虽可解决部分问题，但会增加宝贵的停机修理时间。所以，一个称职的数控维修人员必须努力提高自己的英语阅读能力。

　　③ 勤于学习，善于分析。数控维修人员应该是一个勤于学习的人，他们不仅要有较广的知识面，而且需要对数控系统有深入的了解。要读懂厚厚几大本数控系统技术资料并不是一件轻而易举的事，必须刻苦钻研，反复阅读，边干边学，才能真正掌握。数控系统型号多、更新快，不同制造厂，不同型号的系统往往差别很大。当前数控技术正随着计算机技术的迅速发展而发展，通用计算机上使用的硬件、软件如软盘、硬盘，人机对话系统越来越广泛地应用于新的数控系统，与传统的数控系统的差别日益增大，即使对于经验丰富的老维修人员来说，也要不断学习和积累。

　　数控维修人员需要有一个善于分析的头脑。数控系统故障现象千奇百怪，各不相同，其起因往往不是简而易见的，它涉及电、机、液、气等各种技术。就数控系统而言，机内成千上万只元器件都有损坏的可能，要在这样众多的元器件中找到损坏的那一只，要有由表及里、去伪存真的本领，在这里对众多的故障原因和现象做出正确的分析判断是至关重要的。

　　④ 有较强的动手能力和实验技能。数控系统的修理离不开实际操作，维修人员应会动手对数控系统进行操作，查看报警信息，检查、修改参数，调用自诊断功能，进行 PLC 接口检查；应会编制简单的典型加工程序，对机床进行手动和试运行操作；应会使用维修所必需的工具、仪表和仪器。

　　对数控维修人员来说，胆大心细，既敢于动手，又细心有条理是非常重要的。只有敢于动手，才能深入理解系统原理、故障机理，才能逐步缩小故障范围、找到故障原因。所谓"心细"，就是在动手检修时，要先熟悉情况、后动手，不盲目蛮干；在动手过程中要稳、要准。

（2）必要的技术资料的准备

维修人员应在平时要认真整理和阅读有关数控系统的重要技术资料。维修工作做得好坏，排除故障的速度快慢，主要决定于维修人员对系统的熟悉程度和运用技术资料的熟练程度。

① 数控装置部分。应有数控装置安装、使用（包括编程）、操作和维修方面的技术说明书，其中包括数控装置操作面板布置及其操作，装置内各电路板的技术要点及其外部连接图，系统参数的意义及其设定方法，装置的自诊断功能和报警清单，装置接口的分配及其含义等。通过上述资料，维修人员应掌握 CNC 原理框图、结构布置、各电路板的作用，板上各发光管指示的意义；通过面板对系统进行各种操作，进行自诊断检测，检查和修改参数并能做出备份。能熟练地通过报警信息确定故障范围，对系统供维修的检测点进行测试，会使用随机的系统诊断纸带对其进行诊断测试。

② PLC 装置部分。应有 PLC 装置及其编程器的连接、编程、操作方面的技术说明书，还应包括 PLC 用户程序清单或梯形图、I/O 地址及意义清单，报警文本以及 PLC 的外部连接图。维修人员应熟悉 PLC 编程语言，能看懂用户程序或梯形图，会操作 PLC 编程器，通过编程器或 CNC 操作面板（对内装式 PLC）对 PLC 进行监控，有时还需对 PLC 程序进行某些修改。还应熟练地通过 PLC 报警号检查 PLC 有关的程序和 I/O 连接电路，确定故障的原因。

③ 伺服单元。应有进给和主轴伺服单元原理、连接、调整和维修方面的技术说明书，其中包括伺服单元的电气原理框图和接线图，主要故障的报警显示，重要的调整点和测试点，伺服单元参数的意义和设置。维修人员应掌握伺服单元的原理，熟悉其连接，能从单元板上故障指示发光管的状态和显示屏显示的报警号及时确定故障范围，能测试关键点的波形和状态，并做出比较，能检查和调整伺服参数，对伺服系统进行优化。

④ 机床部分。应有机床安装、使用、操作和维修方面的技术说明书，其中包括机床的操作面板布置及其操作，机床电气原理图、布置图以及接线图。对电气维修人员来说，还需要机床的液压回路图和气动回路图。维修人员应了解机床的结构和动作，熟悉机床上电气元器件的作用和位置，会手动操作机床，编简单的加工程序并进行试运行。

⑤ 必要的备件。对于数控机床的维修，备件是一个必不可少的物质条件。如无备件可调换，则"巧媳妇难为无米之炊"。而且如果维修人员手头上备有一些电路板和电器元件的话，将给排除故障带来许多方便，采用换板法和换件法常可快速判断出某些疑难故障发生在哪块电路板或者那个元件上。

数控机床备件的配制要根据实际情况，通常一些易损的电气元器件如各种规格的熔断器、熔体、开关、电刷，还有易出故障的大功率模块和印制电路板等，均是应当配备的。

（3）常见故障分类

数控机床是一种技术复杂的机电一体化设备，其故障发生的原因一般都比较复杂，这给故障诊断和排除带来不少困难。为了便于故障分析和处理，本节按故障部件故障性质及故障原因等对常见故障作如下分类。

① 按数控机床发生故障的部件分类。

　　a. 主机故障。数控机床的主机部分主要包括机械、润滑、冷却、排屑、液压、气动与防护等装置。常见的主机故障有：因机械安装、调试及操作使用不当等原因引起的机械传动故障与导轨运动摩擦过大故障。故障表现为传动噪声大，加工精度差，运行阻力大。尤其应引起重视的是，机床各部位标明的注油点（注油孔）须定时、定量加注润滑油（剂），这是机床各传动链正常运行的保证。另外，液压、润滑与气动系统的故障主要是管路阻塞和密封不良，因此，数控机床更应加强污染控制和根除三漏现象发生。

　　b. 电气故障。电气故障分弱电故障与强电故障。弱电部分主要指 CNC 装置、PLC 控制器、CRT 显示器以及伺服单元、输入、输出装置等电子电路，这部分又有硬件故障与软件故障之分。硬件故障主要是指上述各装置的印制电路板上的集成电路芯片、分立元件、接插件以及外部连接组件等发生的故障。常见的软件故障有：加工程序出错，系统程序和参数的改变或丢失、计算机的运算出错等。强电部分是指继电器、接触器、开关、熔断器、电源变压器、电动机、电磁铁、行程开关等电气元器件及其所组成的电路。这部分的故障十分常见，必须引起足够的重视。

　　② 按数控机床发生的故障性质分类。

　　a. 系统性故障。系统性故障，通常是指只要满足一定的条件或超过某一设定的限度，工作中的数控机床必然会发生的故障。这一类故障现象极为常见。例如：液压系统的压力值随着液压回路过滤器的阻塞而降到某一设定参数时，必然会发生液压系统故障报警使系统断电停机；又如：润滑、冷却或液压等系统由于管路泄漏引起油标下降到使用限值，必然会发生液位报警使机床停机；再如：机床加工中因切削量过大达到某一限值时必然会发生过载或超温报警，致使系统迅速停机。因此，正确的使用与精心维护是杜绝或避免这类系统性故障发生的切实保障。

　　b. 随机性故障。随机性故障，通常是指数控机床在同样的条件下工作时只偶然发生一次或两次的故障。有的文献上称此为"软故障"。由于此类故障在各种条件相同的状态下只偶然发生一两次，因此，随机性故障的原因分析与故障诊断较其他故障困难得多。一般而言，这类故障的发生往往与安装质量、组件排列、参数设定、元器件品质、操作失误与维护不当，以及工作环境影响等诸多因素有关。例如：接插件与连接组件因疏忽未加锁定，印制电路板上的元器件松动变形或焊点虚脱，继电器触点、各类开关触头因污染锈蚀以及直流电动机电刷不良等所造成的接触不可靠等。另外，工作环境温度过高或过低、湿度过大、电源波动与机械振动、有害粉尘与气体污染等原因均可引发此类偶然性故障。因此，加强数控系统的维护检查，确保电气箱门的密封，严防工业粉尘及有害气体的侵袭等，均可避免此类故障的发生。

　　③ 按故障发生后有无报警显示分类。

　　a. 有报警显示的故障，这类故障又可分为硬件报警显示与软件报警显示两种。

　　（a）硬件报警显示的故障。硬件报警显示通常是指各单元装置上的警示灯（一般由 LED 发光管或小型指示灯组成）的指示。在数控系统中有许多用以指示故障部位的警示灯，如控制操作面板、位置控制印制线路板、伺服控制单元、主轴单元、电源单元等部位以及光电阅读机、穿孔机等外设装置上常设有这类警示灯。一旦数控系统的这些警示灯指示故障状态后，借助相应部位上的警示灯均可大致分析判断出故障发生的部位与性质，这无疑给故障分析诊断带来极大方便。因此，维修人员日常维护和排除故障时应认真检查这些警示灯的状态是否正常。

（b）软件报警显示故障。软件报警显示通常是指 CRT 显示器上显示出来的报警号和报警信息。由于数控系统具有自诊断功能，一旦检测到故障，即按故障的级别进行处理，同时在 CRT 上以报警号形式显示该故障信息。

b. 无报警显示的故障，这类故障发生时无任何硬件或软件的报警显示，因此分析诊断难度较大。

对于无报警显示故障，通常要具体情况具体分析，要根据故障发生的前后变化状态进行分析判断。

④ 按故障发生的原因分类。

a. 数控机床自身故障。这类故障的发生是由于数控机床自身的原因引起的，与外部使用环境条件无关。数控机床所发生的绝大多数故障均属此类故障，但应区别有些故障并非机床本身而是外部原因所造成的。

b. 数控机床外部故障

这类故障是由于外部原因造成的。环境温度、气体、电压、粉尘、潮气、振动、电磁干扰、操作不当等都可以造成机床故障。

除上述常见故障分类外，还可按故障发生时有无破坏性来分，可分为破坏性故障和非破坏性故障；按故障发生的部位分，可分为数控装置故障，进给伺服系统故障、主轴系统故障、刀架故障、刀库故障、工作台故障等。

(4) 故障检测和排除的原则

在检测排除故障中还应掌握以下若干原则。

① 先外部后内部。数控机床是机械、液压、电气一体化的机床，故其故障的发生必然要从机械、液压、电气这三者综合反映出来。数控机床的检修要求维修人员掌握先外部后内部的原则。即当数控机床发生故障后，维修人员应先采用望、闻、听、问等方法，由外向内逐一进行检查。此外，由于工业环境中，温度、湿度变化较大，油污或粉尘对元件及线路板的污染，机械的振动等，对于信号传送通道的接插件都将产生严重影响。另外，尽量避免随意地启封、拆卸，不适当地大拆大卸，往往会扩大故障，使机床大伤元气，丧失精度，降低性能。

② 先机械后电气。由于数控机床是一种自动化程度高、技术复杂的先进机械加工设备。一般来讲，机械故障较易察觉，而数控系统故障的诊断则难度要大些。先机械后电气就是在数控机床的检修中，首先检查机械部分是否正常，行程开关是否灵活，气动、液压部分是否正常等。所以，在故障检修之前，首先注意排除机械性的故障，往往可以达到事半功倍的效果。

③ 先静后动。维修人员本身要做到先静后动，不可盲目动手，应先询问机床操作人员故障发生的过程及状态，阅读机床说明书、图样资料后，方可动手查找和处理故障。其次，对有故障的机床也要本着先静后动的原则，先在机床断电的静止状态，通过观察测试、分析，确认为非恶性循环性故障，或非破坏性故障后，方可给机床通电，在运行工况下，进行动态的观察、检验和测试，查找故障。然而对恶性的破坏性故障，必须先排除危险后，方可通电，在运行工况下进行动态诊断。

④ 先公用后专用。公用性的问题往往影响全局，而专用性的问题只影响局部。只有先解决影响一大片的主要矛盾，局部的、次要的矛盾才有可能迎刃而解。

⑤ 先简单后复杂。当出现多种故障互相交织掩盖、一时无从下手时，应先解决容易的

问题，后解决难度较大的问题。

⑥ 先一般后特殊。在排除某一故障时，要先考虑最常见的可能原因，然后再分析很少发生的特殊原因。

8.4.2 数控机床常用的故障诊断技术

(1) 数控机床的自诊断技术

数控机床常用的故障诊断技术有数控系统的自诊断技术，主要包括开机自诊断、在线自诊断、离线诊断、通信诊断、专家诊断等，这里主要介绍前两种。

① 开机自诊断。当 CNC 装置通电，系统自诊断软件对 CNC 装置中最关键的硬件和控制软件，如 CPU、RAM、只读存储器（ROM）等芯片，MDI、监视器、I/O 等模块，系统软件、监控软件等逐一进行检测，并将检测结果在监视器上显示出来。一旦检测通不过，即在监视器上显示报警信息或报警号，指明故障部位。当全部诊断项目都正常通过后，系统才能进入正常运行前的准备状态。启动诊断过程通常在一分钟内结束，有些采用硬盘驱动器的数控系统，因要调用硬盘中的文件，时间要略长一些。

② 运行自诊断。运行自诊断是数控系统正常工作时，运行内部诊断程序，对系统本身、PLC、位置伺服单元以及与数控装置相连的其他外部装置进行自动测试、检查，并显示有关状态信息和故障信息。只要数控系统不断电，这种自诊断会反复进行，不会停止。

现代的数控系统具有丰富的运行自诊断功能，CNC 装置的自诊断能力不仅能在 CRT 上显示故障报警信息，而且还能以多页的"诊断地址"和"诊断数据"的形式为用户提供各种机床状态信息。这些状态信息有：CNC 装置与机床之间的接口输入/输出信号状态；CNC 与 PLC 之间输入/输出信号状态；PLC 与机床之间输入/输出信号状态；各坐标轴位置的偏差值；刀具距机床参考点的距离；CNC 内部各存储器的状态信息；伺服系统的状态信息；MDI 面板、机床操作面板的状态信息等。充分利用 CNC 装置提供的这些状态信息，就能迅速准确地查明故障、排除故障。

(2) 数控机床的其他诊断技术

数控机床故障的诊断方法很多，常见的有以下几种。

① 功能程序测试法。功能程序测试法是将所修数控系统的 G、M、S、T、F 功能的全部使用指令编成一个试验程序，并穿成纸带或存储在软盘上。在故障诊断时运行这个程序，可快速判定哪个功能不良或丧失。

② 参数检查法。数控系统的参数是经过一系列试验、调整而获得的重要数据。参数通常是存放在由电池供电保持的 RAM 中，一旦电池电压不足或系统长期不通电或外部干扰会使参数丢失或混乱，从而使系统不能正常工作。当机床长期闲置或无缘无故出现不正常现象或有故障而无报警时，就应根据故障特征，检查和校对有关参数。

③ 交换法。在数控系统中常有型号完全相同的电路板、模块、集成电路和其他零部件。我们可将相同部分互相交换，观察故障转移情况，以快速确定故障部位。

当数控系统某个轴运动不正常，如爬行、抖动、时动时不动、一个方向动另一个方向不动等故障时，常采用换轴法来确定故障部位。

④ 备板置换法。利用各用电路板、模块、集成电路芯片及其他元器件替换有疑点的部件，是一种快速而简便找出故障的方法。有时若无备板，可借用同型号系统上的电路板来试验。备板置换前，应检查有关部分电路，以免造成好板损坏。还应检查试验板上的选择开关

和跨接线是否与原板一致，还应注意板上电位器的调整。在置换计算机留存储板后，往往需要对系统作存储器初始化操作、输入机器参数等，否则系统仍不能正常工作。

⑤ 隔离法。有些故障，如轴抖动、爬行，一时难以区分是数控部分，还是伺服系统或机械部分造成的，常可采用隔离法。将机电分离，数控与伺服分离，或将位置闭环分离作开环处理。这样，复杂的问题就化为简单，能较快地找到故障原因。

⑥ 直观法。就是利用人的手、眼、耳、鼻等感觉器官来寻找故障原因。这种方法在维修中是常用的，也是首先使用的。"先外后内"的维修原则要求维修人员在遇到故障时应先采用望、闻、嗅、摸等方法，由外向内逐一进行检查。有些故障采用这种直观法可迅速找到故障原因，而采用其他方法要花费不少时间，甚至一时解决不了。

⑦ 敲击法。数控系统是由各种电路板和连接插座所组成的，每块电路板上含有很多焊点，任何虚焊或接触不良都可能出现故障。若用绝缘物轻轻敲打有接触不良疑点的电路板、插件或元器件，如机器出现故障，则故障很可能就在敲击的部位。

⑧ 对比法。本方法是以正确的电压、电平或波形与异常的相比较来寻找故障部位。有时还可以将正常部分试验性地造成"故障"或报警（如断开连线，拔去组件），看其是否和相同部分产生的故障现象相似，以判断故障原因。

⑨ 原理分析法。原理分析法是排除故障的最基本方法，当其他检查方法难以奏效时，可从电路基本原理出发，一步一步地进行检查，最终查出故障原因。运用这种方法必须对电路的原理有清楚的了解，掌握各个时刻各点的逻辑电平和特征参数（如电压值、波形），然后用万用表、逻辑笔、示波器或逻辑分析仪对被测点进行测量，并与正常情况相比较，分析判断故障原因，再缩小故障范围，直至找出故障。

8.4.3　数控机床故障的诊断与排除

（1）数控系统常见故障和处理

① 键盘故障

用键盘输入程序，发现有关字符不能输入和消除、程序不能复位或显示屏不能变换页面等故障。先检查有关按键是否接触不好，予以修复或更换。若不见成效或所有按键都不起作用，可进一步检查该部分的接口电路、系统控制软件及电缆连接状况等。

② 数控系统电源接通后 CRT 无辉度或无任何画面。造成此类故障的原因如下。

a. 与 CRT 单元有关的电缆连接不良引起的。应对电缆重新检查，连接一次。

b. 检查 CRT 单元的输入电压是否正常。在检查前应先搞清楚 CRT 单元所用的电压是直流还是交流，电压有多高。因为生产厂家不同，它们之间有较大差异。一般来说，9in 单色 CRT 多用＋24V 直流电源，而 14in 彩色 CRT 却为 200V 交流电压。在确认输入电压过低的情况下，还应确认电网电压是否正常。如果是电源电路不良或接触不良，造成输入电压过低时，还会出现某些印制电路板上的硬件或软件报警，如主轴低压报警等，因此可通过几个方面的相互印证来确认故障所在。

c. CRT 单元本身的故障造成。CRT 单元由显示单元、调节器单元等部分组成，它们中的任一部分不良都会造成 CRT 无辉度或无图像等故障。

d. 可以用示波器检查是否有视频（video）信号输入。如无，则故障出在 CRT 接口印制电路板上或主控制电路板上。

e. 数控系统的主控制印制电路板上如有报警显示，也可影响 CRT 的显示。此时，故障的起因，多不是 CRT 本身，而在主控制印制电路板上，可以按报警指示的信息来分析处理。

③ CRT 无显示但机床仍能正常工作。造成此类故障的原因如下。

a. 电源接通后 CRT 无显示，但输入单元有硬件报警显示。这时，故障可能出在输入单元处。先检查单元的熔断器是否熔断，然后再检查单元上的有关电容是否烧坏、击穿等。

b. CRT 显示器无显示，数控机床也不能动作，但主控制印制电路板有硬件报警。可根据硬件报警指示的提示来判断故障的根源。多数是主控制印制电路板或 ROM 板不良造成的。

c. CRT 无显示，数控机床不能动作，而主控制印制电路板也无报警。这时，故障一般发生在 CRT 控制板上。更换 CRT 控制板，系统即可恢复运行。

d. CRT 无显示，但数控机床能正常地执行手动或自动操作。这种现象表明，系统的控制部分正常，仍能完成插补运算等功能，而仅是显示部分或 CRT 显示器控制板出了故障。

④ CRT 显示器显示无规律的亮斑、线条或不正确的符号。这时 CNC 系统往往也不能正常工作，造成此类故障的原因如下。

a. CRT 控制板故障。

b. 主控制板故障。

⑤ 数控系统一接通电源，CRT 显示器就出现"NOT READY"显示，过几秒自动切断电源，有时数控系统接通电源后显示正常，但在运行程序的中途突然在 CRT 显示器上显示"NOT READY"，随之电源被切断。造成这类故障的一个原因是 PC 有故障，可以通过检查 PC 的参数及梯形图来发现。其次应检查伺服系统电源装置是否有熔丝熔断、断路器跳闸等问题。若合闸或更换熔丝后断路器再次跳闸，应检查电源部分是否有问题，检查是否有电动机过热，大功率晶体管组件过电流等故障而使计算机的监控电路起作用；检查计算机各板是否有故障灯显示。另外还应检查计算机所需各交流电源、直流电源的电压值是否正常。若电压不正常也可造成逻辑混乱而产生"NOT READY"故障。

⑥ 当数控系统进入用户宏程序时出现超程报警或显示"PROGRAM STOP"，但数控系统一旦退出用户宏程序运行就恢复正常，这类故障多出在用户宏程序。如操作人员错按"RESET"按钮，就会造成宏程序的混乱。此时可采取全部清除数控系统的内存，重新输入 NC 和 PC 的参数、宏程序变量、刀具补偿号及设定值等方法来恢复。

⑦ 数控系统的 MDI 方式、MEMORY 方式无效，但在 CRT 画面上却无报警发生。这类故障多数不是由数控系统引起的，因为上述的 MDI 方式、MEMORY 方式的操作开关都在机床操作面板上，在操作面板和数控柜之间的连接发生故障如断线等的可能性最大。在上述故障中几种工作方式均无效，说明是共性的问题，如机床侧的继电器损坏，造成数控机床侧的+24V 不能进入 NC 侧的连接单元就会引起上述故障。

⑧ 数控机床不能正常地返回基准点，且有报警产生。此类故障一般是由脉冲编码器的一转信号没有输入到主控制印制电路板造成的。如脉冲编码器断线，或脉冲编码器的连接电缆和插头断线等均可引起此类故障。另外，返回基准点时数控机床位置距基准点太近也会产生此报警。

(2) 进给伺服系统的故障诊断与维修

根据经验，进给伺服系统的故障约占整个数控系统故障的 1/3。故障报警现象有三种：一是利用软件诊断程序在 CRT 上显示报警信息，二是利用伺服系统上的硬件（如发光二极管、熔丝熔断等）显示报警，三是没有任何报警指示。

① 软件报警形式。现代数控系统都具有对进给驱动进行监视、报警的能力。在 CRT 上显示进给驱动的报警信号大致可分为以下三类。

a. 伺服进给系统出错报警。这类报警的起因，大多是速度控制单元方面的故障引起的，或是主控制印制电路板内与位置控制或伺服信号有关部分的故障。

b. 检测出错报警。它是指检测元件（测速发电机、旋转变压器或脉冲编码器）或检测信号方面引起的故障。

c. 过热报警。这里所说的过热是指伺服单元、变压器及伺服电动机过热。

总之，可根据 CRT 显示器上显示的报警信号，参阅该数控机床维修说明书中"各种报警信息产生的原因"的提示进行分析判断，找出故障，将其排除。

② 硬件报警形式。硬件报警形式包括速度单元上的报警指示灯和熔丝熔断以及各种保护用的开关跳开等报警。报警指示灯的含义随速度控制单元设计上的差异也有所不同，一般有下述几种。

a. 大电流报警。此时多为速度控制单元上的功率驱动元件（晶闸管模块或晶体管模块）损坏。检查方法是在切断电源的情况下，用万用表测量模块集电极和发射极之间的阻值。如阻值小于 10Ω，表明该模块已损坏。当然速度控制单元的印制电路板故障或电动机绕组内部短路也可引起大电流报警，但后一种故障较少发生。

b. 高电压报警。产生这类报警的原因是输入的交流电源电压达到了额定值的110％，甚至更高或电动机绝缘能力下降，或速度控制单元的印制电路板不良。

c. 电压过低报警。大多是由于输入电压低于额定值的 85％ 或是伺服变压器二次绕组与速度单元之间的连接不良引起的。

d. 速度反馈断线报警。此类报警多是由伺服电动机的速度或位置反馈线接触不良或连接器接触不良引起的。如果此类报警是在更换印制电路板之后出现，则应先检查印制电路板上的设定是否有误，例如误将脉冲编码设定为测速发电机。

e. 保护开关动作。此时应首先分清是何种保护开关动作，然后再采取相应措施解决。如伺服单元上热继电器动作时，应先检查热继电器的设定是否有误，然后再检查数控机床工作时的切削条件是否太苛刻或数控机床的摩擦力矩是否太大。如变压器热动开关动作，但此时变压器并不热，则是热动开关失灵；如果变压器很热，用手只能接触几秒，则要检查电动机负载是否过大。这可以在减轻切削负载条件下，再检查热动开关是否动作。如仍发生动作，应在空载低速进给的条件下测量电动机电流，如已接近电流额定值，则需要重新调整数控机床。产生上述故障的另一原因是变压器内部短路。

f. 过载报警。造成过载报警的原因有机械负载不正常，速度控制单元上电动机电流的上限值设定得太低等。永磁电动机上的永久磁体脱落也会引起过载报警，如果不带制动器的电动机空载时用手转不动或转动轴时很费劲，即说明永久磁体脱落。

g. 速度控制单元上的熔丝熔断或断路器跳闸。发生此类故障的原因很多，除机械负荷过大和接线错误外（仅发生在重新接线之后），主要原因有：（a）速度控制单元的环路增益设定过高；（b）位置控制或速度控制部分的电压过高或过低引起振荡（如速度或位置检测元件故障，也可能引起振荡）；（c）电动机故障（如电动机去磁，将会引起过大的励磁电流）；（d）相间短路（当速度控制单元的加速或减速频率太高时，由于流经扼流圈的电流延迟，可能造成相间短路，从而熔断熔丝，此时需适当降低工作频率）。

③ 无报警显示的故障。这类故障多以数控机床处于不正常运动状态的形式出现，但故障的根源却在进给驱动系统。常见故障如下。

a. 直流伺服电动机不转。这类故障的可能原因如下：（a）电动机永久磁铁脱落，此时用手很难转动电动机转子；（b）对于带制动器的电动机，可能由于通电后电磁制动片未能脱开或是制动器用的整流器损坏，使制动器失灵。

b. 数控机床失控（飞车现象）。故障影响因素如下。

（a）位置传感器或速度传感器的信号反相，或者是电枢线反接，使整个系统变成正反馈；（b）速度指令不正确；（c）位置传感器或速度传感器没有反馈信号；（d）计算机或伺服控制板有故障；（e）电源板有故障而引起的逻辑混乱。

c. 数控机床振动。此时应首先确认振动周期与进给速度是否成比例变化，如果成比例变化，则故障的起因是数控机床、电动机、检测器不良，或是系统插补精度差，检测增益太高；如果不成比例变化，且数值大致固定时，则故障的起因是与位置控制有关的系统参数设定错误，速度控制单元上短路棒设定错误或增益电位器调整不好，以及速度控制单元的印制电路不良。

d. 伺服超差。故障影响因素如下。

（a）计算机与驱动放大模块之间或计算机与位置检测器之间或驱动放大器与伺服电动机之间的连线是否正确、可靠；（b）位置检测器的信号及相关的 D/A 转换电路是否有问题；（c）驱动放大器输出电压是否有问题；（d）电动机轴与数控机床间的传动机构是否有问题；（e）位置环增益是否符合要求。

e. 数控机床停止时，有关进给轴振动。此时可检查以下部位。

（a）高频脉动信号是否符合要求；

（b）伺服放大器速度环的补偿是否合适；

（c）位置检测用编码盘的轴、联轴器、齿轮系是否啮合良好，有无松动现象。

f. 数控机床过冲。数控系统的参数（快速移动时间常数）设定的太小或速度控制单元上的速度环增益设定太低都会引起数控机床过冲。另外，如果电动机和进给丝杠间的刚性太差，如间隙太大或传动带的张力调整不好也会造成此故障。

g. 数控机床移动时噪声过大。如果噪声源来自电动机，可能的原因是电动机换向器表面的粗糙度高或有损伤，油、液、灰尘等侵入电刷槽或换向器和电动机有轴向窜动。

h. 快速移动坐标轴时数控时机床出现振动，有时还伴有大的冲击。这种现象多是由于伺服电动机尾部测速发电机的电刷接触不良引起的。

i. 圆柱度超差。两轴联动加工外圆时圆柱度超差，且加工时象限稍一变化精度就不一样，则多是由于进给轴的定位精度太差所致，需要调整机床精度差的轴。如果是在坐标轴的45°方向超差，则多是由于位置增益或检测增益调整不好造成的。

(3) 主轴伺服系统常见故障的处理

主轴伺服系统可分为直流主轴伺服系统和交流主轴伺服系统，下面分别说明。

① 直流主轴伺服系统。

a. 主轴电动机振动或噪声太大。这类故障的主要原因如下。

（a）系统电源缺相或相序不对；（b）主轴控制单元上的电源频率开关（50/60Hz 切换）设定错误；（c）控制单元上的增益电路调整不好；（d）电流反馈回路调整不好；（e）电动机轴承故障；（f）主轴电动机和主轴之间连接的离合器故障；（g）主轴齿轮啮合不好及主轴负

荷太大等。

b. 主轴不转。这类故障的主要原因如下。

（a）印制电路板太脏；（b）触发脉冲电路故障；（c）系统未给出主轴旋转信号；（d）电动机动力线或主轴控制单元与电动机间连接不良。

c. 主轴速度不正常。造成此故障的原因如下。

（a）装在主轴电动机尾部的测速发电机故障。

（b）速度指令给定错误或 D/A 转换器故障。

d. 发生过流报警。发生过流的可能原因如下。

（a）电流极限设定错误。

（b）同步脉冲紊乱和主轴电动机电枢线圈层间短路。

e. 速度偏差过大。这种故障是由于负荷过大、电流零信号没有输出和主轴被制动所致。

f. 主轴定位时抖动。其主要原因如下。

（a）定位检测用的传感器位置安装不正。

（b）主轴速度控制单元的参数不合适。

g. 主轴停位不准，换刀时甚至有掉刀现象。发生这种现象多数是主轴停止回路没有调整好。因此只要调整有关电位器，即可排除故障。

② 交流主轴伺服系统。

a. 电动机过热。造成过热的可能原因如下。

（a）负载过大；（b）电动机冷却系统太脏；（c）电动机的冷却风扇损坏；（d）电动机与控制单元之间连接不良。

b. 主轴电动机不转或达不到正常转速。其原因如下：（a）系统侧输出或 D/A 转换器不良引起；（b）印制电路板设定错误、调整不当或控制回路有问题；（c）因停位用传感器安装不良而使传感器不能发出检测信号也会使主轴不能启动；（d）连接电缆的接触不良。

c. 输入电路的熔断器熔断。引起这类故障的原因如下。

（a）交流电源侧的阻抗太高（例如在电源侧用自耦变压器代替隔离变压器）。

（b）交流电源输入处的浪涌吸收器损坏。

（c）电源整流桥损坏。

（d）逆变器用的晶体管模块损坏或控制单元的印制电路板故障。

d. 再生回路用的熔断器熔断。这大多是由于主轴电动机的加速或减速频率太高引起的。

e. 主轴电动机有异常噪声和振动。对这类故障应先检查确认是在何种情况下产生的。若在减速过程中产生，则故障发生在再生回路，此时应检查回路处的熔丝是否熔断及晶体管是否损坏。若在恒速下产生，则应先检查反馈电压是否正常，然后突然切断指令，观察电动机停转过程中是否有噪声。若有噪声，则故障出现在机械部分，否则，多在印制电路板上。若反馈电压不正常，则需检查振动周期是否与速度有关。若有关，应检查主轴与主轴电动机连接是否合适，主轴以及装在交流主轴电动机尾部的脉冲发生器是否不良；若无关，则可能是印制电路板调整不好或不良，或是机械故障。

f. 主轴电动机转速偏离指令值。其原因如下。

（a）电动机过载。

（b）如发生在减速时，则可能是再生回路不良或晶体管模块损坏。

（c）如果发生在电动机正常旋转时，则可能是脉冲发生器故障或速度反馈信号断线，或是印制电路板不良所引起。

训练题

8.1　数控机床在维修过程中应注意哪些事项？

8.2　数控机床日常保养总的说来主要包括哪几个方面？

8.3　试述在数控系统日常维护保养中的注意事项有哪些？

8.4　使用数控机床应注意哪些问题？

8.5　试述数控机床故障诊断的一般步骤。

8.6　数控机床常见故障的分类方法有哪些？

8.7　数控机床故障诊断的原则是什么？

8.8　数控机床常见的故障检测方法有哪些？

8.9　机床进给伺服系统故障报警现象有哪几种？

参 考 文 献

[1] 李宏胜. 机床数控技术及应用 [M]. 北京：高等教育出版社，2001.

[2] 马立克，张丽华. 数控编程与加工技术 [M]. 大连：大连理工大学出版社，2004.

[3] 杜国臣，王士军. 机床数控技术 [M]. 北京：中国林业出版社. 2006.

[4] 蒋林敏，张吉平. 数控加工设备 [M]. 大连：大连理工大学出版社. 2004.

[5] 刘力健，牟盛勇. 数控加工编程及操作 [M]. 北京：清华大学出版社. 2007.

[6] 罗良玲，刘旭波. 数控技术及应用 [M]. 北京：清华大学出版社. 2005.

[7] 夏凤芳. 数控机床 [M]. 北京：高等教育出版社，2005.

[8] 罗学科，赵玉侠. 典型数控系统及其应用 [M]. 北京：化学工业出版社，2005.

[9] 张永飞. 数控机床电气控制 [M]. 大连：大连理工大学出版社，2006.

[10] 夏庆观. 数控机床故障诊断与维修 [M]. 北京：高等教育出版社，2002.

[11] 王侃夫. 数控机床故障诊断与维护 [M]. 北京：机械工业出版社，2005.

[12] 邹晔. 典型数控系统及应用 [M]. 北京：高等教育出版社，2009.

[13] 徐创文，朱玉红. 数控技术及应用 [M]. 兰州：兰州大学出版社，2002.

[14] 鞠加彬. 数控技术 [M]. 北京：中国农业出版社，2004.

[15] 罗学科. 数控原理与数控机床 [M]. 北京：化学工业出版社，2004.

[16] 张柱银. 数控原理与数控机床 [M]. 北京：化学工业出版社，2008.

[17] 何全民. 数控原理与典型系统 [M]. 济南：山东科学技术出版社，2005.

[18] 王凤蕴，张超英. 数控原理与典型数控系统 [M]. 北京：高等教育出版社，2003.

[19] 岳秋琴. 现代数控原理及系统 [M]. 北京：中国林业出版社，2006.

[20] 单忠臣. 数控原理与应用 [M]. 北京：中央广播电视大学出版社，2005.

[21] 严爱珍. 机床数控原理与系统 [M]. 北京：机械工业出版社，2004.

[22] 韩鸿鸾，荣维芝. 数控原理与维修技术 [M]. 北京：机械工业出版社，2004.

[23] 杨琳. 数控机床应用基础 [M]. 济南：山东大学出版社，2004.

[24] 赵俊生. 数控机床控制技术基础 [M]. 北京：化学工业出版社，2006.